Biologische Arbeitsbücher

21

Hartmut Lichtenthaler · Klaus Pfister

Praktikum
der Photosynthese

Quelle & Meyer · Heidelberg

Hinweise

Die im Text genannten Firmen, Geräte und Chemikalien sind nur beispielhaft genannt und beruhen auf Erfahrungswerten der Autoren.
Zu beachten ist, daß einige der genannten Produkte registrierte Waren mit Warenzeichen sind. Ferner werden einige Produkte und Wirkstoffe unter verschiedenen Handelsnamen von verschiedenen Firmen vertrieben. Dies wird im Text nicht extra herausgestellt.

CIP-Kurztitelaufnahme der Deutschen Bibliothek

Lichtenthaler, Hartmut:
Praktikum der Photosynthese / Hartmut Lichtenthaler ;
Klaus Pfister. – 1. Aufl. – Heidelberg : Quelle und
Meyer, 1978.
  (Biologische Arbeitsbücher ; 21)
  ISBN 3-494-00932-5
NE: Pfister, Klaus:

Printed in Germany. Satz und Druck: Schwetzinger Verlagsdruckerei GmbH.

ISBN 3-494-00932-5

Inhaltsverzeichnis

Vorwort

I. Theoretischer Teil

II. Versuche zur Photosynthese

Bei den mit einem schwarzen Punkt markierten Versuchen handelt es sich um Versuche, die wesentlich für das Verständnis der Photosynthese sind.

III. Anhang

Vorwort

Die Photosynthese grüner Pflanzen ist als elementarer biologischer Prozeß von wesentlicher Bedeutung für das Leben auf der Erde und für die Energieversorgung des Menschen (Konservierung der Lichtenergie in organischer Substanz, z. B. Nahrungsmittel, fossile Brennstoffe). Ihre Erforschung ist eine moderne interdisziplinäre Wissenschaft, die mehrere Fächer umfaßt: Physik, Physikalische Chemie, Chemie und Botanik. Entsprechend kann die Photosynthese im naturwissenschaftlichen Unterricht als ein wichtiges Thema herausgestellt werden, das Verbindungen zu den anderen naturwissenschaftlichen Fachbereichen besitzt. Im Brennpunkt der gegenwärtigen Photosyntheseforschung steht die Entwicklung von Technologien zur gezielten Umwandlung der Sonnenenergie in biologischen Systemen, z. B. zur Erzeugung von Wasserstoff oder zur Nahrungsmittelgewinnung mit Grünalgen.

Ziel des biologischen Arbeitsbuches ist es, durch moderne und instruktive Experimente einen Einblick in die wesentlichen Aspekte der Photosynthese grüner Pflanzen zu vermitteln. Nach einer theoretischen Einführung werden Versuchsgruppen beschrieben zur Feinstruktur, chemischen Zusammensetzung und Funktion des Photosyntheseapparates. Das Buch soll Lehrern, Schülern und Studenten gleichermaßen ermöglichen, sich in die verschiedenen Teilbereiche der Photosynthese einzuarbeiten. Die Chlorophyllfluoreszenz hat sich in den letzten Jahren als wichtiges Hilfsmittel zur Untersuchung der Photosynthese herausgestellt. Sie wurde daher im theoretischen und im Versuchsteil ausführlich behandelt. Da den Herbiziden (Pflanzenschutzmitteln) eine steigende wirtschaftliche Bedeutung zukommt, wird ihre Wirkung auf Photosynthese und Blattpigmentbildung beschrieben und mit Versuchen verdeutlicht.

Die meisten Versuche sind so ausgearbeitet, daß sie mit einfachen Hilfsmitteln und Meßgeräten ausgeführt werden können. Durch Variation der einzelnen Parameter erlauben sie aber auch ein intensives Beschäftigen mit einzelnen Fragestellungen. Die Versuche wurden speziell auf die Lehrinhalte der reformierten Oberstufe (Grund- und Leistungskurse) abgestimmt und sind auch für Grundpraktika an Hochschulen geeignet.

Unser Dank gilt ganz besonders Herrn Gymnasialprofessor Dr. A. DANZER, Wiesloch, für wertvolle Anregungen hinsichtlich der schulgerechten Gestaltung von Text und Abbildungen dieses Arbeitsbuches. Wir danken ferner allen Mitarbeitern des Botanischen Instituts der Universität Karlsruhe, die durch aktive Mithilfe wesentlich zur Zusammenstellung des Arbeitsbuches beigetragen haben und nicht zuletzt dem Quelle & Meyer Verlag, Herrn Dr. W. KISSLING und Herrn Dipl.-Biol. H. OETZMANN, für ihr Entgegenkommen und Verständnis.

Karlsruhe, im März 1978   *Hartmut Lichtenthaler   Klaus Pfister*

I. Theoretischer Teil

1. Allgemeine Einführung

Die Photosynthese grüner Pflanzen, auch CO_2-Assimilation genannt, ist der grundlegendste Prozeß auf der Erde. Er liefert aus den energiearmen, anorganischen Verbindungen Wasser und Kohlendioxyd unter Ausnutzung der Lichtenergie energiereiche, organische Verbindungen wie Kohlenhydrate (Stärke, Zucker), Eiweiße (Proteine) und Fette (Lipide). Die Photosynthese grüner Pflanzen ist somit die Basis für das Leben und die Ernährung der heterotrophen Organismen (Mensch, Tier, Pilze, Bakterien). Auch die fossilen Energiequellen Kohle und Erdöl sind letztlich auf die Photosynthese grüner Pflanzen zurückzuführen. Die Bilanz der pflanzlichen Photosynthese läßt sich durch folgende Gleichung wiedergeben:

$$6\ CO_2 + 12\ H_2O \xrightarrow[\substack{2827\ kJ \\ (675\ kcal)}]{Licht} C_6H_{12}O_6 + 6\ O_2 + 6\ H_2O \qquad \text{(Gl. 1)}$$

Unter Ausnutzung der Energie des sichtbaren Lichtes zwischen 400 und 700 nm wird Wasser im Licht (Photolyse) gespalten, wobei der Sauerstoff des Wassers als Nebenprodukt freigesetzt wird. Bei diesem Prozeß wird genau soviel O_2 entwickelt wie CO_2 fixiert wird. Daher ist der Photosynthesequotient Q_P gleich 1

$$Q_P = \frac{\text{freigesetzter}\ O_2}{\text{fixiertes}\ CO_2} = 1 \qquad \text{(Gl. 2)}$$

Die Intensität der Photosynthese kann erfaßt werden durch Bestimmung der CO_2-Aufnahme (Vers. 20) oder über die methodisch einfachere Messung des gebildeten Sauerstoffs (volumetrisch oder mittels Sauerstoffelektrode) (Vers. 18 und 22).

Die Photolyse des Wassers liefert neben Sauerstoff auch Protonen und Elektronen. Die Elektronen werden über eine Elektronentransportkette, die von zwei Lichtreaktionen betrieben wird, getrennt von den Protonen auf den zelleigenen Wasserstoffüberträger NADP (**N**icotinamid-**A**denin-**D**inukleotid-**P**hosphat) übertragen.

$$NADP \xrightarrow[2\ H^+,\ 2\ e^-]{Licht} NADP \cdot H_2 \qquad \text{(Gl. 3)}$$

Das reduzierte NADP $\cdot$ H_2 wird zur Reduktion des CO_2 zu Zuckereinheiten $(H - \overset{|}{\underset{|}{C}} - OH)$ benötigt.

Die beiden Lichtreaktionen führen jedoch nicht nur zur Freisetzung von Sauerstoff und zur Bildung des Reduktionsmittels (Reduktionsäquivalents) NADP · H$_2$. Ein Teil der Energie des absorbierten Lichts wird benutzt zur Bildung des physiologischen Energieüberträgers ATP (**Adenosin-Tri-Phosphat**).

Diesen Vorgang, den man nach seinem Entdecker ARNON **Photophosphorylierung** nennt, läßt sich durch folgende Gleichung formulieren:

$$ADP + P_i \xrightarrow{\text{Licht}} ATP \tag{Gl. 4}$$

Im Licht wird aus dem energieärmeren Adenosindiphosphat (ADP) unter Bindung von anorganischem Phosphat (P$_i$) und Energie (Licht) das energiereiche ATP gebildet. Letzteres ist zusammen mit NADP · H$_2$ zur Umwandlung von CO$_2$ in organische Substanz erforderlich (Abb. 1).

Die Photosynthese besteht somit aus **Lichtreaktionen** (Photolyse von Wasser, Bereitstellung von NADP · H$_2$ und ATP) und **Dunkelreaktionen**. In den Dunkelreaktionen wird CO$_2$ fixiert und im Pentosephosphat-Zyklus zur Zuckerstufe reduziert. Dieser Prozeß wurde von CALVIN und Mitarbeitern unter erstmaliger Verwendung von radioaktivem Kohlenstoff (^{14}CO$_2$) aufgeklärt (Nobelpreis 1961). Im Calvin-Zyklus (Kap. 7.1) werden NADP · H$_2$ und ATP verbraucht, es entstehen das oxidierte NADP und die energieärmere Form

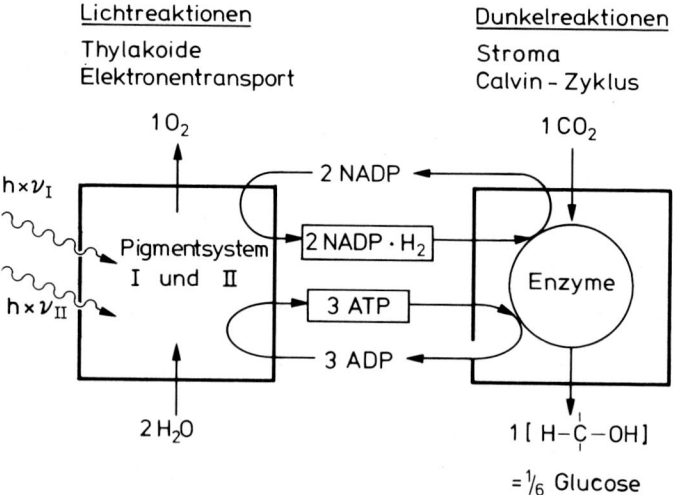

Abb. 1. Kastenschema der Photosynthese grüner Pflanzen mit Unterteilung in Licht- und Dunkelreaktionen. In den Lichtreaktionen werden die Energie- und Reduktionsäquivalente (ATP und NADP · H$_2$) gebildet, die in den Dunkelreaktionen für die Umwandlung von CO$_2$ in Zucker benötigt werden.

ADP. Beide Stoffe werden in den Lichtreaktionen wieder reduziert bzw. energetisch „aufgeladen". Für die Reduktion von einem Mol CO_2 im Calvin-Zyklus werden zwei Mole NADP · H_2 und drei Mole ATP benötigt. Diese Zusammenhänge sind in Abb. 1 dargestellt. Die Reduktion des CO_2 könnte auch im Dunkeln ablaufen, wenn der Zelle genügend ATP und NADP · H_2 zur Verfügung stünde. Nach sechsmaligem Ablauf des Calvin-Zyklus wird ein Molekül Zucker (Glucose, Fructose) als Nettosyntheseleistung gebildet. Die Bilanz der Dunkelphase der Photosynthese kann man durch folgende Gleichung ausdrücken:

$$6\,CO_2 + 12\,NADP \cdot H_2 + 18\,ATP \xrightarrow[\substack{\text{Chloro-}\\\text{plasten}}]{\text{Licht}} C_6H_{12}O_6 + 6\,H_2O + 12\,NADP + 18\,ADP + 18\,P_i$$

$$(\text{Gl. 5})$$

Der gesamte Photosyntheseprozeß der Zelle ist an die von einer Doppelmembran umgebenen Chloroplasten gebunden (Abb. 2). Die Lichtreaktionen laufen in den chlorophyllhaltigen Grana- und Stromathylakoiden ab, an deren Außenseite ATP und NADP · H_2 gebildet werden. Die CO_2-Reduktion erfolgt im Stroma (Matrix) der Chloroplasten in unmittelbarer Nähe der photochemisch aktiven Thylakoide. Es wird angenommen, daß das Leitenzym des Calvin-Zyklus, die Ribulosediphosphat-Carboxylase (RuDP-Carboxylase), der Thylakoidoberfläche aufliegt.

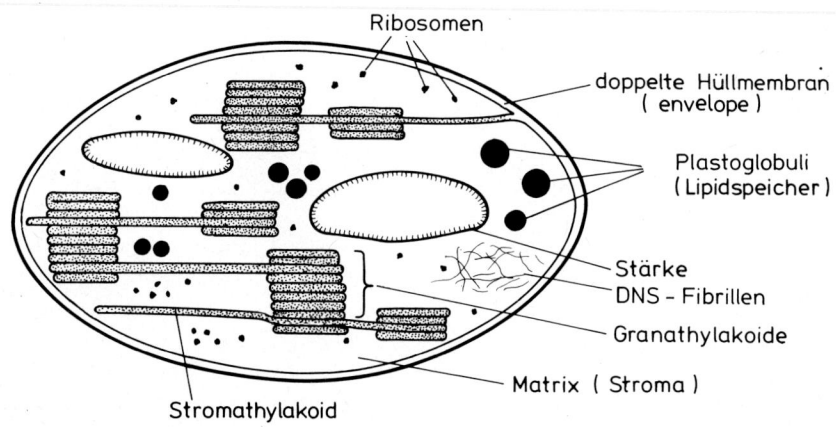

Abb. 2. Schematische Darstellung des Feinbaus eines Chloroplasten. Die hier gezeigten Strukturen sind nach geeigneter Fixierung im Elektronenmikroskop an Ultradünnschnitten von Chloroplasten zu erkennen. DNS = Desoxyribonukleinsäure.

11

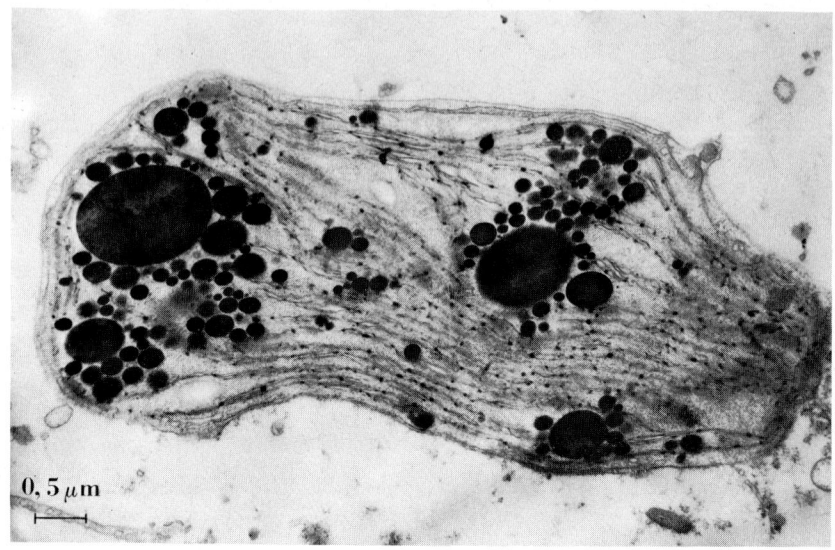

0,5 μm

Abb. 3. Chloroplast aus dem grünen Sproß einer *Kaktee (Cereus)* mit zahlreichen, z. T. sehr großen Plastoglobuli. (Elektronenmikroskop : Fixierung : 2 % OsO_4).

Chloroplasten sind im Lichtmikroskop als grüne Zellorganellen mit einem Längsdurchmesser von 4−6 μm gut zu erkennen (Abb. 40). Auch Stärkekörner, insbesondere große, sind im Chloroplasten lichtmikroskopisch auszumachen. Die Lipidspeicher der Chloroplasten, die Plastoglobuli (Abb. 2 und 3), sind jedoch zu klein und sind, von einigen Ausnahmen abgesehen, lichtmikroskopisch nicht sichtbar.

2. Feinstruktur und Entwicklung der Chloroplasten

Die grünen chlorophyllhaltigen Chloroplasten sind eine spezielle Form pflanzlicher Zellorganellen, die man als **Plastiden** bezeichnet. Plastiden sind reguläre Zellorganellen der photoautotrophen Pflanzen und kommen in allen Pflanzengeweben vor. Sie sind Zellorganellen *sui generis*, d. h. sie entstehen durch Teilung aus ihresgleichen. Plastiden verfügen über einen eigenen genetischen Apparat, der aus ringförmiger DNS (Desoxyribonukleinsäure), RNS (Ribonukleinsäure) und Ribosomen besteht. Sie sind daher zur Proteinsynthese befähigt. Die Ribosomen der Plastiden (Abb. 2) und die DNS sind im Lichtmikroskop nicht zu erkennen und treten auch im Elektronenmikroskop nur bei spezieller Fixierung und Kontrastierung der Chloroplasten hervor.

Nach der Endosymbiontentheorie sind Plastiden ehemalige primitive photosynthetisch aktive Einzeller (Prokaryonten), die im Laufe der Evolution in eine heterotrophe Pflanzenzelle eingedrungen sind und sich so stark an die Wirtszelle angepaßt haben, daß sie jetzt nicht mehr selbständig existieren können. Je nach Pflanzengewebe und -art wie auch in Abhängigkeit von exogenen Faktoren (z. B. Licht) besitzen die Plastiden unterschiedliche Form, Größe und Funktion, die sich jeweils in einer besonderen Feinstruktur ausdrückt. Die Eizelle und die Bildungsgewebe (Meristeme) der Sproß- oder Wurzelvegetationspunkte enthalten die kleinsten Plastiden in Form rundlicher **Proplastiden** von nur 1 μm Durchmesser.

Die Organe der Photosynthese sind die Blätter und die grünen Sprosse. Letztere können z. B. bei vielen sukkulenten Pflanzen (u. a. Kakteen, Euphorbien) die volle Photosynthesefunktion übernehmen. In den photosynthetisch aktiven Geweben entwickeln sich die Plastiden zu chlorophyllhaltigen **Chloroplasten**, die über ein besonderes, sich überlappendes Membransystem, die Thylakoide, verfügen. Thylakoide sind abgeplattete Säckchen und bestehen zu je 50 % aus Lipiden und Proteinen. Sie gliedern sich in *Grana-* und *Stroma-Thylakoide*, wie man im Elektronenmikroskop an Ultradünnschnitten von

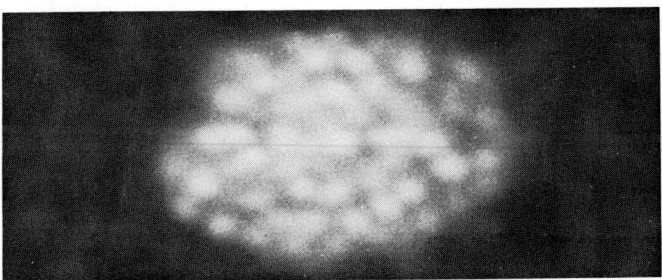

Abb. 4. *Spinat-Chloroplast* im Fluoreszenzmikroskop. Die Grana sind an ihrer hellen Fluoreszenz zu erkennen. Die Anregung der Chlorophyllfluoreszenz erfolgt mit Blaulicht, die Beobachtung durch Einschieben von Rotfiltern (Vergrößerung primär 1000-fach).

Chloroplasten erkennen kann (Abb. 2, 41 und 42). In den Granabereichen sind die Thylakoide geldrollenartig übereinandergestapelt (Grana-Thylakoide). Stroma-Thylakoide sind länger und verbinden die Granastapel miteinander. Die kreisrunden Scheiben der Granastapel sind in Aufsicht im Lichtmikroskop gerade noch zu erkennen. Im Fluoreszenzmikroskop treten Grana deutlich als helle Fluoreszenzflächen (Abb. 4) in Erscheinung, da die Chlorophyllkonzentration im Granabereich wesentlich höher ist als in den Stromathylakoiden, wodurch entsprechend mehr rotes Fluoreszenzlicht (Kap. 8) abgestrahlt wird.

Im Elektronenmikroskop kann man die Granabereiche an OsO₄-fixierten Chloroplasten in Aufsicht erkennen. Je höher die Granastapel (Abb. 5), desto stärker die Schwärzung der „Granascheiben".

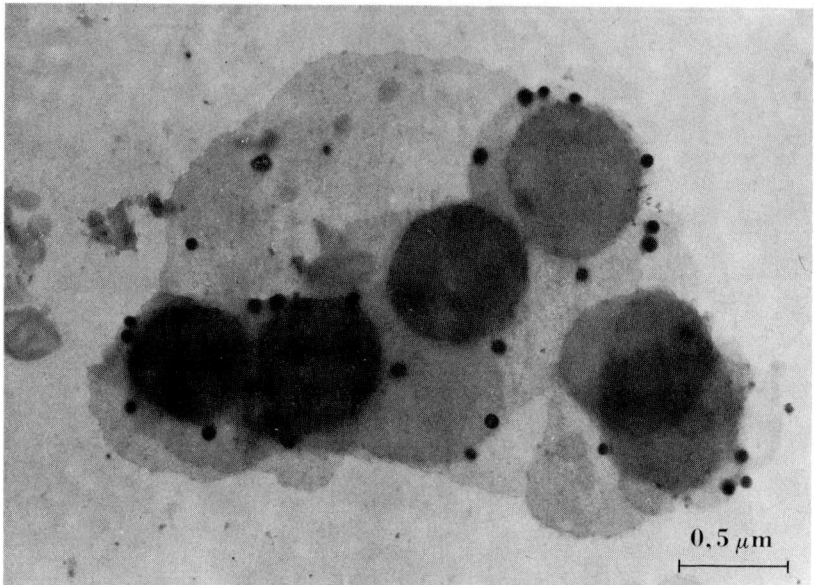

Abb. 5. Aufsicht auf die Granastapel eines aus grünen *Spinatblättern* isolierten Chloroplasten. Je höher die Granastapel, desto schwärzer erscheinen sie auf der elektronenmikroskopischen Aufnahme. Fixierung: 2 % OsO₄.

Nach bisheriger Ansicht entstehen die Thylakoide aus Einstülpungen der inneren Plastidenmembran, die sich durch Anlagerung von kleineren Vesikeln (Bläschen) verlängern und überlappen. Die Bildung der Thylakoide ist eng mit der Chlorophyllsynthese gekoppelt. Beide Vorgänge sind lichtabhängig.

Bei der Dunkelanzucht etiolieren die Pflanzen, d. h. man erhält chlorophylllose, hochaufgeschossene weiße bis gelbliche Keimlinge mit verstärktem Längen- und stark eingeschränktem Blattwachstum. Die Plastiden der Blätter etiolierter Pflanzen nennt man **Etioplasten.** Sie enthalten kein Chlorophyll. Die Biosynthese des Chlorophylls verläuft nur bis zu Vorstufen (Protochlorophyllid, Protochlorophyll) (Abb. 6). Die gelben Blattpigmente (Carotinoide) werden allerdings auch im Dunkeln gebildet und bewirken die gelbe Farbe der etiolierten Blätter (Tab. 1). Anstelle von Thylakoiden entsteht eine gitterartige Struktur, der *Prolamellarkörper* (Abb. 7 und 8). Dieser besteht hauptsächlich aus einem Protochlorophyllid-haltigen Proteinkomplex mit nur geringem Lipidanteil. Die Hauptmasse der im Dunkeln bereits gebildeten Thylakoidlipide (Carotinoide, Glyko- und Phospholipide) wird in zahlreichen lipidspeichernden Plastoglobuli abgelagert.

Protochlorophyllid

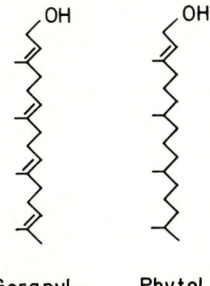

Geranyl-
geraniol Phytol

Abb. 6. Strukturformel der Chlorophyllvorstufe Protochlorophyllid, das in den Plastiden etiolierter Pflanzen auftritt. Es liegt zu einem geringen Teil verestert als Protochlorophyll vor. Je nach Pflanze ist es mit dem C_{20}-Alkohol Phytol oder Geranylgeraniol verestert.

Tabelle 1: Blattpigment- und Prenylchinongehalt in 7 Tage alten grünen und etiolierten *Gerstenkeimlingen* (µg/100 Pflanzen).

Blattpigmente	etioliert	grün	grün/ etioliert
Protochlorophyll(id)	12	0	–
Chlorophylle	0	2 190	–
β-Carotin	17	90	5,3 ×
Xanthophylle	151	198	1,3 ×
Plastochinon-9	12	85	7 ×
α-Tocopherol	18	55	3 ×
α-Tocochinon	1,0	8	8 ×
Phyllochinon K_1	0,7	7	10 ×

15

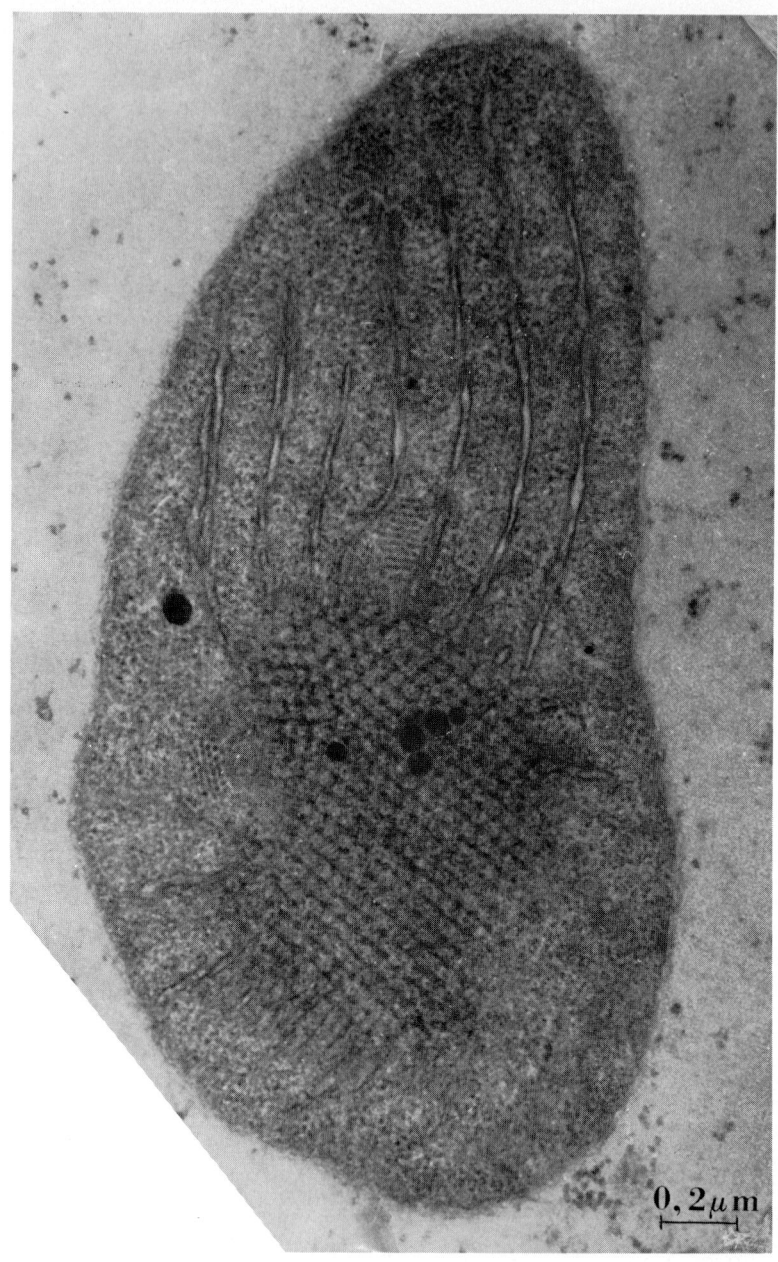

0,2 μm

Abb. 7. Feinstruktur eines Etioplasten aus dem Primärblatt eines 7 Tage alten etiolierten Keimlings der *Gerste (Hordeum vulgare)*. Die gitterartige Struktur ist der Prolamellarkörper, einzelne Plastoglobuli sind vorhanden. Elektronenmikroskopische Aufnahme von D. MEIER. Fixierung: 5 % Glutardialdehyd + 1 % OsO$_4$.

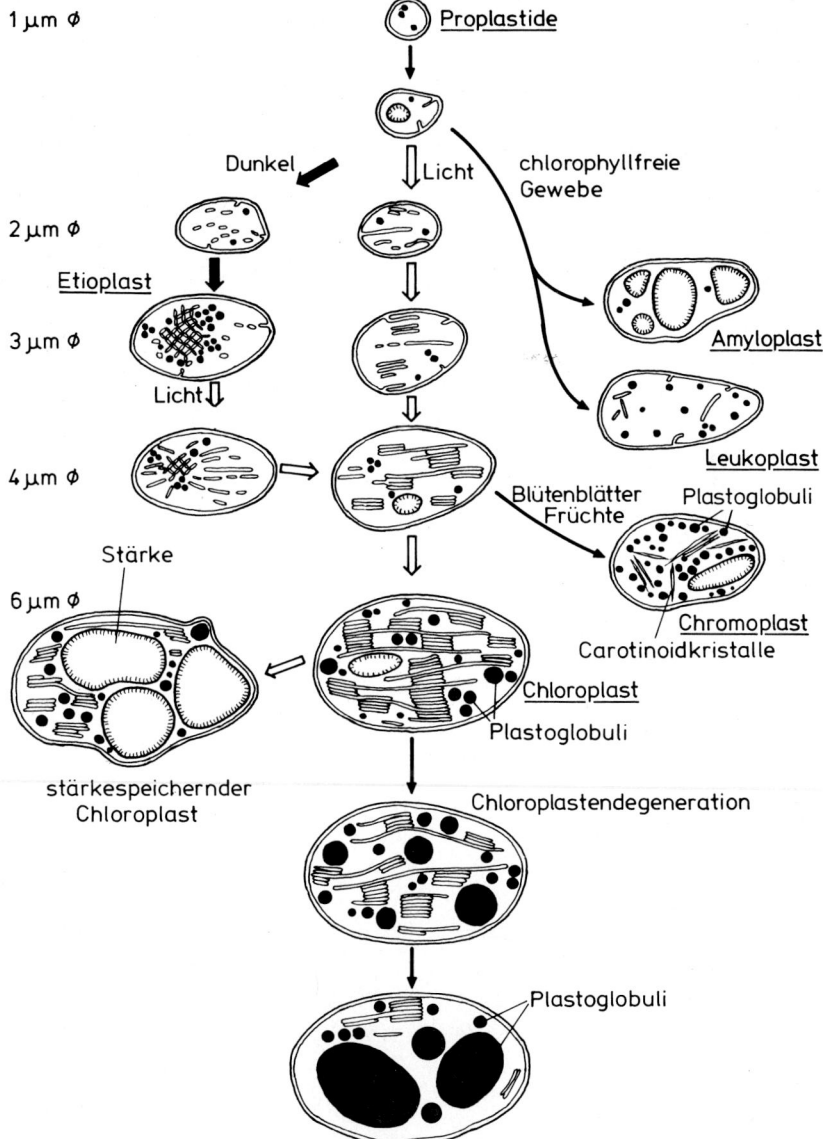

1 μm ⌀ — Proplastide

Dunkel / Licht — chlorophyllfreie Gewebe

2 μm ⌀

Etioplast

3 μm ⌀

Licht⇓

4 μm ⌀

Amyloplast

Leukoplast

Blütenblätter Früchte — Plastoglobuli

Stärke

6 μm ⌀

Chromoplast
Carotinoidkristalle

Chloroplast

Plastoglobuli

stärkespeichernder Chloroplast

Chloroplastendegeneration

Plastoglobuli

Abb. 8. *Schematische Darstellung der Entwicklung verschiedener Plastidentypen an Hand ihrer im Elektronenmikroskop erkennbaren Feinstruktur.* Die Hauptentwicklungslinie führt von der Proplastide zum grünen photosynthetisch voll aktiven *Chloroplasten* mit Grana- und Stromathylakoiden (grünes Blattgewebe). Im Dunkeln entwickeln sich in den Blattzellen *Etioplasten* mit dem Prolamellarkörper, aus denen bei Belichtung Chloroplasten werden. Die *Chromoplasten* sind durch Carotinoide stark gelbgefärbt (Früchte, Blütenblätter). *Leukoplasten* sind farblose Plastiden (z. B. weiße Wurzelgewebe). *Amyloplasten* sind farblose stärkespeichernde Plastiden (Speichergewebe).

17

Bei Belichtung von etiolierten Blättern werden aus Plastoglobuli und den Prolamellarkörpern die photochemisch aktiven Thylakoide aufgebaut und Protochlorophyllid/Protochlorophyll in Chlorophyll a (Abb. 9) umgewandet.

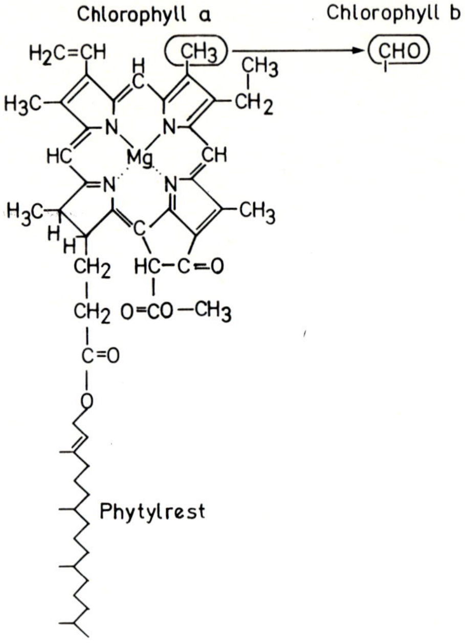

Chlorophyll a   Chlorophyll b

Abb. 9. Strukturformel von Chlorophyll a und b.

Es entstehen die „Jungchloroplasten", die in der Regel keine oder nur wenige Plastoglobuli besitzen. Sobald die Chloroplasten ihre volle Größe erreicht haben, nimmt die Anzahl und Größe der Plastoglobuli mit fortschreitendem Alter der Chloroplasten kontinuierlich zu. Bei der herbstlichen oder der künstlich induzierten Chloroplastendegeneration werden Chlorophylle und Thylakoide abgebaut und ein Teil der anfallenden Membranlipide in den Plastoglobuli deponiert, deren Größe und Anzahl weiter zunimmt (Abb. 8).

Die Hauptfunktion der Chloroplasten ist ihre photosynthetische Aktivität. Die Hauptträger der Photosynthese sind die Chloroplasten des Palisadenparenchyms. Sie speichern Stärke in der Regel nur vorübergehend. Chloroplasten von Speicherblättern aber auch des Schwammparenchyms normaler Blätter speichern vorwiegend Stärke (Abb. 8) und sind nur in geringem Maße photosynthetisch tätig. Diese werden auch als *Chloro-Amyloplasten* bezeichnet.

Im Gegensatz hierzu enthalten die *stärkespeichernden Plastiden* (**Amyloplasten**) der weißen Wurzel- und Speichergewebe niemals Chlorophylle oder Thylakoide. Auch die **Leukoplasten** (z. B. Epidermiszellen, farblose Parenchymzellen etc.) sind frei von Chlorophyllen, Carotinoiden und Thylakoiden, können aber zuweilen neben Stärke auch einige membranartige Strukturen aufweisen (Abb. 8 und Tab. 2).

Tabelle 2: Schematische Übersicht über Strukturkomponenten und Pigment-Zusammensetzung der verschiedenen Plastidenformen höherer Pflanzen

	photosynth. aktiv	Thylakoide	Chlorophylle	Carotinoide	Stärke	Plastoglobuli
Proplastide	−	−	−	−	−	+
Etioplast	−	−	−	+	+	+ +
Chloroplast	+	+	+	+	+	+ +
Chloro-Amyloplast	+	+	+	+	+ +	+
Amyloplast	−	−	−	−	+ +	+
Leukoplast	−	−	−	−	+	+
Chromoplast	−	−	−	+	+	+ + +

In einer besonderen Art pigmenttragender Plastiden, den **Chromoplasten,** werden Carotinoide und Sekundärcarotinoide mit ihren Fettsäureestern sowie andere Plastidenlipide angereichert und in den Plastoglobuli, die hier besonders zahlreich auftreten, gespeichert (Abb. 8 und 10). Bei einigen Pflanzen

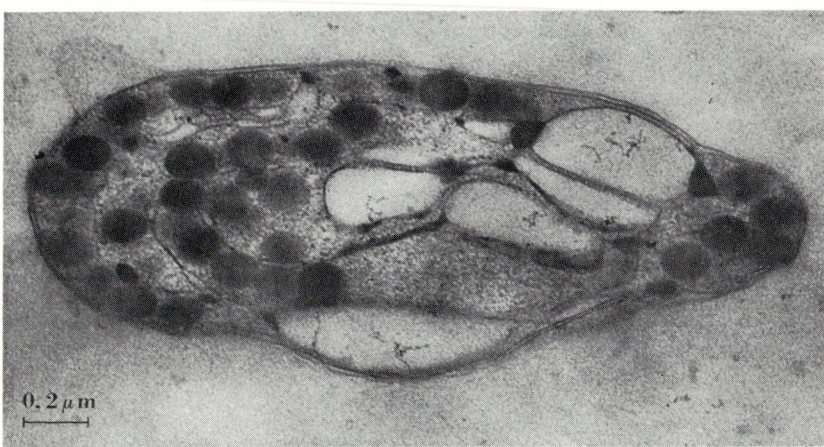

Abb. 10. Chromoplast aus den Blütenblättern einer gelbblühenden *Tulpensorte* mit zahlreichen Plastoglobuli. Die doppelte Plastidenhülle tritt an einigen Stellen sehr deutlich hervor. Die ehemals vorhandenen Thylakoide sind blasig angeschwollen. (Elektronenmikroskop; Fixierung: Glutardialdehyd + OsO_4).

19

werden die Chromoplastencarotinoide nicht ausschließlich in den Plastoglobuli deponiert, sie können auch in Form langer kristalliner Gebilde im Chromoplasten auftreten z. B. *Paprika (Capsicum)*.

Die Gliederung des photosynthetischen Lamellarsystems in Grana- und Stromathylakoide ist durch Umweltfaktoren modifizierbar. Die Granastapel von Sonnenblättern der Laubbäume und Blättern von Pflanzen, die im Starklicht wachsen, sind weniger hoch, ebenso besitzen sie weniger Thylakoide pro Chloroplast als Schattenblätter oder Pflanzen, die im Schwachlicht wachsen. In der Modifizierbarkeit der Chloroplastenstruktur zeigt sich die Anpassung des Photosyntheseapparates an die jeweiligen Belichtungsverhältnisse. Diese haben auch Einfluß auf die chemische Zusammensetzung und die photosynthetische Aktivität der Chloroplasten. Die Sonnenblatt- bzw. Starklichtsituation kann durch Aufzucht von Pflanzen im schwachen Blaulicht und die Schattenblatt- bzw. Schwachlichtsituation durch Aufzucht in schwachem Rotlicht simuliert werden. Diese Unterschiede in der Feinstruktur können schon beim Vergleich zweier Chloroplastenaufnahmen erkannt werden (Vers. 2). Auf die physiologische Bedeutung dieser Anpassung wird auf Seite 27 näher eingegangen.

3. Bau und chemische Zusammensetzung der Thylakoide

Die photosynthetische Biomembran, das Thylakoid, besteht wie alle anderen Einheitsmembranen der Zelle („unit membrane"), aus einer partikulären Feinstruktur, die man mit geeigneten Methoden (Röntgenstrukturanalyse, Gefrierätztechnik) nachweisen kann. Man nimmt an, daß die Thylakoidlipide in einer bimolekularen Lipidschicht („bilayer") angeordnet sind, in welche bestimmte Proteine unterschiedlicher Größe und Funktion eingebettet sind (Abb. 11). An der Außenseite der Thylakoide liegt die Ribulosediphosphat-Carboxylase, das Leitenzym des Calvin-Zyklus.

Zerlegt man Thylakoide durch Ultraschall- oder Detergentienbehandlung in kleinere Bruchstücke und zentrifugiert anschließend das Gemisch in der Ultrazentrifuge, so erhält man verschiedene Fraktionen mit unterschiedlicher

---

Abb. 12. Darstellung der Feinstruktur der Thylakoide im Elektronenmikroskop mittels der Gefrierätztechnik. Mit dieser Präparationstechnik werden kleinere und größere Proteinpartikel der Thylakoidmembran sichtbar gemacht. Die Aufnahme zeigt eine Aufsicht auf Thylakoide, die in unterschiedlichen Ebenen der Membran angebrochen sind.
Präparation: Die Chloroplasten werden tiefgefroren und z. B. mit einem Glasmesser aufgebrochen. Die gebildeten Eiskristalle werden im Vakuum verdampft (sublimiert) bei gleichzeitiger Schrägbeschattung mit Metalldämpfen.
Die Photographie wurde freundlicherweise von Herrn E. WEHRLI zur Verfügung gestellt; Vergrößerung ca. 80 000-fach. ▶

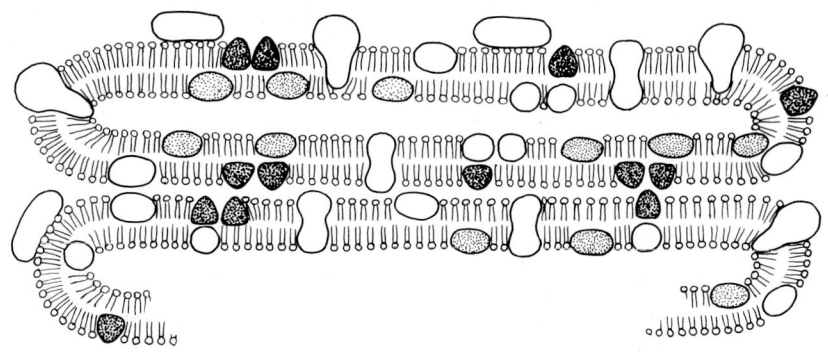

Abb. 11. Modell über den Aufbau der Thylakoidmembran aus Lipiden (ᴙ) und Proteinen. Die Lipide (Glyko- und Phospholipide) bilden eine doppelte *(bimolekulare) Lipidschicht*, die ‚bilayer'. In diese sind verschiedene Proteine eingelagert, die hier als rundliche Gebilde dargestellt sind. Bestimmte Proteine befinden sich nur auf der Außenseite, andere vorzugsweise auf der Innenseite der Membran. Wieder andere Proteine gehen durch die Thylakoidmembran hindurch. Eine Zuordnung dieser Proteine zu Pigmentsystem I oder II ist zur Zeit noch nicht eindeutig möglich. Das birnenförmige Protein ist die ATP-Synthetase, sie ragt aus dem Thylakoid heraus und hat auch Zugang zum Thylakoidinnern. Außen auf der Thylakoidmembran liegt die Ribulosediphosphat-Carboxylase. Die photosynthetischen Pigmente sind teils in die Lipidschicht eingelagert oder an Protein gebunden; sie sind hier nicht eingezeichnet.

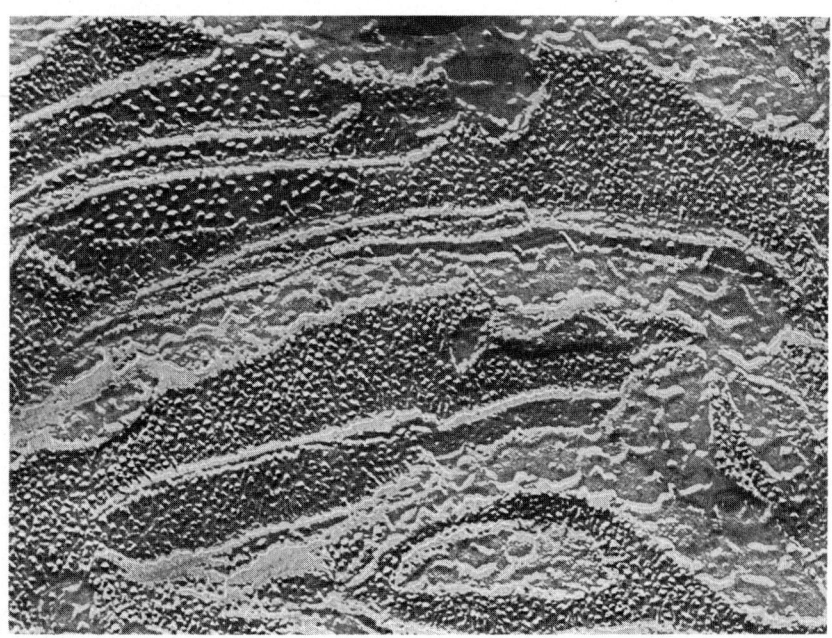

photochemischer Aktivität. Die Versuche lassen den Schluß zu, daß die Thylakoide aus 3 Partikelkomponenten aufgebaut sind:

1. den Pigmentsystem I-Partikeln, die als „leichte" Partikeln bezeichnet werden und die Lichtreaktion I ausführen,
2. den Pigmentsystem II-Partikeln, fähig zur Wasserspaltung und Hill-Reaktion und
3. den Pigmentpartikeln, die das Antennenchlorophyll enthalten („light harvesting" particles = Licht-Sammel-Partikel).

Die beiden letzteren Fraktionen werden meist zusammen isoliert und auch als „schwere" Partikelfraktion bezeichnet. Eine eindeutige Zuordnung der vorgenannten drei Partikel zu den im Elektronenmikroskop sichtbaren Strukturen (Abb. 12) ist zur Zeit noch nicht möglich.

Die photochemisch aktiven Thylakoide der Chloroplasten bestehen zu je 50 % aus Lipiden und Proteinen (Tab. 3). Bei den Lipiden sind zunächst hervorzuheben: Die **Prenyllipide.** Hierzu gehören die Chlorophylle und Carotinoide, deren Hauptfunktion die Lichtabsorption ist. Ferner zählt man hierzu die Prenylchinone, die potentielle Elektronenüberträger der photosynthetischen Elektronentransportkette darstellen.

Diesen „funktionellen" Lipiden, die am Ablauf der Photosynthese teilweise direkt beteiligt sind, steht die Gruppe der **Phospho-** und **Glykolipide** gegenüber (Tab. 3). Letztere werden auch als „Struktur"-Lipide bezeichnet, da sie die Grundstrukturelemente der photosynthetischen Thylakoidmembran bil-

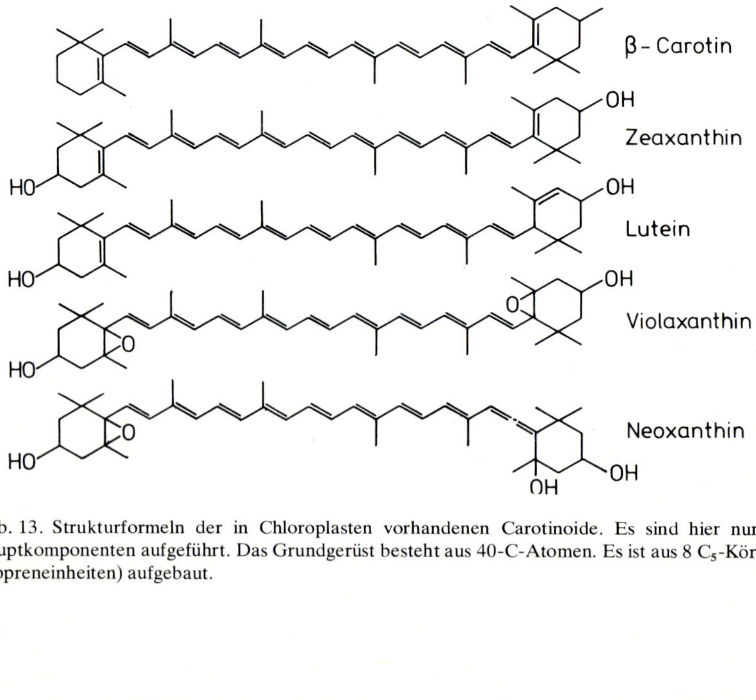

Abb. 13. Strukturformeln der in Chloroplasten vorhandenen Carotinoide. Es sind hier nur die Hauptkomponenten aufgeführt. Das Grundgerüst besteht aus 40-C-Atomen. Es ist aus 8 C_5-Körpern (Isopreneinheiten) aufgebaut.

22

Tabelle 3: Chemische Zusammensetzung der Thylakoide von Spinatchloroplasten bezogen auf 1 Grammatom Mangan. Die Thylakoide bestehen zu je 50 % aus Protein und Lipiden (nach LICHTENTHALER und PARK 1963).

Mol		Molekulargewicht	
115	Chlorophylle 80 Chlorophyll a 35 Chlorophyll b	103 200	
24	Carotinoide 7 β-Carotin 11 Lutein u. a.	13 700	
23	Prenylchinone Plastochinon-9 α-Tocopherol Phyllochinon K_1, u. a.	15 900	
58	Phospholipide 26 Glycerophosphatidylglycerin 21 Glycerophosphatidylcholin u. a.	45 400	
72	Digalaktosyldiglycerid	67 000	
173	Monogalaktosyldiglycerid	134 000	
24	Sulfolipid	20 500	
	Restliche Lipide	95 300	
	Gesamtlipide		**495 000**
Grammatom			
4690	Stickstoffatome als Protein	464 000	
1	Mangan z. B. im Wasser-spaltenden Enzym Y	55	
6	Eisen z. B. Ferredoxin Cytochrome	336	
3	Kupfer z. B. Plastocyanin	159	
	Gesamtprotein (aufgerundet)		**465 000**

den, in welche die Prenyllipide und die Proteine in Form funktioneller Einheiten eingebettet sind.

Chlorophylle a und b (Abb. 9), die Carotinoide (Abb. 13) und die Prenylchinone (Abb. 14) sind ausschließlich in den Chloroplasten lokalisiert. Auch die *Glykolipide* Monogalaktosyldiglycerid (MGD), Digalactosyldiglycerid (DGD) und das Sulfolipid (SL) sind für Thylakoide typische Lipide, die wahrscheinlich ausschließlich in den Chloroplasten vorkommen (Abb. 15). Die *Phospholipide*, die bei anderen Biomembranen die Hauptmasse der Lipide ausmachen, treten bei der photosynthetischen Biomembran, dem Thylakoid, mengenmäßig stark zurück. Ihr Anteil am Gesamtlipidgehalt der Thylakoide beträgt nur 9–15 %! Damit unterscheidet sich die photosynthetische Biomembran in ihrer Lipidzusammensetzung deutlich von anderen Zellmembranen.

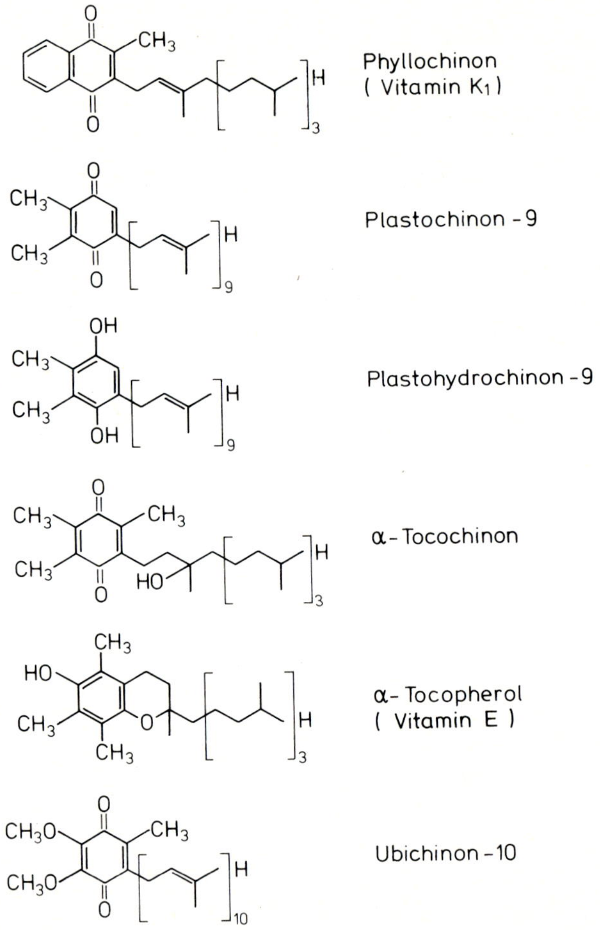

Phyllochinon (Vitamin K₁)

Plastochinon - 9

Plastohydrochinon - 9

α - Tocochinon

α - Tocopherol (Vitamin E)

Ubichinon - 10

Abb. 14. Strukturformeln der Prenylchinone, die in Pflanzen vorkommen. Ubichinon 10 ist in den Mitochondrien enthalten, die übrigen Chinone in den Chloroplasten. Die Zahl an der Klammer bedeutet die Anzahl von C_5-Einheiten (Isopreneinheiten), aus denen die Kette aufgebaut ist. Der Buchstabe H ist der Endwasserstoff am Ende der Kette.

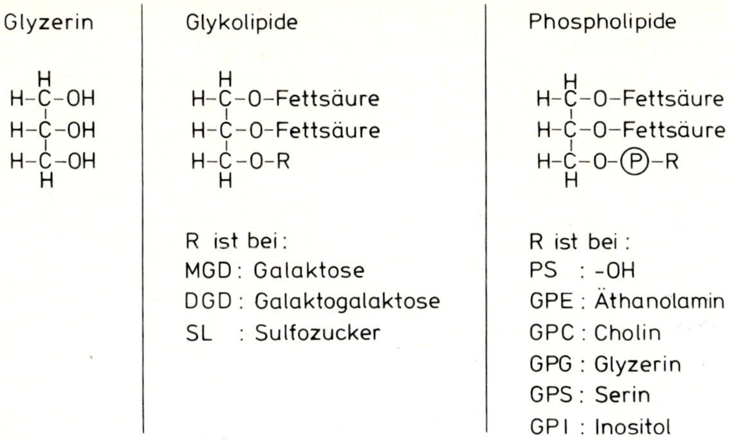

Glyzerin	Glykolipide	Phospholipide
H H-C-OH H-C-OH H-C-OH H	H H-C-O-Fettsäure H-C-O-Fettsäure H-C-O-R H	H H-C-O-Fettsäure H-C-O-Fettsäure H-C-O-(P)-R H

R ist bei:
MGD: Galaktose
DGD: Galaktogalaktose
SL : Sulfozucker

R ist bei:
PS : -OH
GPE : Äthanolamin
GPC : Cholin
GPG : Glyzerin
GPS : Serin
GPI : Inositol

Abb. 15. Darstellung der Struktur der in Thylakoiden vorhandenen Phospho- und Glykolipide. Die Abkürzungen bedeuten:

MGD : Monogalaktosyldiglyzerid
DGD : Digalaktosyldiglyzerid
SL   : Sulfolipid
PS   : Phosphatidsäure
GPE : Glycerophosphatidyläthanolamin
GPG : Glycerophosphatidylglyzerin
GPC : Glycerophosphatidylcholin
GPI : Glycerophosphatidylinositol
GPS : Glycerophosphatidylserin

Tabelle 4: Prozentuale Zusammensetzung der Fettsäuren von Spinatchloroplasten. Es überwiegen die ungesättigten Fettsäuren mit 2 und 3 Doppelbindungen (nach WOLF et al. 1962 und DEBUCH 1962)

Fettsäure	Anzahl C-Atome	Anzahl Doppel- bindungen	% Anteil
Linolensäure	18	3	48−70
Linolsäure	18	2	4− 5
Ölsäure	18	1	Spur
Stearinsäure	18	0	Spur
Hexadecatriensäure	16	3	11−20
Palmitinsäure	16	0	11−16

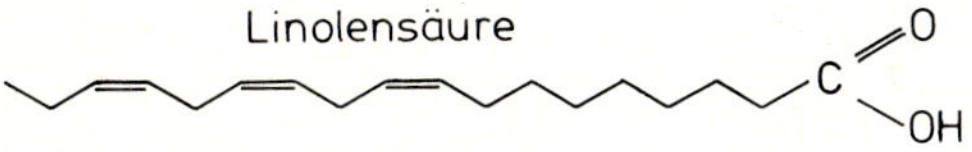

Linolensäure

Eine weitere Besonderheit der Chloroplastenlipide ist ihr hoher Gehalt an ungesättigten Fettsäuren, wie Linolen- und Linolsäure (Tab. 4). Die verschiedenen Plastidenpigmente und Phospho- und Glykolipide können durch Papier- und Dünnschichtchromatographie nachgewiesen werden (Vers. 6 bis 9 und 16).

4. Bildung der Blattpigmente in Abhängigkeit vom Licht

Die Lipidzusammensetzung der Chloroplastenmembran ist innerhalb gewisser Grenzen variabel, wobei Umweltfaktoren insbesondere die Lichtintensität (Starklicht + Schwachlicht) und die Lichtqualität (Blau + Rot) modifizierend eingreifen (Tab. 5). Der Chlorophyllanteil am Gesamtlipidgehalt der Thylakoide liegt zwischen 20 und 25 %, der Carotinoidgehalt bei 3–6 % und der Prenylchinonanteil bei 3–10 %. Das Mengenverhältnis Chlorophyll a/b beträgt in der Regel etwa 3.

Die Reaktion auf Umweltfaktoren äußert sich bei den einzelnen Prenyllipiden unterschiedlich. Sonnenblätter und Pflanzen, die im Starklicht angezogen werden, haben einen höheren Anteil an Chlorophyll a, was zu entsprechend höheren Chlorophyll a/b-Werten (3–4) als in Schattenblättern oder bei Schwachlichtpflanzen (2,4–2,8) führt. Dieser unterschiedliche Gehalt an Chlorophyll a und b läßt sich z.B. leicht visuell durch Papierchromatographie der Blattpigmente (Vers. 6) nachweisen.

Tabelle 5: Abhängigkeit der Struktur und der photosynthetischen Aktivität der Chloroplasten von der Wachstumsbedingung

	Wachstumsbedingung	
entweder	oder
im Schatten	in der Sonne
im Schwachlicht	im Starklicht
im Rotlicht	im Blaulicht
	Ergebnis	
niedrigere Werte für a/b	höhere Werte für a/b
höhere Werte für x/c	niedrige Werte für x/c
viele Grana	weniger Grana
geringere Photosyntheseleistung	höhere Photosyntheseleistung

An Carotinen liegt im Sonnenblatt und bei Starklichtpflanzen ein höherer Anteil vor als im Schattenblatt bzw. bei Schwachlichtpflanzen. Entsprechend weist das Mengenverhältnis Xanthophylle (sauerstoffhaltige Carotinoide) zu β-Carotin (x/c) geringere Werte auf. Als weiteres Kriterium zur Beurteilung der Pigmentausstattung grüner Pflanzen wird das Verhältnis grüner zu gelber Pigmente, d. h. Chlorophylle zu Carotinoide (a + b/x + c) herangezogen. Die Unterschiede in den Zahlenwerten für a + b/x + c sind gering. In Schattenblättern sind die Werte deutlich niedriger als in Sonnenblättern.

Besonders starke Unterschiede zwischen Sonnen- und Schattenblättern zeigen sich im Gehalt an Prenylchinonen und anderen Verbindungen der photosynthetischen Elektronentransportkette. Diese Werte sind in Tabelle 6 dargestellt. Der aus der Tabelle ablesbare höhere Prenylchinongehalt der Sonnenblätter ist Ausdruck einer anderen funktionellen Zusammensetzung des Photosyntheseapparates. Sonnenblätter haben bezogen auf das Gesamtchlorophyll mehr Elektronentransportketten als Schattenblätter und möglicherweise eine höhere Anzahl von Reaktionszentren (S. 36), was sich in einer höheren photosynthetischen Aktivität ausdrückt. Durch diese Adaptation können Sonnenblätter die im Überschuß vorhandene Lichtenergie optimal photosynthetisch nutzen.

Bei den Schattenblättern ist Licht hingegen Mangelfaktor. Bei der Schattenpflanze ist der Pigmentapparat der Photosysteme optimaler ausgebildet und enthält sehr viel Antennenchlorophyll. Der Vorteil dieser Anpassung liegt darin, daß trotz schwachen Lichteinfalls viele Lichtquanten eingefangen werden können. Gekoppelt mit dieser Vergrößerung der Pigmentantenne ist eine starke Erhöhung der Granastapel (Abb. 42 und Vers. 2).

Wie bereits erwähnt, können aus Thylakoiden Partikel mit vorzugsweise Pigmentsystem I-Aktivität und Partikel mit vorzugsweise Pigmentsystem II-Aktivität isoliert werden (Tab. 7). Diese Partikel weisen beachtliche Unterschiede im Chlorophyll-, Carotinoid- und Chinongehalt auf. Die Pigmentsystem I-Partikel haben einen höheren Gehalt an Chlorophyll a und einen hohen Gehalt an β-Carotin. Da bei Sonnenblättern und Starklichtpflanzen ebenfalls der Gehalt an Chlorophyll a und β-Carotin erhöht ist, wird angenommen, daß sie einen höheren Anteil an Pigmentsystem I-Partikeln besitzen als Schattenblätter oder Schwachlichtpflanzen.

Die Anreicherung der Chloroplastenlipide erfolgt parallel zur Bildung und Vermehrung der Thylakoide im Zuge der **Ergrünung**. Zwar werden Carotinoide, Phospho- und Glykolipide bereits im Dunkeln in den Etioplasten mit geringer Syntheserate gebildet, jedoch in ganz anderen Relationen als in der grünen Pflanze. So enthalten die gelben Blattspitzen etiolierter Pflanzen zwar reichlich Xanthophylle, jedoch nur geringe Mengen β-Carotin. Die Zahlenwerte für das Verhältnis Xanthophyll : β-Carotin (x/c) liegen je nach Pflanze und Entwicklungszustand bei etioliertem Material zwischen 8 und 20 und bei der grünen Pflanze bei 1,5 bis 3. Diese Unterschiede lassen sich leicht durch vergleichende Papierchromatographie der Blattextrakte von grünen und etiolierten Keimpflanzen (z. B. 7 Tage alten Gerste- bzw. 16 Tage alten Bohnenkeimlingen) sichtbar machen (Vers. 6).

Tabelle 6: Vergleichende Darstellung der Blattfläche und Prenyllipidgehalte vollentwickelter Sonnen- und Schattenblätter der Buche (*Fagus sylvatica*) (Werte von Mitte Juni; x = Xanthophylle).

	Sonnenblätter	Schattenblätter
Blattfläche	260 cm^2	380 cm^2
Trockengewicht	2,40 g	1,25 g
Wassergehalt	50 %	66 %
Pigmentgehalt (μg) *je 100 cm^2 Blattfläche:*		
Chlorophyll a	1 340	750
Chlorophyll b	410	290
Chlorophyll a + b	1 750	1 040
β-Carotin (c)	140	90
Lutein	170	135
Violaxanthin $\}$ x	46	22
Neoxanthin	18	13
Carotinoide (x + c)	374	260
Plastochinon-9 (PQ-9)	520	75
α-Tocopherol (Vit. E; α-T)	320	71
Phyllochinon K$_1$	13	7
a / b	3,3	2,6
x / c	1,6	1,9
a + b / x + c	4,8	4,0
a / PQ-9	2,6	10,0
a / α-T	4,2	10,6
a / K$_1$	103	107

Blattquerschnitt von Buchenblättern

Sonnenblatt   Schattenblatt

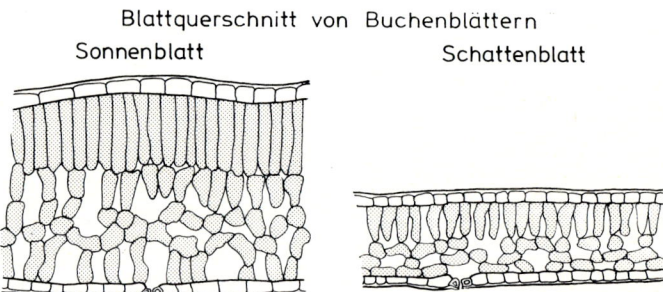

Nach Abschluß der Ergrünungsphase, wenn die Blätter ausgewachsen sind, ist innerhalb der Chloroplasten die Thylakoidsynthese abgeschlossen. Der Chlorophyll- und Carotinoidgehalt bleibt, bezogen auf die Blattfläche, bis zur herbstlichen Blattverfärbung annähernd konstant. Dies gilt auch für Sonnen- und Schattenpflanzen gleichermaßen.

Tabelle 7: Unterschiedliche Verteilung der Chlorophylle und Carotinoide in den aus *Spinat*-Chloroplasten gewonnenen Pigmentsystem I (PS I)- und Pigmentsystem II (PS II)-Partikelfraktionen. Die Pigmentsystem I-Partikel enthalten im Vergleich zu intakten Thylakoiden höhere Anteile an Chlorophyll a und β-Carotin, Pigmentsystem II-Partikel höhere Anteile an Chlorophyll b und Lutein. Werte in Mol per 100 Mol Chlorophyll a (nach LICHTENTHALER 1969) (x = Xanthophylle).

Blattpigment	Chloroplast und Thylakoide	PS I-Partikel-Fraktion	PS II-Partikel-Fraktion
Chlorophyll a	100	100	100
Chlorophyll b	38	20	54
β-Carotin (c)	13	15	11
Lutein	14	7	21
Violaxanthin ⎱ x	5	7	4
Neoxanthin	2	0,5	3,5
a / b	2,6	5,0	1,9
x / c	1,6	1,0	2,6
a + b / x + c	4,1	4,1	3,9

Nach Abschluß der Thylakoidsynthese erfolgt vorzugsweise in Sonnenblättern mit zunehmendem Alter eine kontinuierliche Anreicherung von Plastochinon-9, und zwar hauptsächlich in seiner reduzierten Form Plastohydrochinon, sowie α-Tocopherol (Vitamin E) (Abb. 16). Diese überschüssigen Prenylchinone werden zusammen mit anderen überschüssigen Chloroplastenlipiden (allerdings keine Chlorophylle und Carotinoide) in den Plastoglobuli abgelagert. Die in den Plastoglobuli gespeicherten Lipide stellen genauso wie die in den Stärkekörnern gebundene Glucose letztlich Photosyntheseprodukte dar, die bei Bedarf wieder freigesetzt werden können. Wegen des hohen Prenylchinongehaltes eignen sich Blattextrakte der Sonnenblätter besonders gut zur Isolierung und zum Nachweis von Plastochinon-9 und α-Tocopherol (Vers. 9, 10 und 11).

Bei der **Chloroplastendegeneration** (z. B. während der herbstlichen Blattverfärbung) werden zunächst die Chlorophylle abgebaut, und zwar in der Regel das Chlorophyll a rascher als Chlorophyll b. Der Abbau des β-Carotin und der Xanthophylle verläuft wesentlich langsamer als jener der Chlorophylle. Daher herrschen gelbe Farbtöne bei der herbstlichen Laubverfärbung der ehemals grünen Blätter vor. Bei der herbstlichen Blattverfärbung treten durch den Chlorophyllabbau die wasserlöslichen Pigmente des Zellsaftes (z. B. Anthocyane beim *Blutahorn*) stärker hervor, deren Farbe in den grünen Blättern durch die Chlorophylle weitgehend überdeckt wird.

Im Gegensatz zu der Chromoplastenentwicklung in Blütenblättern und reifenden Früchten, bei der die Carotinoide während des Abbaus der Chlorophylle in starkem Maße produziert und angereichert werden, kommt es bei der herbstlichen Blattverfärbung nicht zu einer erneuten Anreicherung von Carotinoiden. Beim Abbau der Thylakoide werden Xanthophylle frei, die mit Fettsäuren verestert werden. Bei der Chromatographie der Blattpigmente (Vers. 6 und 8) treten dann diese Carotinoidester als zusätzliche Banden in Erscheinung.

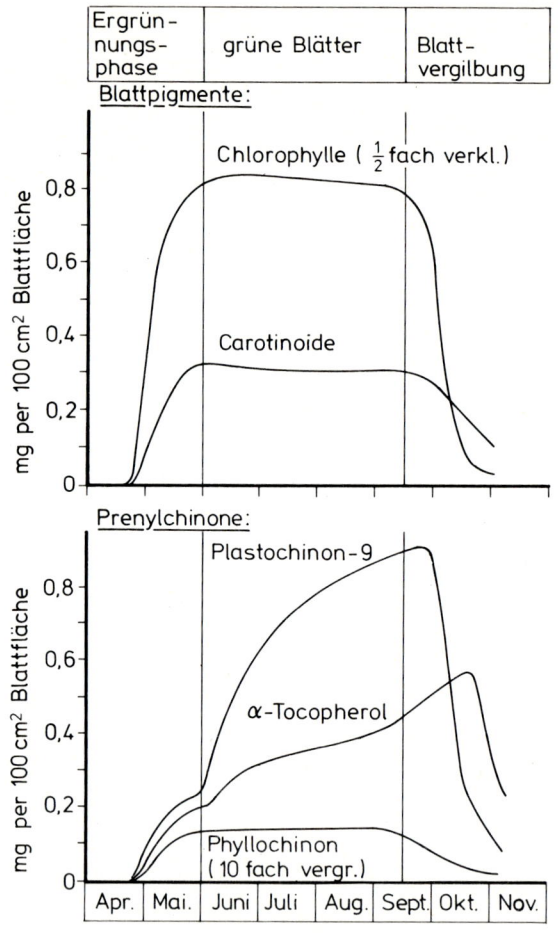

Abb. 16. Änderung des Gehaltes an Blattpigmenten und Prenylchinonen im Verlauf der Vegetationsperiode bei Sonnenblättern der *Buche (Fagus sylvatica)*. Ältere Blätter haben besonders hohe Gehalte an Plastochinon und α-Tocopherol (Vitamin E). Die Werte für Chlorophylle sind $^1/_2$-fach verkleinert, jene des Phyllochinon K_1 10-fach erhöht dargestellt.

30

5. Abhängigkeit der Photosynthese intakter Pflanzen von äußeren Faktoren

Die Gesamtgleichung der Photosynthese (Gl. 1; S. 9) beschreibt den Verbrauch der Substrate CO_2 und Wasser sowie die Bildung der Kohlenhydrate und die Freisetzung von Sauerstoff. An intakten Pflanzen kann die Sauerstoffentwicklung, die CO_2-Aufnahme und gegebenenfalls die Bildung von Stärke beobachtet und gemessen werden. Der Verbrauch von Wasser ist nicht direkt nachweisbar.

Die Untersuchung der gesamten Photosynthese erfolgt u. a. durch Registrierung der Sauerstoffentwicklung in Abhängigkeit von verschiedenen äußeren Faktoren (Vers. 18 und 23). Auch die Messung der CO_2-Fixierung ist mit einfachen Mitteln möglich (Vers. 20). Durch Auswertung solcher Messungen lassen sich bei geeigneter Gestaltung der Versuche deutliche Hinweise auf die Gliederung der Photosynthese in zwei Teilbereiche erhalten: Die lichtabhängigen Primärreaktionen (Lichtreaktionen) und die lichtunabhängigen, aber temperatur- und CO_2-abhängigen Sekundärreaktionen (Dunkelreaktionen).

Die Gaswechselmessungen (O_2 oder CO_2) am intakten System (Algen, Blätter) stellen immer eine Überlagerung von photosynthetischen und respiratorischen Reaktionen dar. Es gilt der formale Zusammenhang:

Bruttoassimilation	− Dissimilation	= Nettoassimilation
CO_2 assimiliert	− CO_2 dissimiliert	= CO_2 apparent
O_2 Entwicklung	− O_2 Verbrauch	= O_2 apparent
reelle Photosynthese	− Atmung	= apparente Photosynthese

Zur Ermittlung der apparenten Photosyntheserate muß als „Kontrolle" die Rate der respiratorischen CO_2-Freisetzung bzw. des O_2-Verbrauchs im Dunkeln registriert werden und von der im Licht gemessenen jeweiligen Rate abgezogen werden. Hierbei wird vorausgesetzt, daß die Atmungsrate im Licht und Dunkeln gleich groß ist, was nicht immer zutrifft. Als weitere Fehlerquelle muß die „Lichtatmung" angesehen werden, ein Sonderweg der CO_2-Freisetzung unter O_2-Verbrauch, der mit der Atmung der Mitochondrien nichts zu tun hat (Kap. 7.4). Einen Hinweis auf das Auftreten der Lichtatmung kann man mit der Messung der CO_2-Fixierung bei *Elodea* erhalten (Vers. 20).

Die Photosynthese ist abhängig von Faktoren wie Lichtintensität, Lichtqualität (Farbe), CO_2-Angebot, Temperatur und z. B. bei Wasserpflanzen und Algen vom pH-Wert. Bei entsprechenden Untersuchungen ergeben sich typische Sättigungs- oder Optimumkurven, deren Verlauf im folgenden kurz beschrieben und interpretiert wird.

5.1 Lichtintensität (Vers. 18 und 23)

Die Abhängigkeit der Photosynthese von der Intensität des eingestrahlten Lichts ergibt eine typische Sättigungskurve (Abb. 17). Nur bei extrem hohen Lichtintensitäten kann manchmal infolge einer irreversiblen Schädigung des Photosyntheseapparates ein Absinken der Photosyntheserate auftreten. Der Verlauf der Lichtsättigungskurve zeigt zwei deutlich voneinander unterscheidbare Abschnitte: Den linearen Anstieg mit Proportionalität zwischen Lichtintensität und Photosyntheserate und dem Sättigungsbereich, in welchem eine Erhöhung der eingestrahlten Lichtintensität keine Steigerung der Photosyntheserate mehr erbringt.

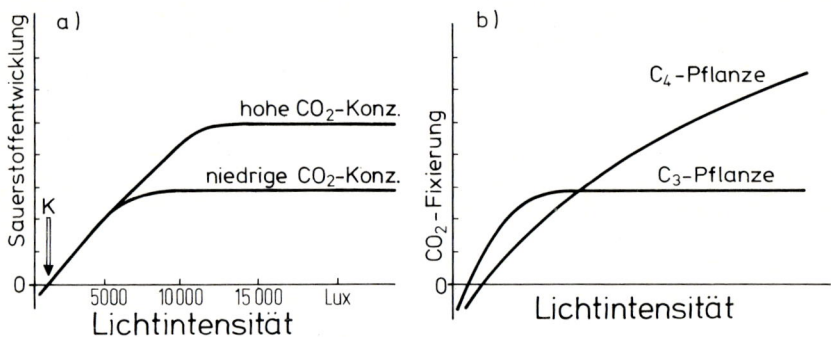

Abb. 17 a) Lichtsättigungskurve bei Grünalgen. K: Licht-Kompensationspunkt.
b) Vergleich der Lichtsättigungskurven von C_3- und C_4-Pflanzen.

Im linearen Teil der Kurve ist Licht der begrenzende Faktor der Photosynthese. Unter diesen Bedingungen sind die Dunkelreaktionen (Calvin-Cyclus) noch nicht voll ausgelastet. Im waagerecht verlaufenden Teil der Lichtsättigungskurve liegt der die CO_2-Assimilation begrenzende Faktor im Bereich der Dunkelreaktionen. Die Photosyntheserate hängt jetzt also im wesentlichen vom CO_2-Angebot und der Geschwindigkeit der Dunkelreaktion ab. In der Regel ist der CO_2-Gehalt der Luft mit nur 0,03 Vol. % der begrenzende Faktor. Dies kann leicht durch schrittweise Erhöhung der CO_2-Konzentration überprüft werden, wodurch die Photosyntheserate erhöht wird (Abb. 17 a).

Ein weiteres wichtiges Merkmal der Lichtsättigungskurve ist der **Licht-Kompensationspunkt** (Abb. 17). Man versteht darunter den Schnittpunkt der Lichtsättigungskurve mit der Abszisse. In diesem Punkt bzw. bei dieser Lichtintensität gleichen sich photosynthetische O_2-Entwicklung und Sauerstoffverbrauch durch Atmung gerade aus. In diesem Punkt halten sich auch die photosynthetische CO_2-Aufnahme und das durch die Atmung freigesetzte

32

CO_2 die Waage. Bei Grünalgen (z. B. *Scenedesmus, Chlorella*) und der Wasserpest (*Elodea*) liegt der Kompensationspunkt bei einigen Hundert Lux. Für seine Bestimmung eignen sich Versuch 23 (Sauerstoffentwicklung bei Grünalgen) und Versuch 20 (CO_2-Fixierung bei *Elodea*). Die gasvolumetrischen Methoden wie Blasenzählmethode oder Audusbürette (Vers. 18) sind nur bedingt geeignet.

5.2 Lichtqualität (Vers. 18)

Neben der Lichtintensität zeigt sich auch eine Abhängigkeit der Photosynthese von der Lichtqualität. Die physikalischen Vorgänge bei der Lichtabsorption der Chlorophylle und die photochemische Nutzung der absorbierten Energie werden in Kapitel 8 besprochen. Um die physiologische Verwertbarkeit der verschiedenen Spektralbereiche des Lichts zu untersuchen, werden Pflanzen mit Licht verschiedener Wellenlänge aber gleicher Quantenzahl bestrahlt und die Photosyntheseintensität gemessen. Das so erhaltene Wirkungsspektrum (= Aktionsspektrum) zeigt dort Maxima, wo Licht durch die Photosynthesepigmente am stärksten absorbiert wird und Minima, wo eine geringe Absorption vorliegt. Es entspricht annähernd den Absorptionsspektren der Chlorophylle und Carotinoide. Beim *Wirkungsspektrum* der Photosynthese, das Auskunft über die beteiligten Pigmente gibt, ist die Photosyntheseintensität im Grünlicht deutlich geringer als die im Blau- oder Rotlicht. Um jedoch zu erfassen, in welchem Maße ein absorbiertes Lichtquant photosynthetisch wirksam ist, wird die Quantenausbeute bei den einzelnen Wellenlängen des sichtbaren Lichtes gemessen. Der Versuch wird so gestaltet, daß praktisch jedes eingestrahlte Lichtquant absorbiert wird – was am einfachsten mit einem sehr dichten, stark absorbierenden Pflanzenmaterial zu erreichen ist. Das so erhaltene *Spektrum der Quantenausbeute* zeigt auch im Grünlicht eine relativ hohe Photosyntheserate (Abb. 18). Man kann somit sagen: Wenn Grünlicht absorbiert wird, bewirkt es volle Photosyntheseintensität.

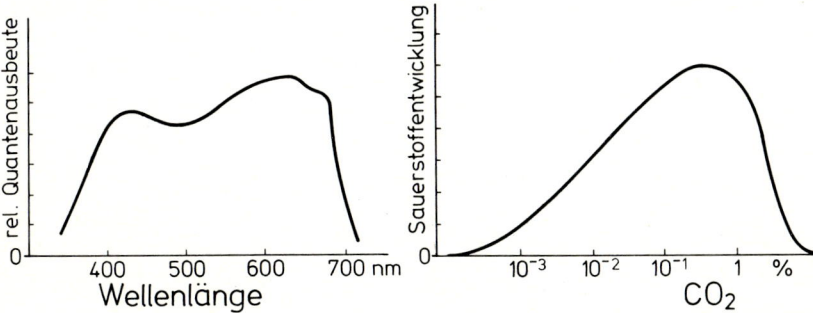

Abb. 18. Quantenausbeute der Photosynthese bei Grünalgen (links).
Abb. 19. CO_2-Abhängigkeit der Sauerstoffentwicklung von Grünalgen (rechts).

33

5.3 CO_2-Konzentration (Vers. 18 und 23)

Da CO_2 als Substrat in der Photosynthese verbraucht wird, ergibt sich eine starke Abhängigkeit der Photosyntheserate vom vorhandenen CO_2-Angebot. Dies zeigt sich in einer typischen Optimumkurve (Abb. 19). Bei niedrigen CO_2-Konzentrationen ergibt sich zunächst eine fast lineare Abhängigkeit der Photosyntheserate vom CO_2-Angebot. Der Abfall der Optimumkurve bei überoptimalem CO_2-Angebot ist komplexer Natur und durch mehrere Faktoren bedingt. So führt z.b. ein hohes CO_2-Angebot zu einer Alkalisierung des Mediums und somit zu einer Abnahme der Enzymaktivität durch Verschiebung des pH-Optimum.

Für das Wachstum von Landpflanzen stellt die konstante atmosphärische CO_2-Konzentration von 0,03 % den begrenzenden Faktor dar. Die optimale CO_2-Konzentration für Landpflanzen und besonders für wasserlebende Grünalgen liegt wesentlich höher. Experimentell wird die CO_2-Konzentration am einfachsten durch Zugabe von Bicarbonat (HCO_3^-) eingestellt. In wässrigem Medium liegt ein Gleichgewicht vor zwischen CO_2, Kohlensäure, Bicarbonat- und Carbonationen (Gl. 20, S. 117), das bei pH-Werten im Inneren von Zellen stark auf seiten des Bicarbonats liegt.

Bei niedrigen Lichtintensitäten ist nicht CO_2, sondern das Licht der für die Photosynthese begrenzende Faktor. Daher findet man im Schwachlicht nur eine sehr schwache CO_2-Abhängigkeit der Photosyntheserate.

5.4 Temperatur (Vers. 18 und 23)

Die Temperaturabhängigkeit der Photosynthese ergibt eine typische Optimumkurve, allerdings nur bei *hohen* Lichtintensitäten, bei denen die Photosyntheserate durch die Dunkelreaktionen begrenzt wird (Abb. 20). Aus dem

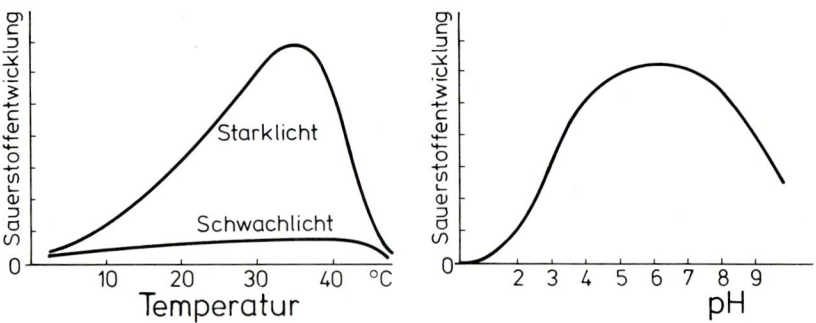

Abb. 20. Temperaturabhängigkeit der Sauerstoffentwicklung von Grünalgen im Stark- und im Schwachlicht (links).
Abb. 21. pH-Abhängigkeit der Sauerstoffentwicklung von Grünalgen (rechts).

mit der Temperatur ansteigenden Ast der Optimumkurve können Q_{10}-Werte von 2 – 3 ermittelt werden, wie sie für enzymatische, biochemische Reaktionen typisch sind. Unter Q_{10}-Wert versteht man das Verhältnis von zwei Syntheseraten, wobei die eine Rate bei einer um $10°C$ erhöhten Temperatur gegenüber einer Kontrollrate gemessen wurde.

$$Q_{10} = \frac{\text{Photosyntheserate bei } t + 10°C}{\text{Photosyntheserate bei } t°C} \qquad \text{(Gl. 6)}$$

Der Abfall der Kurve nach Durchlaufen der optimalen Temperatur beruht auf mehreren Faktoren, z.b. auf einer Inaktivierung von Enzymen durch Denaturierung ihrer Proteine oder auf einer Veränderung der Thylakoidstruktur.

Bei *niedrigen* Lichtintensitäten stellen das Licht bzw. die Licht- und Elektronentransportreaktionen den begrenzenden Faktor dar; hier ist die Temperaturabhängigkeit der Photosyntheserate nur sehr gering (Abb. 20). Die Q_{10}-Werte liegen dann bei etwa 1,2. Da photochemische Reaktionen temperaturunabhängig sind ($Q_{10} = 1$), kann man an den unterschiedlichen Q_{10}-Werten bei hoher und niederer Lichtintensität ablesen, ob vorwiegend photochemische Vorgänge oder temperaturabhängige Dunkelreaktionen ablaufen.

5.5 pH-Wert (Vers. 18 und 23)

Wie andere biochemische Reaktionen zeigen auch photosynthetische Reaktionen eine sehr ausgeprägte pH-Abhängigkeit. Der pH-Wert der Nährlösung (bei Algen und Wasserpflanzen) bzw. des Suspensionsmediums (bei isolierten Chloroplasten) stellt eine wichtige Größe dar, welche die Photosyntheserate kontrolliert. Insbesondere bei Wasserpflanzen ist der pH-Wert auch ein bedeutender ökologischer Faktor. Die pH-Abhängigkeit der Photosynthese ist durch eine Optimumkurve darstellbar, deren Form nicht im einzelnen genau erklärbar ist (Abb. 21). Wesentlichen Einfluß auf die Rate des Elektronentransports bzw. der CO_2-Fixierung hat die pH-abhängige Aktivität von Enzymen (z.b. solchen des Calvin-Zyklus).

6. Die photosynthetischen Lichtreaktionen

Durch Untersuchungen an intakten Pflanzen erhält man Hinweise auf das Vorhandensein der Licht- und Dunkelreaktionen der Photosynthese. Eine detailliertere Beschäftigung mit den beiden Lichtreaktionen und dem damit gekoppelten photosynthetischen Elektronentransport ist an ganzen Pflanzen nicht möglich. Solche Untersuchungen können aber am photosynthetisch aktiven Organell, dem Chloroplasten, durchgeführt werden, den man hierzu aus dem Zellverband isoliert. Das Ziel der Isolierung ist die Gewinnung funktionsfähiger Chloroplasten, die von allen anderen Zellbestandteilen, insbesondere von Mitochondrien, abgetrennt sind. An den isolierten Chloroplasten können die Lichtreaktionen im Detail untersucht werden.

6.1 Photosynthetischer Elektronentransport

Das Ziel der Vorgänge im photosynthetischen Elektronentransport ist es, Reduktionsäquivalente (NADP $\cdot$ H$_2$) und energiereiches Phosphat (ATP) zu produzieren. Beide Substanzen werden anschließend zur enzymatischen CO$_2$-Fixierung und Reduktion benötigt.

Die als *Primär- oder Lichtreaktionen* bezeichneten Vorgänge lassen sich in drei wesentliche Teilschritte aufgliedern:
a) Photolyse des Wassers unter Freisetzung von molekularem Sauerstoff
b) Reduktion des Wasserstoffüberträgers NADP zu NADP $\cdot$ H$_2$
c) Bildung von energiereichem Phosphonukleotid ATP aus ADP + P$_i$

Die Lichtreaktion selbst besteht aus zwei Teilreaktionen: Die *Lichtreaktion II* wird von Pigmentsystem II katalysiert und bewirkt die photolytische Spaltung von Wasser unter Freisetzung von Sauerstoff. Die *Lichtreaktion I* im Pigmentsystem I führt zur Reduktion von NADP. Beide Pigmentsysteme sind über eine Elektronentransportkette miteinander verbunden. Diese Teilschritte der Lichtreaktion kann man in einem Zick-Zack-Schema (Hill-Bendall-Diagramm) darstellen, wie es in den meisten Lehrbüchern zu finden ist. In diesem Modell sind die am photosynthetischen Elektronentransport beteiligten Substanzen anhand ihres Redoxpotentials eingeordnet. Das *Membranmodell* nach TREBST (1974) ordnet die einzelnen Komponenten der Elektronentransportkette nach strukturellen und funktionellen Kriterien in die Thylakoidmembran ein (Abb. 22). In diesem strukturellen Modell ist auch das Zick-Zack-Schema erkennbar.

Im Mittelpunkt der Primärreaktionen stehen die beiden photosynthetischen Pigmentsysteme I und II (Abb. 22 und Tab. 8). Sie enthalten eine große Anzahl photochemisch inaktiver Chlorophyllmoleküle, die auch *Antennenchlorophyll* genannt werden sowie ein photochemisch aktives Chlorophyllmolekül in einem Reaktionszentrum. Ein Pigmentsystem enthält pro Reaktionszentrum einige Hundert Moleküle Antennenchlorophyll. Aufgabe des Antennenchlorophylls ist es, Licht zu absorbieren und die absorbierte Energie (angeregter Zustand) zum Reaktionszentrum hinzuleiten. Nur dort ist es möglich, absorbierte Lichtenergie in chemische Energie umzuwandeln. Durch diesen Aufbau eines Pigmentsystems wird eine Art Sammelfalle geschaffen (engl.: „trapping-center"), mit der fast jeder eingefangene Lichtquant photochemisch genutzt werden kann.

Tabelle 8: Vergleich verschiedener Eigenschaften der beiden photosynthetischen Pigmentsysteme

Pigmentsystem II	Pigmentsystem I
Fähigkeit zur Wasserspaltung	
Fähigkeit zur Reduktion von Hill-Reagenzien wie Dichlorphenolindophenol (DCPIP), Benzochinon (BQ), Ferricyanid (Fecy).	Fähigkeit zur Reduktion des endogenen Akzeptors NADP und des Hill-Reagenz Methylviologen, teilweise auch DCPIP, Fecy, BQ (siehe linke Spalte!).
Hemmbar durch die meisten Photosynthese-Herbizide, z. B. Dichlorphenyldimethylharnstoff (DCMU).	Auf der Stufe des Plastocyanin hemmbar durch Kaliumzyanid (KCN)
arbeitet nicht mehr gut mit dunkelrotem Licht (Wellenlänge > 680 nm).	arbeitet noch mit dunkelrotem Licht (Wellenlänge > 680 nm).
bewirkt größten Teil der Chlorophyllfluoreszenz.	an Chlorophyllfluoreszenz des Blattes nur sehr schwach beteiligt.
Partikel sind tiefer in die Thylakoidmembran eingelagert.	Partikel liegen näher an der Außenseite der Thylakoidmembran.
kommt vor in höheren Pflanzen und Algen.	kommt vor in höheren Pflanzen und Algen, ist dem Photosystem der Photosynthese-Bakterien ähnlich.

Chemisch bestehen die Antennen eines Pigmentsystems aus verschiedenen Formen von Chlorophyll a und aus Zusatzpigmenten (akzessorische Pigmente) wie Chlorophyll b und einigen Carotinoiden. Das Chlorophyllmolekül des *Reaktionszentrums* des Pigmentsystems II bezeichnet man als Chlorophyll a_{II} oder P_{682}, das Reaktionszentrum des Pigmentsystems I als Chlorophyll a_I oder P_{700}. Charakterisiert werden die Pigmentsysteme durch ihre unterschiedliche Leistungsfähigkeit, einzelne Teilschritte des photosynthetischen Elektronentransports durchführen zu können. Es sei hier auch auf die unterschiedliche Pigmentausstattung der beiden Pigmentsysteme hingewiesen (Tab. 7). Eine weitere, einfache Charakterisierung beruht auf der unterschiedlichen Fähigkeit, rotes Licht photosynthetisch zu nutzen. Das Pigmentsystem II arbeitet noch mit voller Photosyntheseleistung bis 680 nm, das Pigmentsystem I kann auch noch längerwelliges Rotlicht photochemisch nutzen. Dies kann man auch an isolierten Partikeln, die entweder das Pigmentsystem I oder Pigmentsystem II angereichert enthalten, nachweisen.

Kernstücke des *photosynthetischen Elektronentransports* sind die eigentlichen Lichtreaktionen an den beiden Pigmentsystemen. Nach der Absorption eines Photons und der Ankunft der absorbierten Energie am Reaktionszentrum gibt das Chlorophyll a_I von Pigmentsystem I ein Elektron an einen Elektronenakzeptor ab, der dabei reduziert wird. Als primärer Elektronenakzeptor des Pigmentsystems I fungiert die Substanz X, ein Eisen-Schwefel-haltiges Protein, vermutlich ein spezielles Ferredoxinmolekül. Von diesem werden Elektronen über das Ferredoxin auf ein enzymatisches System übertragen, an dem die Reduktion des endogenen Elektronenakzeptors NADP stattfindet. Der primäre Donor des Pigmentsystems I ist das Plastocyanin, ein kupferhaltiges Proteid, das mit KCN hemmbar ist und Elektronen an das oxidierte Chlorophyll a_I (a_I^+) abgibt.

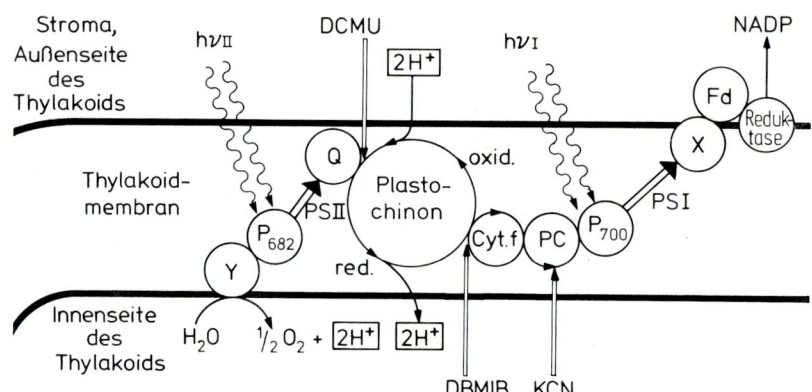

Abb. 22. Photosynthetischer Elektronentransport in der Thylakoidmembran (nach TREBST, 1974). Bei der Wasserspaltung werden 2 Elektronen frei, die durch zwei Lichtreaktionen und die Elektronentransportkette auf NADP übertragen werden.
Komponenten der Elektronentransportkette

Y	: Manganhaltiger, wasserspaltender Komplex
P_{682}	: Reaktionszentrum des Pigmentsystems II (Chlorophyll a_{II})
Q	: Primärer Elektronenakzeptor des Pigmentsystems II, vermutlich ein Chinon
Plastochinon	: Plastochinon-9. Funktion: Protonenpumpe und Elektronenüberträger
Cyt. f	: Cytochrom vom f-Typ. (Grundstruktur: Porphyrinsystem)
PC	: Plastocyanin (kupferhaltiges Proteid)
P_{700}	: Reaktionszentrum des Pigmentsystems I (Chlorophyll a_I)
X	: Primärer Elektronenakzeptor des Pigmentsystems I, vermutlich ein besonderes Ferredoxin
Fd	: Ferredoxin (Eisen-Schwefel-Protein)
Reduktase	: NADP-reduzierendes Enzym
Hemmstoffe:	
DCMU	: Dichlorphenyldimethylharnstoff; (Harnstoff engl. urea)
DBMIB	: Dibrommethylisopropylbenzochinon;
KCN	: Kaliumcyanid.

Die Verbindung zwischen den beiden Pigmentsystemen bildet eine Elektronentransportkette, bei der von der reduzierten Substanz Q (Akzeptor von Pigmentsystem II) Elektronen über Plastochinon, Cytochrom f und den Donor von Pigmentsystem I (Plastocyanin) auf das Pigmentsystem I (Chlorophyll a_I) übertragen werden. Um eine optimale Photosyntheseleistung zu erreichen, ist ein gleichmäßiger Elektronenfluß zwischen den beiden Pigmentsystemen erforderlich. Für den Ablauf der Lichtreaktion ist die Elektronenübertragung vom Plastochinon auf das Cytochrom f der langsamste und damit geschwindigkeitsbestimmende Schritt. Allgemein können die Vorgänge des Elektronentransports als eine Folge von Redoxreaktionen verstanden werden (Tab. 9).

Das Chlorophyll a_{II} des Pigmentsystems II gibt ebenfalls nach Aufnahme von Anregungsenergie ein Elektron an einen Elektronenakzeptor ab. Der Akzeptor ist die Substanz Q, (wahrscheinlich ein Chinonmolekül). Der Elektronendonator für das oxidierte Chlorophyll a_{II} ist ein noch nicht näher charakterisiertes Protein Y, das manganhaltig ist. Der oxidierte Donor Y^+ entreißt dem Wasser ein Elektron und führt so zur Wasserspaltung.

Tabelle 9: Schematische Darstellung der durch Lichtabsorption hervorgerufenen Oxidations- u. Reduktionsschritte an einem Reaktionszentrum eines photosynthetischen Pigmentsystems. Das Modell ist gleichermaßen für Pigmentsystem II und Pigmentsystem I gültig. A: Elektronenakzeptor, D: Elektronendonor, P: aktives Pigmentmolekül (Chlorophyll a_I oder a_{II}), e: übertragenes Elektron, hv: Lichtenergie.

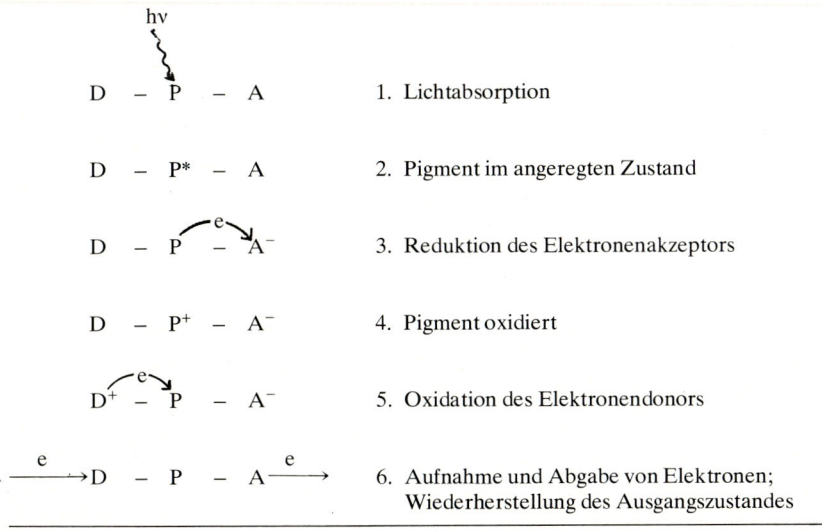

hv		
D — P — A	1.	Lichtabsorption
D — P* — A	2.	Pigment im angeregten Zustand
D — P — A⁻	3.	Reduktion des Elektronenakzeptors
D — P⁺ — A⁻	4.	Pigment oxidiert
D⁺ — P — A⁻	5.	Oxidation des Elektronendonors
→D — P — A→	6.	Aufnahme und Abgabe von Elektronen; Wiederherstellung des Ausgangszustandes

6.2 Hill-Reaktion

Wenn Chloroplasten sehr sorgfältig und unter genau definierten Bedingungen isoliert werden, bleiben sie intakt und sind zur Durchführung aller photosynthetischen Reaktionen fähig. Sie können mit hoher Effizienz im Licht unter Sauerstoffentwicklung CO_2 fixieren.

Die üblicherweise angewandte und in Versuch 24 beschriebene Isolationstechnik liefert Chloroplasten, welche zunächst weder eine Sauerstoffentwicklung zeigen, noch eine CO_2-Fixierung durchführen können, da bei dieser relativ einfachen Präparationstechnik Schädigungen am Chloroplasten entstehen. So haben die Chloroplasten ihre Hüllmembran (envelope) (Abb. 2) ganz oder teilweise verloren, die Stromasubstanzen, vor allem Enzyme der CO_2-Fixierung sind ausgewaschen, die Konzentration an verfügbarem ADP und NADP ist stark abgesunken und ein großer Teil des nur locker membrangebundenen Ferredoxins wurde herausgelöst. Die verlorengegangene Fähigkeit, O_2 zu entwickeln und NADP zu reduzieren, kann nach Zugabe von Ferredoxin, NADP und einigen Cofaktoren wiederhergestellt werden. Diese Methode der Wiederzugabe von Cofaktoren ist allerdings umständlich und teuer.

Für den Nachweis, daß isolierte Chloroplasten photochemisch aktiv sind und im Licht Sauerstoff entwickeln können, bedient man sich in der Praxis der einfachen Methode des Zusatzes künstlicher Elektronenakzeptoren.

$$A + H_2O \xrightarrow[\text{Licht}]{\text{Chloroplasten}} AH_2 + \frac{1}{2} O_2 \qquad \text{(Gl. 7)}$$

Reaktionen dieser Art bezeichnet man nach ihrem Entdecker ROBIN HILL als Hill-Reaktionen. Man versteht darunter die Sauerstoffentwicklung isolierter Chloroplasten bei gleichzeitiger Reduktion eines künstlichen Elektronenakzeptors (= Hill-Reagenz). Die doppelte Hüllmembran der Chloroplasten (envelope) stellt für viele Hill-Reagenzien eine Barriere dar. Die Durchführung der Hill-Reaktion erfolgt daher an osmotisch aufgebrochenen Chloroplasten, um einen ungehinderten Zugang der zugesetzten Hill-Reagenzien an die photochemisch aktiven Thylakoide zu gewährleisten.

Im Experiment können Hill-Reaktionen auf verschiedene Weise gemessen werden (Tab. 10 und 16).

Bei der Untersuchung der Hill-Reaktion mit der *Sauerstoffelektrode* wird der entwickelte Sauerstoff über eine Sauerstoffelektrode quantitativ erfaßt (Vers. 29). Die *optische* Untersuchung nutzt die Tatsache aus, daß einige Hill-Reagenzien bei ihrer Reduktion einen Farbumschlag zeigen. Dies ist z. B. beim bekanntesten Hill-Reagenz der Fall, bei dem Farbstoff Dichlorphenolindophenol (DCPIP), Farbwechsel von blau nach farblos. Dieser Farbumschlag kann mit bloßem Auge beobachtet werden. Dies ist ein qualitativer Nachweis der Hill-Reaktion (Vers. 27). Wird der Farbumschlag als Absorptionsänderung mit einem Spektralphotometer erfaßt (Vers. 28), ist eine quantitative Versuchsauswertung möglich und eine Berechnung der entwickelten Sauerstoffmenge. Hin-

Tabelle 10: Übersicht über verschiedene Wege zur Messung von Hill-Reaktionen

	Methodik	Meßgerät	Auswertung	Versuche
	O_2-Messung mit → Sauerstoffelektrode	Sauerstoffelektrode	quantitativ	Versuch 29
Messung der Hill-Reaktion		visuelle Beobachtung	qualitativ	Versuch 27
	optisch, Farbwechsel des Hill-Reagenz			
		Photometer	quantitativ	Versuch 28

weise für den Einsatz geeigneter Hill-Reagenzien wie z. B. Dichlorphenolindophenol, Ferricyanid (Fecy), p-Benzochinon (BQ) und Methylviologen (MV) sind in Tabelle 16 zusammengestellt.

Elektronenakzeptoren wie Dichlorphenolindophenol, Ferricyanid und p-Benzochinon werden vorzugsweise vom Pigmentsystem II, mit geringerer Rate auch vom Pigmentsystem I reduziert. Die Entnahmestelle der Elektronen aus der Elektronentransportkette liegt daher entweder am Plastochinon (PQ) oder bei der Substanz X, dem primären Akzeptor des Pigmentsystems I.

Methylviologen nimmt als Elektronenakzeptor eine Sonderstellung ein (über seine Bedeutung als Herbizid Kap. 9): Aufgrund seines sehr negativen Redoxpotentials ($-0,44$ V) kann es nur vom Pigmentsystem I reduziert werden. Im Gegensatz zu den vorgenannten Hill-Reagenzien ist Methylviologen ein eindeutiger Elektronen-Akzeptor für das Pigmentsystem I. Die Entnahme der Elektronen erfolgt auch hier an der Substanz X. Als weitere Besonderheit des Methylviologen ist zu nennen, daß man in einer Hill-Reaktion mit MV als Elektronenakzeptor nicht wie gewohnt eine Sauerstoffentwicklung, sondern einen Sauerstoffverbrauch feststellt. Wie ist diese zunächst unverständliche Beobachtung zu verstehen?

Im Gegensatz zu anderen Elektronenakzeptoren ist Methylviologen in der reduzierten Form nicht stabil. Durch Abgabe seiner Elektronen an Sauerstoff geht es sofort wieder in die oxidierte Form zurück, wobei H_2O_2 gebildet wird (Abb. 23). Die photosynthetische Methylviologenreduktion äußert sich somit in einem Sauerstoffverbrauch. Bei dieser Hill-Reaktion werden sowohl

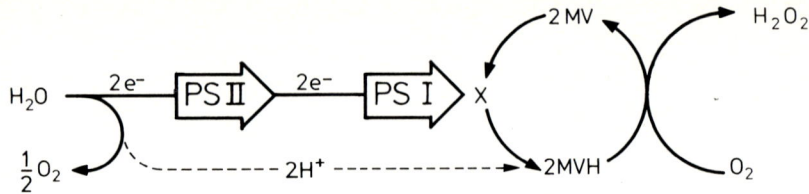

Abb. 23. Vereinfachter Mechanismus der Hill-Reaktion mit Methylviologen als Elektronenakzeptor. Die photosynthetische Methylviologenreduktion wird als Sauerstoffverbrauch gemessen, da das reduzierte Methylviologen unter Verbrauch von Sauerstoff oxidiert wird. In der Gesamtbilanz wird genauso viel Sauerstoff verbraucht wie bei Photolyse des Wassers freigesetzt wird. MV, MVH: oxidiertes, reduziertes Methylviologen; PS I und PS II: Pigmentsystem I und II.

O_2 entwickelt ($1/2$ O_2 bei der Photolyse des Wassers) und O_2 verbraucht (1 O_2 bei Rückoxidation des reduzierten Methylviologen). In der Gesamtbilanz mißt man dann einen O_2-Verbrauch von $1/2$ O_2, welcher betragsmäßig der Menge des photosynthetisch entwickelten Sauerstoffs entspricht. Die gemessene Sauerstoffverbrauchsrate ist ein exaktes Spiegelbild der photosynthetischen Sauerstoffentwicklungsrate.

Allgemein wird ein Vorgang, bei dem die Elektronentransportkette Elektronen auf Sauerstoff überträgt, als *Mehler-Reaktion* bezeichnet. Ein Sauerstoffverbrauch ist auch zu beobachten, wenn isolierte Chloroplasten *ohne* einen Elektronenakzeptor belichtet werden. Unter diesen Bedingungen werden Elektronen vom Pigmentsystem I auf Sauerstoff übertragen, wobei ebenfalls Peroxid entsteht. Die hierbei beobachtete Sauerstoffverbrauchsrate ist aber wesentlich geringer als die mit Methylviologen auftretende Rate, da Sauerstoff allein ein schlechter Elektronenakzeptor ist. Physiologisch ist diese Reaktion von Bedeutung bei hohen Lichtintensitäten, wenn der endogene Elektronenakzeptor NADP in der reduzierten Form vorliegt und nicht rasch genug reoxidiert wird. Dies trifft dann zu, wenn die Photosyntheserate, wie z. B. bei hohen Lichtintensitäten, durch CO_2-Mangel limitiert ist. Jetzt wird die Möglichkeit, vorhandenen Sauerstoff zu reduzieren, als ein „Notventil" genutzt, um überschüssige Reduktionskapazität abzubauen und um gleichzeitig ATP zu bilden.

Eine wichtige Hilfe bei der Aufklärung der Funktion des Photosyntheseapparates waren Untersuchungen des Elektronentransports in Gegenwart von **Hemmstoffen**, mit denen sich einzelne Teilreaktionen selektiv blockieren lassen. Als bekanntester, hochwirksamer Hemmstoff des Pigmentsystems II ist der Dichlorphenyldimethylharnstoff (DCMU) zu nennen, der den Elektronentransfer zwischen der Substanz Q und dem Plastochinon verhindert. Mit Dichlorphenyldimethylharnstoff lassen sich alle hier beschriebenen Pigmentsystem-II-abhängigen Hill-Reaktionen blockieren. Unter dem Namen Diuron hat der Dichlorphenyldimethylharnstoff (DCMU) als kommerzielles Herbi-

42

zid eine Bedeutung erlangt. Die Aktivität des Pigmentsystems I wird von Dichlorphenyldimethylharnstoff (DCMU) nicht beeinflußt. Dies weist man z. B. mit künstlichen Donatoren für das Pigmentsystem I nach. Diese geben in Dichlorphenyldimethylharnstoff-gehemmten Chloroplasten nach der Dichlorphenyldimethylharnstoff-Hemmstelle Elektronen in die Transportkette hinein, die dann über das Pigmentsystem I auf einen Elektronenakzeptor (z. B. Methylviologen) übertragen werden (Abb. 24 d).

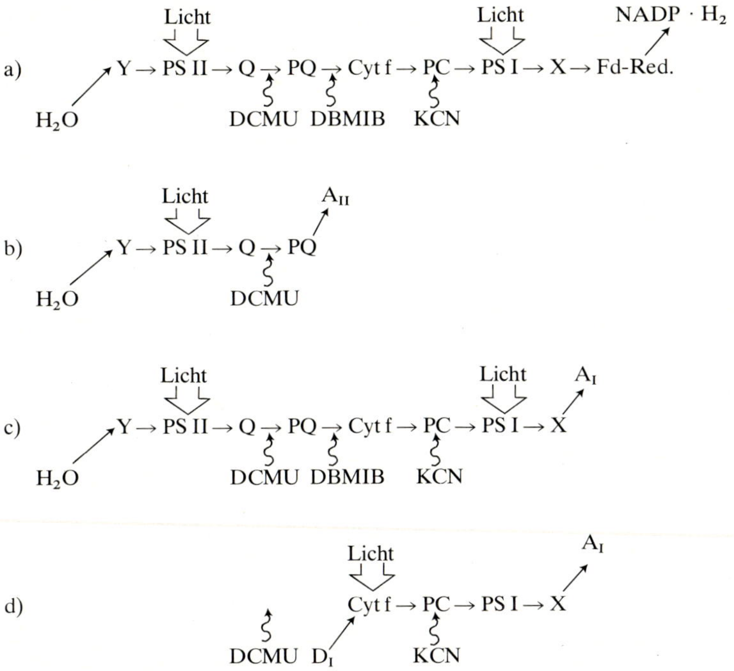

a)
$$\text{H}_2\text{O} \rightarrow Y \rightarrow \overset{\text{Licht}}{\text{PS II}} \rightarrow Q \underset{\text{DCMU}}{\rightarrow} PQ \underset{\text{DBMIB}}{\rightarrow} Cyt\,f \rightarrow \overset{\text{Licht}}{\underset{\text{KCN}}{PC}} \rightarrow PS\,I \rightarrow X \rightarrow \overset{\text{NADP}\cdot\text{H}_2}{Fd\text{-Red.}}$$

b)
$$\text{H}_2\text{O} \rightarrow Y \rightarrow \overset{\text{Licht}}{\text{PS II}} \rightarrow Q \underset{\text{DCMU}}{\rightarrow} PQ \rightarrow A_{II}$$

c)
$$\text{H}_2\text{O} \rightarrow Y \rightarrow \overset{\text{Licht}}{\text{PS II}} \rightarrow Q \underset{\text{DCMU}}{\rightarrow} PQ \underset{\text{DBMIB}}{\rightarrow} Cyt\,f \rightarrow \overset{\text{Licht}}{\underset{\text{KCN}}{PC}} \rightarrow PS\,I \rightarrow X \rightarrow A_I$$

d)
$$\underset{\text{DCMU} \quad D_I}{\quad} \rightarrow Cyt\,f \rightarrow \overset{\text{Licht}}{\underset{\text{KCN}}{PC}} \rightarrow PS\,I \rightarrow X \rightarrow A_I$$

Abb. 24. Photosynthetischer Elektronentransport in linearer Schreibweise (vergleiche Abb. 22).

a) Natürliches System mit Wasser als Elektronendonor und NADP als Elektronenakzeptor.

b) Pigmentsystem II-abhängige Hill-Reaktion mit Wasser als Donor und Hill-Reagenzien (A_{II}) als Akzeptoren, wie z. B. Dichlorphenolindophenol (DCPIP); Benzochinon (BQ) und Ferricyanid (Fecy).

c) Hill-Reaktion unter Beteiligung beider Pigmentsysteme. Donor: Wasser. Akzeptor (A_I) am Pigmentsystem I: z. B. Methylviologen (MV).

d) Testsystem für die Aktivität des Pigmentsystems I in Gegenwart des Pigmentsystem II-Hemmstoffs Dichlorphenyldimethylharnstoff (DCMU). Elektronendonor (D_I): von Ascorbinsäure reduziert gehaltenes Dichlorphenolindophenol (DCPIP · H_2 Ascorbinsäure). Akzeptor (A_I): Methylviologen (MV).

Hemmstoffe:

DCMU = Dichlorphenyldimethylharnstoff, inhibiert den Elektronenübergang zwischen der Substanz Q und dem Plastochinon

DBMIB = Dibrommethylisopropylbenzochinon, blockiert die Plastochion-Oxidation

KCN = Kaliumcyanid, blockiert die Funktion des Plastocyanin.

Kaliumcyanid (KCN) ist als Hemmstoff der Zellatmung bekannt (Blockierung der Cytochromoxidase in der Atmungskette der Mitochondrien). Im Bereich des photosynthetischen Elektronentransports läßt sich mit KCN die Funktion des Plastocyanin ausschalten. Da Kaliumcyanid auf der Innenseite des Thylakoids (Funktionsstelle von Plastocyanin, Abb. 22) wirksam wird, muß hier mit relativ hohen Konzentrationen und längeren Inkubationszeiten gearbeitet werden. Wenn KCN als Inhibitor eingesetzt wird, kann mit ihm die Reduktion von Methylviologen oder NADP, welche die Aktivität beider Pigment-Systeme erfordert, vollständig gehemmt werden. Die Hill-Reaktion mit Benzochinon, das Elektronen am Pigmentsystem II und Pigmentsystem I abgreift, wird unter diesen Bedingungen nur etwa zur Hälfte blockiert. Experimentell ist der Einsatz von Kaliumcyanid als Elektronentransportinhibitor an isolierten Chloroplasten mit Schwierigkeiten verbunden, was seine Verwendung bei einfachen Demonstrationsversuchen einschränkt. Die Photosynthese-Hemmung durch Kaliumcyanid läßt sich jedoch gut an intakten Grünalgen nachweisen. Weitere Hemmstoffe und Herbizide werden in Kapitel 9 beschrieben.

6.3 Photophosphorylierung

Das Ergebnis der photosynthetischen Lichtreaktionen ist neben der Produktion des reduzierten Wasserstoffüberträgers NADP $\cdot$ H_2 die Herstellung von energiereichem Phosphat (**A**denosin**tri**p**hosphat, **ATP**). Der Vorgang der lichtabhängigen ATP-Synthese aus ADP und anorganischem Phosphat wird als *Photophosphorylierung* bezeichnet und ist nur indirekt mit der photosynthetischen Elektronentransportkette gekoppelt. Eine wesentliche Energiequelle für die Photophosphorylierung ist eine unterschiedliche Konzentration von Protonen (Gradient) zwischen Innen- und Außenseite der Thylakoidmembran. Dieser Gradient ist eine Folge des Elektronentransports durch die Thylakoidmembran (chemi-osmotische Hypothese nach MITCHELL). An dem Aufbau des *Protonengradienten* sind 3 Teilreaktionen beteiligt (Abb. 22):
1. Protonenfreisetzung bei der Wasserspaltung an der Innenseite der Thylakoidmembran ($H_2O \rightarrow 2\,e^- + 2\,H^+$).
2. Bei der Reduktion des Elektronen-Überträgers Plastochinon werden an der Außenseite des Thylakoids Protonen aufgenommen und bei der Plastochinonoxydation an der Innenseite wieder freigesetzt.
3. Protonenaufnahme an der Außenseite des Thylakoids bei der Reduktion des Elektronenakzeptors NADP.

Diese 3 Reaktionen führen gemeinsam zu einer Protonenverarmung an der Außenseite des Thylakoids und zu einer Freisetzung von Protonen im Innenraum des Thylakoids. Der so entstehende pH-Gradient, der in der intakten

44

Pflanze Werte von ca. drei pH Einheiten erreicht (innen ca. $\approx$ pH 5, außen $\approx$ pH 8), stellt ein elektrochemisches Energiepotential dar, das für die Synthese von ATP genutzt wird. Dieses lichtinduzierte Auftreten des pH-Gradienten kann mit einfachen Mitteln an einer Chloroplastensuspension nachgewiesen werden (Vers. 30), wobei allerdings aus methodischen Gründen geringere pH-Unterschiede gemessen werden.

Die eigentliche Synthese von ATP, d.h. die Knüpfung einer weiteren energiereichen Esterbindung zwischen ADP und P_i erfolgt nach heutiger Ansicht beim Ausgleich des Protonengradienten an einem Enzymsystem, der *ATP-Synthetase*, an welcher Protonen passiv die Thylakoidmembran von innen nach außen durchqueren. Dieses Enzym arbeitet unabhängig und räumlich getrennt von den Pigmentsystemen. Man sollte daher die ATP-Bildungsstelle nicht direkt in die Kette zwischen den beiden Pigmentsystemen einzeichnen, wie dies in dem thermodynamischen Modell der photosynthetischen Lichtreaktionen (Zick-Zack-Schema) getan wird.

Die bisher besprochene Art der Photophosphorylierung wird auch als *nichtzyklische* oder offenkettige *Photophosphorylierung* bezeichnet. Sie ist von einem linearen Elektronentransport, von der Sauerstoffentwicklung und von der Reduktion eines Elektronenakzeptors begleitet.

Als weitere Art der Photophosphorylierung kennt man die *zyklische Photophosphorylierung*, die von einem zyklischen Elektronentransport um das Pigmentsystem I begleitet ist. Dieser liegt vor, wenn Elektronen vom Akzeptor des Pigmentsystem I nicht in Richtung NADP, sondern wieder zurück auf das Plastochinon übertragen werden. Auch bei diesem zyklischen Kreislauf werden Protonen über das Plastochinon in das Thylakoidinnere abgegeben. Dieser Vorgang ist unabhängig vom Pigmentsystem II und damit nicht mit einer Sauerstoffentwicklung verbunden. Auf die zyklische Photophosphorylierung wird hier nicht näher eingegangen.

Wenn der Protonengradient die Basis für die Photophosphorylierung darstellt, so sollte ein künstlicher Abbau des Gradienten, auf chemischem Wege oder durch Schädigung der Thylakoidmembran, zu einer Verminderung der Photophosphorylierungsrate führen. Vorgänge dieser Art nennt man *Entkopplung*. Man versteht darunter die Trennung der Photophosphorylierung vom Elektronentransport. Letzterer läuft in Gegenwart von Entkopplern mit höherer Rate ab, während eine Photophosphorylierung aufgrund des fehlenden H^+-Gradienten nicht mehr möglich ist.

Als entkoppelnde Substanzen („*Entkoppler*") wirken verschiedene Moleküle, vor allem Ammoniumionen und einige komplizierte organische Verbindungen. Die Wirkungsweise eines Entkopplers ist am Beispiel des Ammoniumchlorids (NH_4Cl) in Abbildung 25 dargestellt. Dem äußeren Medium zugegebenes Ammoniumchlorid bildet neben Ammoniumionen (NH_4^+) auch undissoziierte Ammoniakmoleküle (NH_3), welche die Thylakoidmembran passieren können. Im Innenraum des Thylakoids stellt sich unter Protonen-verbrauch wieder ein Gleichgewicht zwischen Ammoniak und Ammonium-ionen ein. Diese Vorgänge können zu einem völligen Abbau des Protonen-gradienten führen und somit eine Photophosphorylierung völlig verhindern. Von anderen Entkopplern wird angenommen, daß sie die Thylakoid-membran für Protonen durchlässig machen.

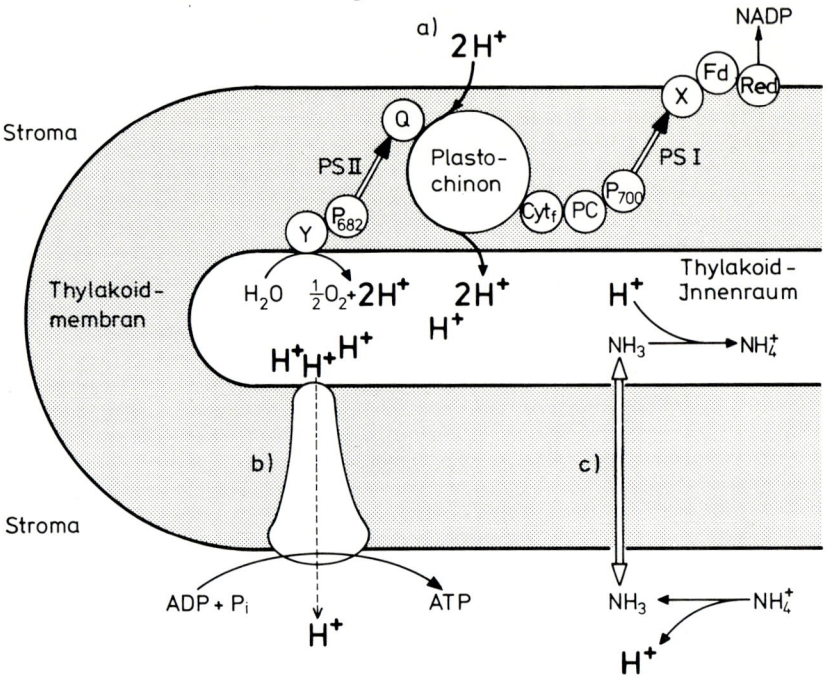

Abb. 25. Protonentransport durch die Thylakoidmembran.
a) Durch den photosynthetischen Elektronentransport gesteuerte Protonenaufnahme aus dem Stroma und Protonenfreisetzung im Innern des Thylakoids.
b) Bildung von ATP an der ATP-Synthetase beim Austritt von Protonen aus dem Thylakoidinnen-raum.
c) Wirkungsweise des Entkopplers Ammoniumchlorid: Das ungeladene Ammoniakmolekül kann die Thylakoidmembran passieren und auf der Innenseite des Thylakoids Protonen binden. Hier-durch wird der Konzentrationsunterschied an Protonen (Gradient) abgebaut.

Experimentell kann die Wirkung von Entkopplern mit der in Versuch 30 beschriebenen Technik leicht demonstriert werden. Es wird der Abbau des pH-Gradienten direkt beobachtet. Indirekt kann die Wirkung eines Entkopp-lers durch Untersuchung des Elektronentransports (Hill-Reaktion) gezeigt wer-den. Nach Zugabe eines Entkopplers wird die Rate des Elektronentransports erheblich stimuliert, da die Protonenpumpe nun nicht mehr gegen den sonst vorhandenen pH-Gradienten arbeiten muß, sondern gewissermaßen im „Leer-lauf" läuft.

Zur Messung und Bestimmung des bei der Photophosphorylierung gebildeten ATP gibt es verschiedene Methoden. Die wichtigste ist die Erfassung der Einbaurate von radioaktivem ^{32}P in das ATP-Molekül. Eine andere Methode erfaßt den Verbrauch von anorganischem Phosphat. Beide Techniken sind für Schul- und Praktikumsversuche nicht geeignet. Eine weitere Möglichkeit der ATP-Bestimmung ergibt sich aus der ATP-abhängigen Bildung von NADP · H_2. Bei dieser Methode wird über zwei Enzymsysteme (über Phosphoglycerat-Kinase, gekoppelt mit Glycerinaldehydphosphat-Dehydrogenase) NADP · H_2 gebildet, das photometrisch im nahen UV (bei $340-360$ nm) bestimmt wird. Hierzu sind fertige Testpackungen erhältlich, die neben einer ausführlichen Anleitung alle benötigten Reagenzien enthalten (z.B. Boehringer ATP-Test).

Ein *qualitativer ATP-Nachweis* (Vers. 31) beruht auf der enzymatischen, ATP-abhängigen Bildung von Licht, wie sie z.B. bei Glühwürmchen, lumineszierenden Bakterien, einigen Tiefseefischen u.a. auftritt. Das hierzu benötigte Enzym und sein Substrat ist die Luciferase und das Luciferin. Zur qantitativen Bestimmung von ATP erfordert diese sehr empfindliche Methode jedoch den Einsatz geeigneter, teurer Meßgeräte (hochempfindliche Photomultiplier).

7. Fixierung und Reduktion des CO_2 bei der Photosynthese

7.1 Photosynthetische CO_2-Fixierung und Reduktion bei C_3-Pflanzen

Der Einbau des anorganischen CO_2 in organische Substanz (Zuckerphosphate) erfolgt im Calvin-Zyklus. Dieser wird auch reduktiver Pentosephosphatzyklus genannt, da Pentosen (Zucker mit 5 O- und 5 C-Atomen) hierbei eine wesentliche Rolle spielen.

Das über die Spaltöffnungen in das Blatt gelangte atmosphärische CO_2, wie auch das aus der Atmung stammende CO_2 werden in Chloroplasten zunächst an das Leitenzym des Calvin-Zyklus, die *RuDP-Carboxylase*, gebunden. Diese überträgt das CO_2 auf das Ribulosediphosphat (RuDP). Bei der Spaltung des Zwischenprodukts entstehen zwei Moleküle Phosphoglycerinsäure (PGS). Durch diesen enzymatischen Schritt ist CO_2 zwar in eine organische Substanz (PGS) eingebaut worden, liegt aber noch in der oxidierten Form als Säure vor ($-$ COOH Gruppe). Im nächsten Schritt erfolgt dann die eigentliche Reduktion zum Zuckerphosphat, wobei die Säuregruppe in eine Aldehydgruppe ($-CHO$) umgewandelt wird. Dies geschieht in 2 Stufen. Zunächst wird die Phosphoglycerinsäure mit ATP aktiviert und in Diphosphoglycerinsäure umgewandelt, welche dann mit Hilfe des zelleigenen Reduktionsmittels NADP · H_2

zu Triosephosphat (Glycerinaldehydphosphat) reduziert wird (Abb. 26). Durch Zusammenlagerung von zwei Molekülen Triosephosphat entsteht Fructose-1,6-diphosphat, ein C_6-Körper. Dieses kann nun schrittweise in Glucosephosphat umgewandelt werden, von dem die Stärkebiosynthese ausgeht.

Im Hinblick auf eine kontinuierliche CO_2-Fixierung und Reduktion ist es erforderlich, daß das Akzeptormolekül Ribulose-1,5-diphosphat ständig regeneriert wird. Dies erfolgt durch Umwandlung von Glycerinaldehyd-Phosphat-

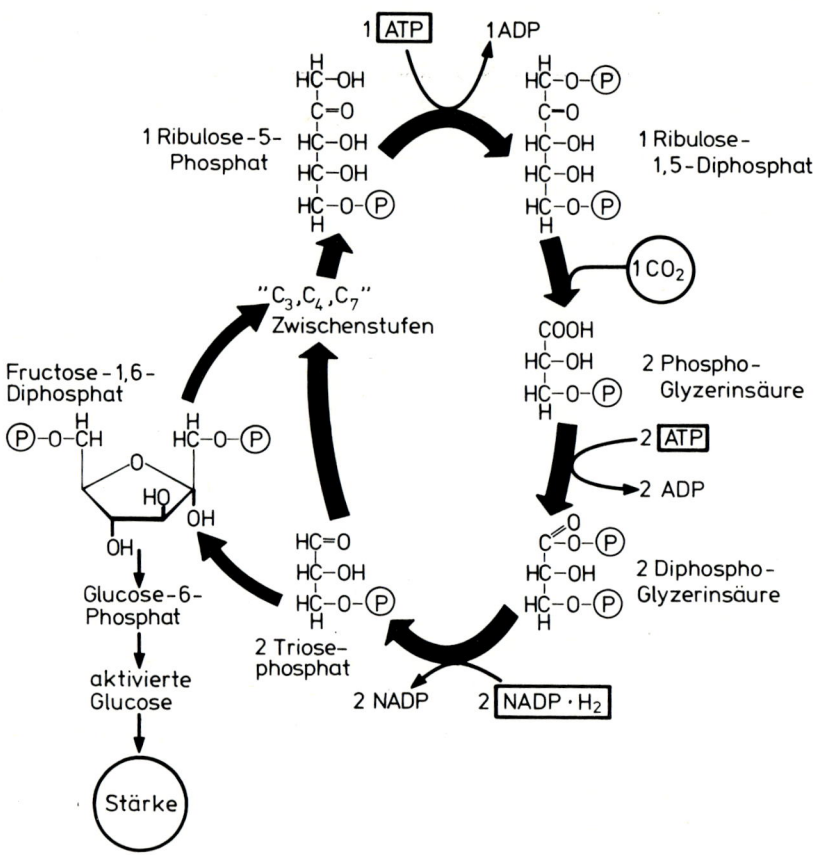

Abb. 26. Darstellung der einzelnen Reaktionen des Calvin-Zyklus (reduktiver Pentosephosphat-Zyklus). CO_2 wird über das Enzym Ribulosediphosphat-Carboxylase an Ribulosediphosphat angelagert, wobei 2 Mol Phosphoglycerinsäure entstehen. Diese werden nach Aktivierung mit ATP unter Verbrauch des NADP · H_2 zur Zuckerstufe reduziert. Das gebildete Triosephosphat kann einerseits zur Rückbildung des CO_2-Akzeptormoleküls Ribulosediphosphat benutzt werden, wobei noch 1 ATP benötigt wird; andererseits wird es über die Bildung von Fructosediphosphat (aus 2 Triosephosphat) zur Stärkesynthese verwendet.

molekülen (C_3-Körpern) zu Ribulosephosphatmolekülen (C_5-Körpern), wobei als Zwischenprodukte Zuckerphosphate mit 4,5,6 und 7 C-Atomen auftreten. In der Bilanz entstehen hierbei aus 5 C_3-Körpern 3 C_5-Körper. Diese enzymatischen Umwandlungen auf der Zuckerstufe verlaufen „freiwillig" ohne Energiezufuhr. Es entsteht das Ribulose-5-Phosphat, das noch mit ATP in das eigentliche Akzeptormolekül Ribulose-1,5-Diphosphat umgewandelt werden muß. Damit ist der Zyklus geschlossen. Für die Reduktion von einem Mol CO_2 werden drei Mol ATP und zwei Mol NADP · H_2 benötigt (Abb. 26). Nach sechsmaligem Ablauf des Zyklus wird ein Mol Fructosephosphat als Nettoprodukt gebildet.

Der Calvin-Zyklus wurde durch Einsatz von radioaktivem Kohlendioxyd ($^{14}CO_2$) und Analyse der ^{14}C-markierten organischen Verbindungen aufgeklärt. Für die Bestimmung der CO_2-Assimilationsrate grüner Pflanzen ist die Messung des Einbaus von $^{14}CO_2$ in organische Substanz die wichtigste Methode. Sie erfordert jedoch spezielle Vorkehrungen und darf nur in einem Isotopenlabor durchgeführt werden. Daher erfaßt man die Photosyntheserate durch Bestimmung der freigesetzten Sauerstoffmenge, was methodisch einfacher ist (Vers. 18 und 23). Bei den meisten Algen und höheren Pflanzen führt der Einbau des aufgenommenen CO_2 unmittelbar zur Bildung von Phosphoglycerinsäure, einem C_3-Körper. Solche Pflanzen nennt man daher auch *C_3-Pflanzen*. Die Blätter sind meist in Palisaden- und Schwammparenchym gegliedert (bifacialer Blattbau) (Abb. 27). Die photosynthetische CO_2-Reduktion erfolgt überwiegend im Palisadenparenchym, jedoch sind auch die Zellen des Schwammparenchyms photosynthetisch aktiv. Typische C_3-Pflanzen mit diesem Blattbau sind *Spinat (Spinacia oleracea)*, *Christrose (Helleborus niger)* und die Blätter unserer Laubbäume, wie z. B. der *Buche (Fagus sylvatica, Tab. 6)*. Im Lichtmikroskop ist diese sogenannte bifaciale Blattgliederung gut zu erkennen (Vers. 3).

Neben diesem Grundtyp der photosynthetischen CO_2-Assimilation, wie er bei den C_3-Pflanzen verwirklicht ist, gibt es zwei Sonderwege der CO_2-Fixierung, die bei den C_4-Pflanzen und den CAM-Pflanzen vorkommen.

7.2 Photosynthetische CO_2-Fixierung und Reduktion bei C_4-Pflanzen

Die *C_4-Pflanzen* besitzen als Akzeptormolekül für das CO_2 einen C_3-Körper (Phosphoenolbrenztraubensäure), der durch CO_2-Anlagerung in einen C_4-Körper (im einfachsten Fall Oxalessigsäure) überführt wird. Die Reduktion des CO_2 und seine Umwandlung in Zucker erfolgt auch bei den C_4-Pflanzen im Calvin-Zyklus. Allerdings sind die beiden Teilschritte, die CO_2-Fixierung in C_4-Dicarbonsäuren und die Reduktion des von den C_4-Säuren an den Calvin-Zyklus abgegebenen CO_2, auf zwei verschiedene Zelltypen verteilt, die Mesophyll- und die Leitbündelscheidezellen.

Diese Form der CO_2-Fixierung äußert sich in einer besonderen für C_4-Pflanzen typischen Blattanatomie und in einer unterschiedlichen Ultrastruktur der Chloroplasten von Mesophyll- und Leitbündelscheide-Zellen.

a) Die *Leitbündelscheidezellen* sind als „Kranz" um die Leitbündel angeordnet. Ihre Chloroplasten besitzen große Stärkekörner, viele Stromathylakoide, jedoch keine (bei manchen Pflanzen nur wenige, niedrige) Granastapel.

b) Die *Mesophyllzellen* füllen den ganzen Blattquerschnitt aus und umgeben die Leitbündelscheidezellen. Ihre Chloroplasten zeigen die typische Gliederung des Lamellarsystems in Grana- und Stromathylakoide (Abb. 28). Stärkekörner sind in der Regel nicht vorhanden.

Zwischen den Mesophyllzellen der einzelnen Leitbündel sind häufig große chlorophyllfreie Parenchymzellen (z. B. bei *Zuckerrohr*, Abb. 29), oder es liegen große Interzellularräume dazwischen (z. B. bei *Mais*, Abb. 46 und 47). Hält man daher Blätter von C_4-Pflanzen gegen das Licht, so kann man gut die längs laufenden dunkelgrünen Leitbündelstränge erkennen, die durch weiße, bzw. schwach grüne Längsstreifen voneinander getrennt werden.

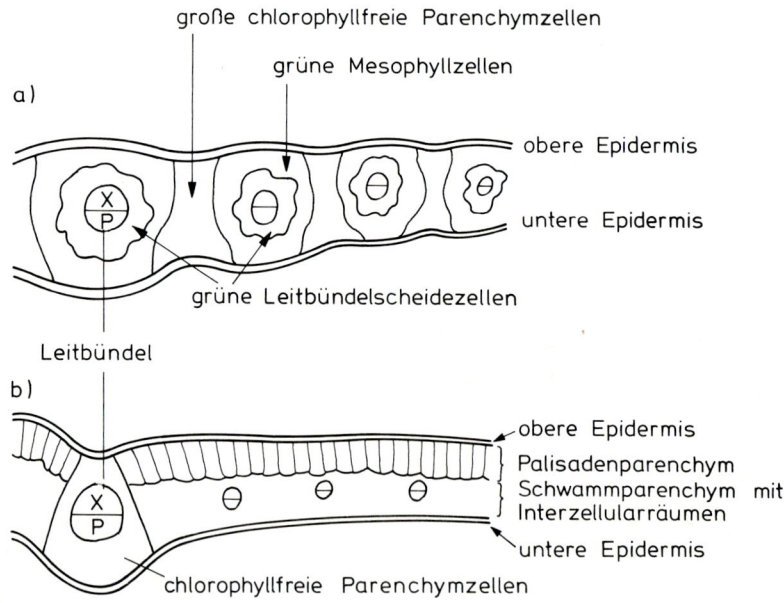

Abb. 27. Schematischer Blattquerschnitt a) einer C_4-Pflanze *(Zuckerrohr-Saccharum officinarum)* und b) einer C_3-Pflanze *(Christrose – Helleborus niger)*.

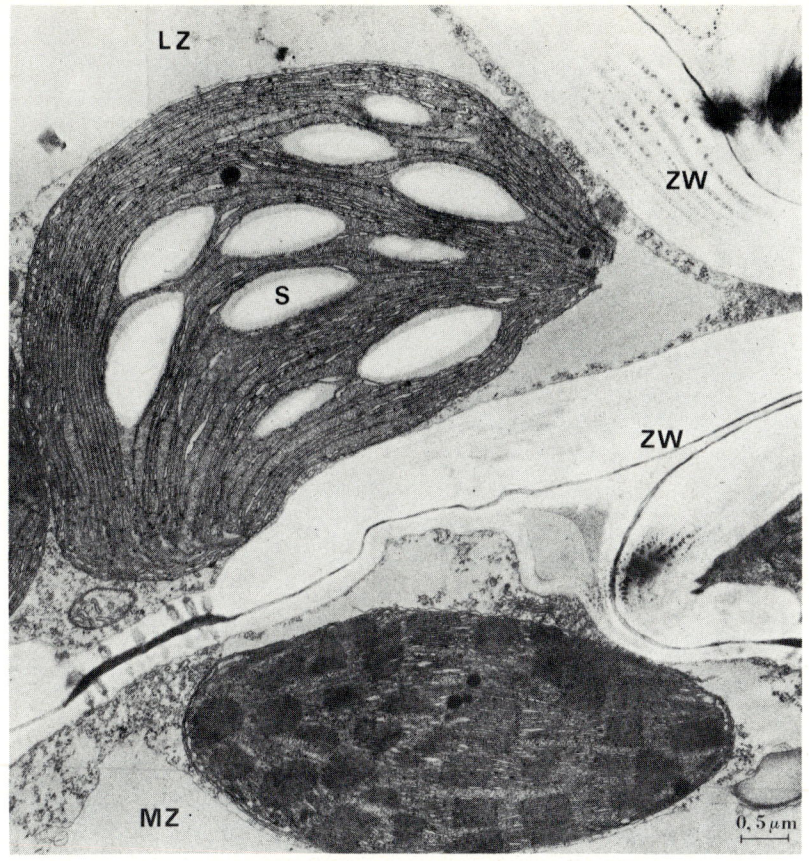

Abb. 28. Unterschiedliche Feinstruktur der Chloroplasten in den Leitbündelscheidezellen (LZ) und in den Mesophyllzellen (MZ) der Blätter von *Zuckerrohr (Saccharum officinarum)*. Der Chloroplast in der Mesophyllzelle besitzt Granastapel, aber keine Stärke. Der Chloroplast der Leitbündelscheide- zelle enthält Stärke (S) und Stroma-Thylakoide. Grana fehlen hier. ZW = Zellwand.
Diese Aufnahme wurde freundlicherweise von Herrn W. M. LAETSCH, Berkeley, zur Verfügung gestellt.

Die primäre CO_2-Fixierung erfolgt in den Chloroplasten der Mesophyll- zellen. Die durch Vermittlung des Enzyms Phosphoenolbrenztraubensäure- Carboxylase gebildete Oxalessigsäure (Abb. 30) wird entweder selbst oder nach Reduktion zu Äpfelsäure aus den Mesophyllzellen in die Chloroplasten der Leitbündelscheidezellen transportiert. Dort werden die C_4-Dicarbonsäuren decarboxyliert und das freiwerdende CO_2 an den Calvin-Zyklus abgegeben. Die hierbei entstehende Brenztraubensäure (Pyruvat) wird in die Mesophyll- zellen zurücktransportiert. Dort wird es durch ATP, das aus der Photophos-

51

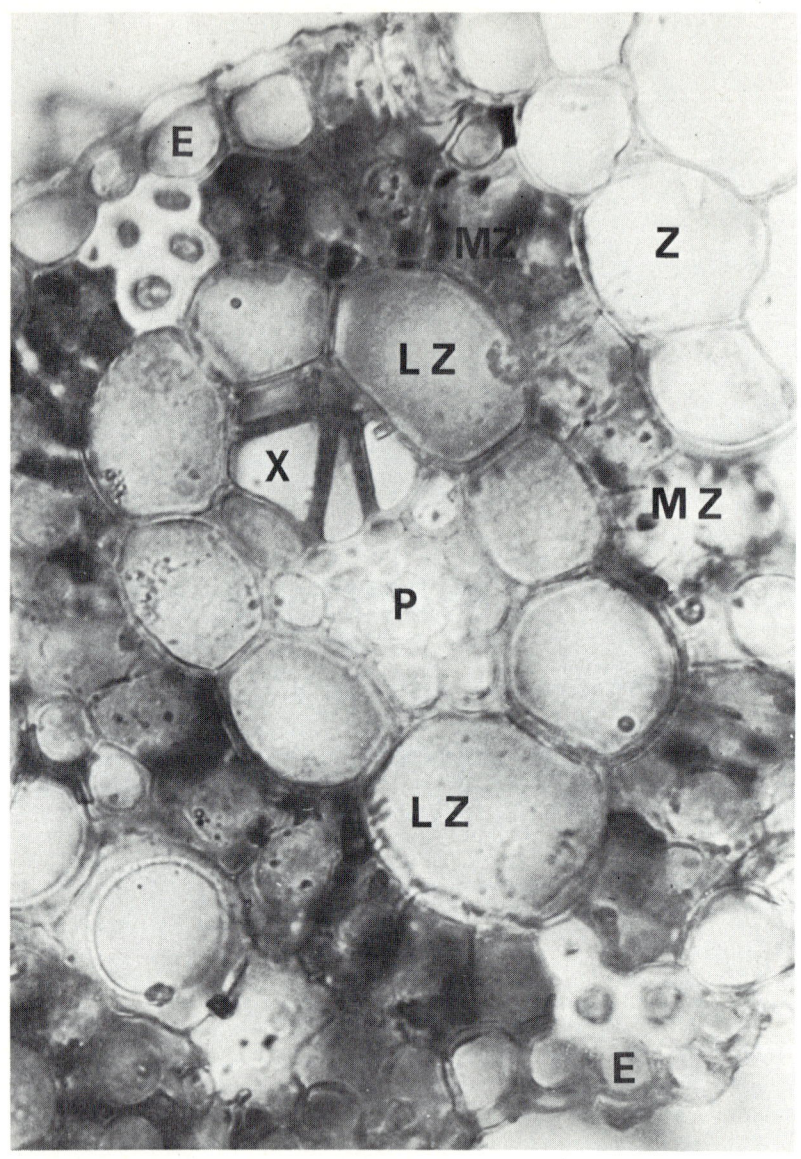

Abb. 29. Querschnitt durch ein Blatt des *Zuckerrohrs (Saccharum officinarum)* im Lichtmikroskop. Die Leitbündel sind von einem Kranz von Leitbündelscheidezellen (LZ) umgeben, um diese liegen die meist kleineren Mesophyllzellen (MZ). Rechts oben im Bild sind einige große chlorophyllfreie Zellen zu erkennen (Z). Das Leitbündel ist in Siebteil (P) und Holzteil (X) gegliedert. E = obere bzw. untere Epidermis.

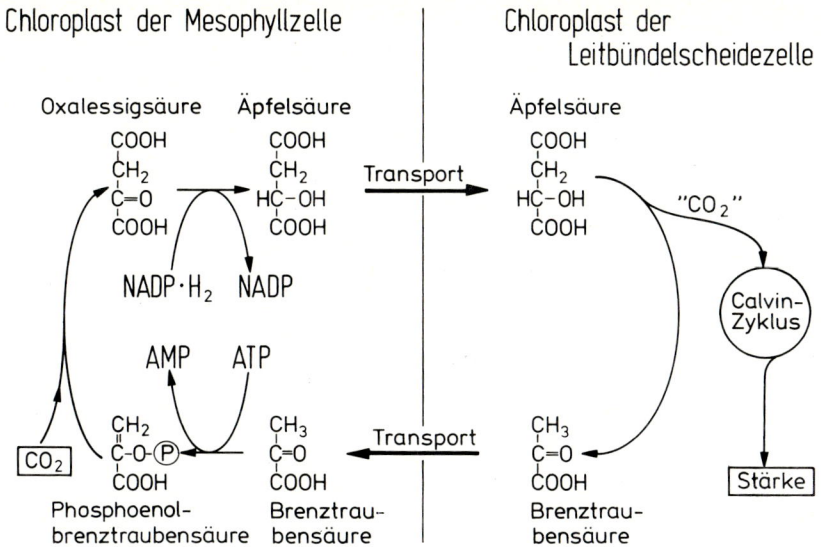

Chloroplast der Mesophyllzelle | **Chloroplast der Leitbündelscheidezelle**

Abb. 30. Darstellung der räumlichen Trennung von CO_2-Fixierung und Reduktion bei C_4-Pflanzen. Die primäre CO_2-Fixierung erfolgt in den Chloroplasten der *Mesophyllzellen* (Bildung von Oxalessigsäure). Die Umwandlung des CO_2 im Calvin-Zyklus zu Zucker und Stärke erfolgt in den Chloroplasten der *Leitbündelscheidezellen*.
Dicarbonsäuren wie Oxalessigsäure und Äpfelsäure dienen als Transportsubstanzen und als CO_2-Donor für den Calvin-Zyklus. Zur Rückbildung des primären CO_2-Akzeptors Phosphoenolbrenztraubensäure wird ATP benötigt, das aus der Photophosphorylierung stammt.

phorylierung stammt, wieder zu dem CO_2-Akzeptormolekül Phosphoenolbrenztraubensäure phosphoryliert. Diese besondere Art der CO_2-Fixierung bei C_4-Pflanzen wurde hauptsächlich von den Forschern HATCH und SLACK aufgeklärt. Man spricht auch vom Hatch-Slack-Weg und von Hatch-Slack-Pflanzen. Es handelt sich um eine räumliche Kompartimentierung der primären CO_2-Fixierung und der Kohlenhydratsynthese (Abb. 31).

Der Vorteil der C_4-Pflanzen liegt darin, daß sie das CO_2 aus der Luft mit hoher Effektivität aufnehmen können. Sie zeigen daher, im Gegensatz zu den C_3-Pflanzen, keine bzw. eine späte Lichtsättigung der CO_2-Assimilation (Abb. 17b). Ihre photosynthetische Produktivität ist dadurch höher als jene der C_3-Pflanzen. Während bei letzteren die Photosynthese d. h. der Ablauf des Calvin-Zyklus in der Regel durch CO_2-Mangel (geringer CO_2-Gehalt der Luft) limitiert ist, wird bei den C_4-Pflanzen durch den vorgeschalteten Mechanismus der primären CO_2-Fixierung (Mesophyllzellen) für eine hohe Konzentration an CO_2 in den Leitbündelscheidezellen gesorgt.

Die hohe Produktivität der C_4-Pflanzen hängt auch damit zusammen, daß bei ihnen keine Lichtatmung nachweisbar ist und daß das gegebenenfalls durch

53

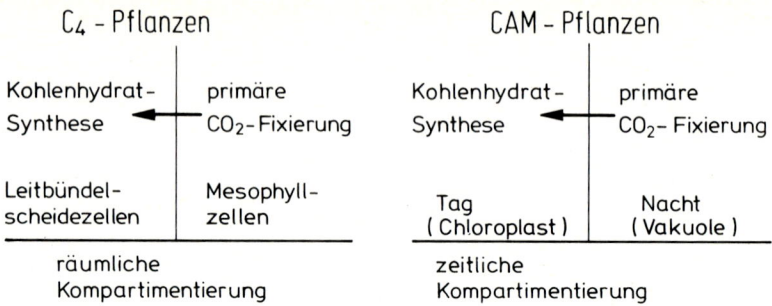

Abb. 31. Darstellung der Unterschiede in der CO_2-Fixierung bei C_4-Pflanzen und CAM-Pflanzen (nach LAETSCH). Bei den C_4-Pflanzen sind CO_2-Fixierung und Kohlenhydratbildung auf 2 verschiedene Zelltypen verteilt. Bei den CAM-Pflanzen erfolgen CO_2-Fixierung und Kohlenhydratsynthese in der gleichen Zelle, wobei die CO_2-Fixierung in der Nacht (Vakuole) erfolgt und die Kohlenhydratsynthese (Calvin-Zyklus) am Tag (Chloroplasten).

Lichtatmung (Kap. 7.4) gebildete CO_2 nicht verlorengeht, sondern in den Mesophyllzellen sofort wieder gebunden wird.

Die typischen Unterschiede zwischen C_3- und C_4-Pflanzen sind in Tabelle 11, einige Vertreter der C_4-Pflanzen in Tabelle 12 aufgeführt. C_4-Pflanzen kommen bei Mono- und bei Dikotyledonen vor. Innerhalb einer Pflanzenfamilie oder Gattung gibt es Arten, die C_3-Pflanzen und andere, die C_4-Pflanzen sind. In der Regel sind C_4-Pflanzen sogenannte Licht- oder Sonnenpflanzen, denen das volle Tageslicht für die Photosynthese zur Verfügung steht.

Zur Demonstration der Besonderheiten der C_4-Pflanzen eignet sich gut der lichtmikroskopische Vergleich der für C_4-Pflanzen typischen Blattanatomie mit jener der C_3-Pflanzen (Vers. 3). Die Gliederung in „Kranz"-Zellen und Mesophyllzellen kann man an einem Blattquerschnitt oft schon mit einer guten Lupe erkennen. Im Mikroskop lassen sich die dunkelgrünen Chloroplasten der Mesophyllzellen leicht von den hellgrünen, stärkehaltigen Chloroplasten der Leitbündelscheidezellen unterscheiden (Abb. 44–49, Vers. 3).

Tabelle 11: Vergleichende Gegenüberstellung der Eigenschaften von C_3- und C_4-Pflanzen

	C_4-Pflanzen	C_3-Pflanzen
1.	Hohe Lichtsättigung der Photosynthese	niedrige Lichtsättigung der Photosynthese
2.	Hohe apparente Photosynthese	niedrige apparente Photosynthese
3.	keine nachweisbare Lichtatmung	starke Lichtatmung
4.	Chloroplastendimorphismus	alle Chloroplasten vom gleichen Typ

Tabelle 12: Übersicht über C_4-Pflanzen aus einigen Pflanzenfamilien

1. Einkeimblättrige Pflanzen (Monokotyledonen)

Süßgräser (Poaceae)
viele tropische Gräser
Mais (Zea mays)
Zuckerrohr (Saccharum officinarum)
ein Hirsegras (Panicum virgatum)
Fuchshirse (Setaria lutescens)
Kolbenhirse (Setaria italica)
Hühnerhirse (Echinochloa crus-galli)
Bluthirse (Digitaria sanguinalis)
Buchloe spec.
Hundszahngras (Cynodon dactylon)

Riedgräser (Cyperaceen)
meist tropische Arten
Cyperus eragrastis
(heimische Festuca = C_3-Pflanze)

2. Zweikeimblättrige Pflanzen (Dikotyledonen):

Amaranthaceen
rauhhaariger Fuchsschwanz (Amaranthus retroflexus)
Aufsteigender Fuchsschwanz (Amaranthus viridis auct.)
Zierpflanzen wie
Amaranthus hypochondriacus nanus
Amaranthus melancholicus ruber
Gomphrena globosa

Gänsefußgewächse (Chenopodiaceen)
viele Atriplex-Arten, insbes. halophytische Arten
Besen-Radmelde (Zierpflanze, Kochia scoparia)
Kali-Salzkraut (Salsola kali)
(Spinacia oleracea, Spinat = C_3-Pflanze)

Portulacaceen
Portulak (Portulaca oleracea)

Zygophyllaceen
Burzeldorn (Tribulus terrestris)

7.3 Photosynthetische CO_2-Fixierung und Reduktion bei CAM-Pflanzen

Ein biochemisch ähnlicher Weg der CO_2-Fixierung liegt bei vielen Sukkulenten (*Opuntie, Aloe*) vor. Zu letzeren gehören viele Crassulaceen (*Sedum — Fetthenne, Bryophyllum, Kalanchoe* etc.), die einen besonderen Säure-Stoffwechsel aufweisen. Der Name **CAM-Pflanzen** leitet sich ab von **C**rassulaceen **A**cid **M**etabolism.

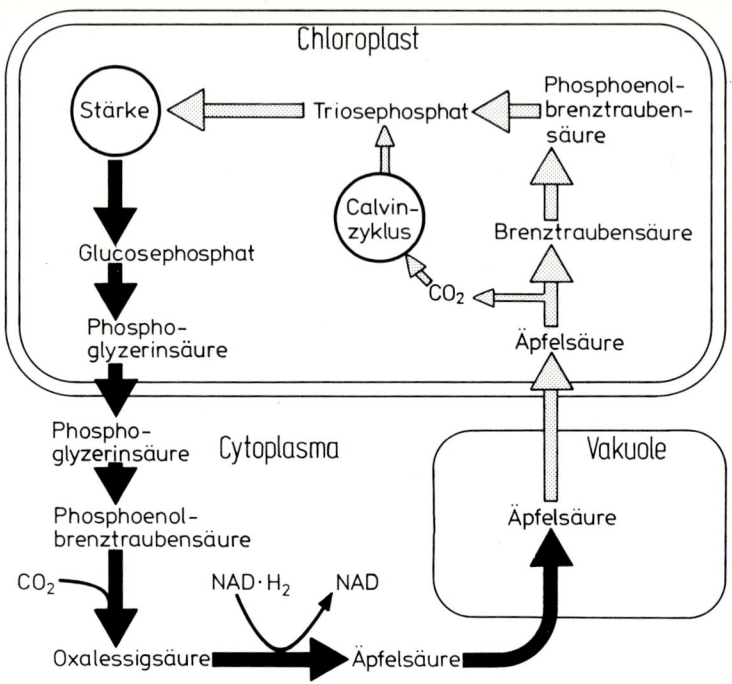

Abb. 32. Darstellung der biochemischen Reaktionsfolgen beim *diurnalen Säurerhythmus* der Crassulaceen. In der Nacht wird CO_2 fixiert und Äpfelsäure in der Vakuole gespeichert (Ansäuerung), am Tag dient Äpfelsäure als CO_2-Donor für die Photosynthese (Entsäuerung des Zellsaftes in der Vakuole).

Sukkulente Pflanzen binden in der Nacht im Cytoplasma der Zelle CO_2 an Phosphoenolpyruvat. Die so entstehende Oxalessigsäure wird zu Äpfelsäure reduziert (Abb. 32) und dieses in der Vakuole gespeichert. Der Zellsaft in der Vakuole wird saurer, kenntlich an einer Erniedrigung des pH-Wertes („*Ansäuerung*"). Äpfelsäure dient somit als Speicher- und Transportform für CO_2. Diese „Hinreaktion" in der Nacht ist an die beiden Enzyme Phosphoenolbrenztraubensäure-Carboxylase und Äpfelsäuredehydrogenase gebunden. Am Tage unter Photosynthesebedingungen erfolgt die „Rückreaktion". Je nach Pflanze wird die Äpfelsäure entweder auf direktem Wege oder nach vorheriger Oxidation zu Oxalessigsäure decarboxyliert unter Bildung von CO_2 und Brenztraubensäure. Das CO_2 wird über die Ribulosediphosphat-Carboxylase dem Calvin-Zyklus zugeführt. Die Brenztraubensäure kann in den Zitratzyklus eingeschleust werden oder wird über Phosphoenolbrenztraubensäure zur Stärkesynthese benutzt. Der pH-Wert des Zellsaftes steigt am Tage entsprechend an, man spricht auch von „*Absäuerung*".

Diese täglich erfolgenden Schwankungen des pH-Wertes bezeichnet man auch als *diurnalen Säurerhythmus*. Er ist im Zusammenhang mit der Regulation der Spaltöffnungsbewegungen der Sukkulenten zu sehen. Diese wachsen meist an heißen oder trockenen Standorten und haben zur Verringerung von Wasserverlusten durch Transpiration die Stomata am Tage geschlossen. Bei den geringeren Temperaturen in der Nacht sind die Stomata hingegen geöffnet, es wird CO_2 aus der Luft fixiert und in Form von Äpfelsäure für die nur bei Tag laufende Photosynthese gespeichert. Bei den CAM-Pflanzen liegt somit eine zeitliche Trennung, bei den C_4-Pflanzen eine räumliche Trennung von CO_2-Fixierung und Zuckerbildung vor (Abb. 31). Da die CAM-Pflanzen im Gegensatz zu den C_4-Pflanzen im wesentlichen nur in der Nacht CO_2 fixieren, ist ihre photosynthetische Produktivität deutlich geringer.

Die für die Bildung von Äpfelsäure erforderliche Phosphoenolbrenztraubensäure ist ein Abbauprodukt der Glucose und entstammt letztlich der Stärke. Mit dem diurnalen Rhythmus im Säuregehalt ist so ein inverser Rhythmus im Kohlenhydratgehalt gekoppelt. In der Dunkelperiode nimmt die Stärke parallel zur Anreicherung von Äpfelsäure ab, am Tage hingegen steigt der Stärkegehalt bei gleichzeitigem Abbau des hohen Äpfelsäurespiegels (Abb. 32) wieder an. Der unterschiedliche Säuregehalt der sukkulenten Pflanzen läßt sich recht einfach durch Bestimmung des pH-Wertes des ausgepreßten Zellsaftes nachweisen (Vers. 21).

7.4 Lichtatmung

Unter Lichtatmung versteht man die Tatsache, daß bei hoher Lichtintensität und CO_2-Mangel organische Verbindungen dem Calvin-Zyklus entnommen und in einer Reihe von enzymatischen Reaktionen, die nichts mit der Atmung der Mitochondrien zu tun haben und auch keine Energie liefern, zu CO_2 und Wasser oxidiert werden. Man spricht von der lichtabhängigen CO_2-Produktion oder *Photorespiration*, die eng an die Tätigkeit der *Peroxisomen* gebunden ist. Peroxisomen sind von einer einfachen Membran umgebene reguläre Zellorganellen, die sich eng an Chloroplasten und Mitochondrien anlagern. Die beiden Leitenzyme sind die Glykolatoxidase und die Katalase.

Bei hohen Lichtintensitäten wird die Photosynthese nicht mehr durch Licht, sondern durch CO_2-Mangel begrenzt. Unter diesen Bedingungen überträgt die Ribulosediphosphat-Carboxylase nicht CO_2, sondern O_2 auf den primären Akzeptor Ribulosediphosphat. Statt 2 Molekülen Phosphoglyzerinsäure entsteht nur ein Molekül Phosphoglyzerinsäure und der C_2-Körper Phosphoglykolsäure. Das Leitenzym des Calvin-Zyklus hat nicht nur Carboxylase- sondern auch *Oxygenase*-Aktivität (Abb. 33). Nach Abspaltung eines Phosphatrestes wird die freie Glykolsäure aus dem Chloroplasten in die Peroxisomen

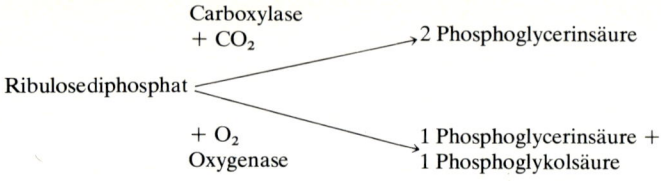

Carboxylase
+ CO_2 → 2 Phosphoglycerinsäure

Ribulosediphosphat

+ O_2 → 1 Phosphoglycerinsäure +
Oxygenase   1 Phosphoglykolsäure

Abbildung 33. Darstellung der beiden unterschiedlichen Reaktionen, die das Enzym Ribulosediphosphat-Carboxylase ausführen kann.

transportiert und dort durch die Glykolatoxidase unter Sauerstoffverbrauch zu Glyoxylsäure oxidiert. Das hierbei entstehende H_2O_2 wird durch die Katalase zerlegt. Die Glyoxylsäure wird nach Umwandlung in die Aminosäure Glycin in die Mitochondrien transportiert und dort unter CO_2-Abspaltung in Serin überführt. Die Gaswechselbilanz bei der Lichtatmung zeigt, daß genau so viel CO_2 freigesetzt wird, wie O_2 verbraucht wird. Diese Photorespiration läuft nur im Licht (Starklicht), da sie auf die lichtabhängige Produktion von Glykolsäure angewiesen ist.

Das Phänomen der Lichtatmung kann bei geeigneten Bedingungen wenigstens kurzfristig sichtbar gemacht werden, z. B. bei Messung der photosynthetischen CO_2-Aufnahme. Verdunkelt man die Pflanze nach einer vorangegangenen Lichtphase, so hört die CO_2-Fixierung auf, es erfolgt nun eine Abgabe des durch die Atmung der Mitochondrien anfallenden CO_2. Kurz nach Beginn der Dunkelphase (ca. 10 – 60 sec) ist der CO_2-Ausstoß jedoch deutlich größer als später (Vers. 20). Dies ist auf die Aktivität der Lichtatmung zurückzuführen, die nach Abschaltung des Lichtes noch kurze Zeit läuft, dann jedoch wegen fehlenden Substrats aufhört.

8. Fluoreszenz der Chlorophylle und ihre Bedeutung für Untersuchungen der Photosynthese

Chlorophyll zeigt wie viele andere organische Moleküle bei der Bestrahlung mit Licht die Erscheinung der Fluoreszenz. Diese ist als dunkelrote Lichtemission sowohl bei reinem Chlorophyll in Lösung, wie auch bei lebenden Blättern zu beobachten.

Die Chlorophyllfluoreszenz verdient besonderes Interesse, weil es einen reziproken Zusammenhang gibt zwischen der Intensität der Chlorophyllfluoreszenz und der Intensität der Photosynthese. Über die Fluoreszenz ergibt sich ein experimentell einfacher Weg, einen detaillierten Einblick in das primäre photochemische Geschehen im Photosyntheseapparat zu bekommen.

8.1 Grundlagen

Das Phänomen der Fluoreszenz läßt sich an einem stark vereinfachten Atommodell erläutern. Ein Elektron, das sich auf einem bestimmten Energieniveau im Atom befindet, absorbiert ein Lichtquant. Das Elektron nimmt dadurch einen bestimmten Energiebetrag auf und wird auf ein höheres *Energieniveau* gehoben. Da es im Atom nur bestimmte, durch ihren Energiebetrag ausgezeichnete Energieniveaus gibt, können daher nur Lichtquanten absorbiert werden, welche den passenden Energiebetrag für den Übergang zwischen zwei bestimmten Energieniveaus liefern. Anders ausgedrückt, es werden nur Lichtquanten bestimmter Wellenlänge absorbiert.

Man bezeichnet den Zustand eines Atoms oder Moleküls, das gerade einen Lichtquant absorbiert hat, als *angeregten Zustand*, den nicht angeregten Zustand als *Grundzustand*. Die Lebensdauer des angeregten Zustandes ist sehr kurz. So kehrt z.B. das angeregte Chlorophyllmolekül nach 10^{-12} bis 10^{-9} Sekunden wieder in seinen Grundzustand zurück, d.h. das Elektron fällt wieder auf das alte, energetisch ärmere Energieniveau zurück. Bei diesem Übergang vom angeregten in den Grundzustand wird Energie als Wärme oder als Fluoreszenzlicht frei. Die Energie des angeregten Zustandes kann auch zur Einleitung chemischer Reaktionen genutzt werden.

Die Absorptions- oder Fluoreszenzspektren von Atomen und Molekülen zeigen keine extrem schmalen Linien, sondern mehr oder weniger breite Banden. Dies ist darauf zurückzuführen, daß sowohl Grund- wie auch angeregter Zustand des Atoms aus einer Vielzahl von dicht beieinanderliegenden Energieniveaus bestehen, die zu einer mehr oder weniger breiten Bande verschmelzen.

Bei Molekülen tritt zusätzlich eine Verbreiterung der Absorptions- und Emissionsbanden durch Schwingungen und Rotation des Moleküls auf. Die Situation im Chlorophyllmolekül ist daher etwas komplexer als in einem einzelnen Atom und kann am besten durch das *Anregungsschema des Chlorophylls* beschrieben werden (Jablonski-Diagramm, Abb. 34). Im linken Teil des Diagramms sind zunächst die Verhältnisse bei der Anregung des Chlorophyllmoleküls beschrieben.

Durch die Absorption eines *roten Lichtquants* wird das Chlorophyllmolekül aus dem Grundzustand in den ersten angeregten Zustand (= sog. *erster Singulettzustand*) überführt. Dabei hebt die Energie des absorbierten Quants ein bestimmtes Elektron der äußeren Elektronenhülle des Chlorophyllmoleküls auf das nächsthöhere Energieniveau. Die Absorption eines *blauen Lichtquants*, das einen höheren Energiegehalt als ein rotes Lichtquant besitzt, hebt in diesem Falle ein Elektron auf ein noch höheres Energieniveau. Man spricht hier vom Erreichen des zweiten angeregten Singulettzustandes. Dieser *zweite Singulettzustand* ist extrem instabil und kurzlebig. Bereits nach ca. 10^{-12} Sekunden geht das Molekül in den ersten Singulettzustand über. Die Energie-

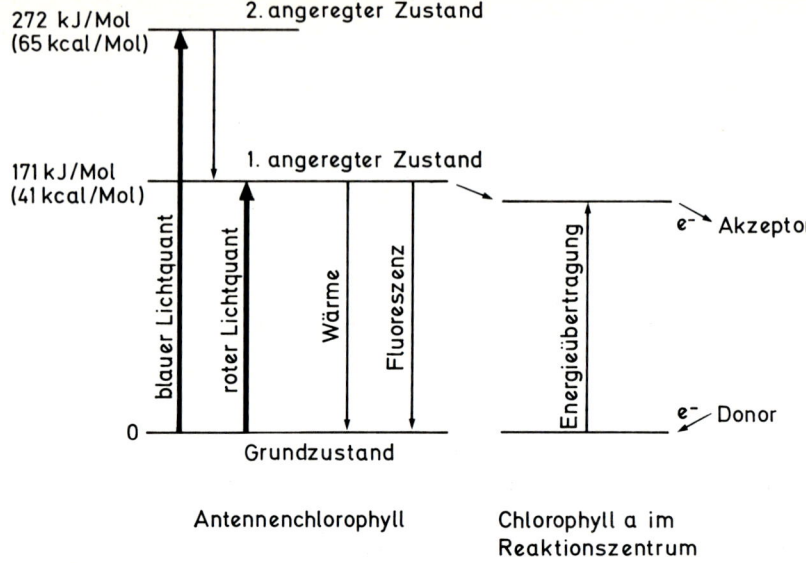

Abb. 34. Anregungsschema des Chlorophylls. Durch Absorption eines blauen Lichtquants wird der zweite Singulettzustand, durch Absorption eines roten Lichtquants wird der erste Singulettzustand angeregt. Beim Antennenchlorophyll ist der Übergang in den Grundzustand von Wärmeabgabe und/ oder der Entstehung von Fluoreszenzlicht begleitet (links). Wird der angeregte Zustand auf das Chlorophyllmolekül im Reaktionszentrum übertragen, so kann die absorbierte Energie photochemisch genutzt werden (Einleitung einer Redoxreaktion). Die Energieangaben (in kJ/Mol Lichtquanten) beziehen sich auf ein blaues Lichtquant von 430 nm und ein rotes Lichtquant von 670 nm.

differenz zwischen zweitem und erstem Singulettzustand wird dabei als Wärmeenergie frei.

Auch der erste angeregte Singulettzustand ist mit einer Lebensdauer von ca. 10^{-9} Sekunden noch recht kurzlebig. Diese Zeit reicht jedoch aus, die Energie des angeregten Zustandes auf ein spezielles Chlorophyllmolekül im Reaktionszentrum zu übertragen, das durch Abgabe eines Elektrons den angeregten Zustand für eine photochemische Reaktion ausnützt. Wenn dies nicht möglich ist, geht die absorbierte Energie als Fluoreszenzlicht oder strahlungslos als Wärme verloren. Das emittierte Fluoreszenzlicht ist immer langwelliger und damit energieärmer als das Anregungslicht. Dies beruht auf der Tatsache, daß jeder Übergang zwischen zwei angeregten Zuständen oder zwischen einem angeregten Zustand und dem Grundzustand unter teilweisem Energieverlust in Form von Wärme erfolgt. Dadurch steht für ein emittiertes Quant jeweils weniger Energie zur Verfügung als sie vom absorbierten Lichtquant in das Molekül eingebracht wurde. Dies wird durch einen Vergleich des Absorptions- und Fluoreszenzspektrums deutlich (Abb. 64).

Die Energie angeregter atomarer Zustände kann auf unterschiedliche Weise verwertet werden (Photochemische Prozesse, Fluoreszenzlicht, Wärme). Die Verwertung ist abhängig von äußeren Faktoren, die im folgenden besprochen werden. Hierbei ist es gleichgültig, ob der erste oder zweite Singulettzustand angeregt wurde. In beiden Fällen dient der erste Singulettzustand als Ausgangspunkt für alle folgenden Reaktionen.

Die Bedeutung dieser Tatsache wird deutlich bei der Frage nach der photosynthetischen Wirksamkeit verschiedener Lichtqualitäten. Aus dem Anregungsschema des Chlorophylls geht hervor, daß bei photochemischer Nutzung ein absorbiertes blaues Lichtquant die gleiche physiologische Wirkung (z. B. Sauerstoffentwicklung, CO_2-Fixierung) hervorbringt, wie ein absorbiertes rotes Lichtquant. Die Quantenwirksamkeit von rotem und blauem Licht ist im molekularen Bereich völlig gleich.

Energetisch gesehen zeigt dagegen Blaulicht einen schlechteren Wirkungsgrad, da ein Teil des absorbierten hohen Energiebetrags beim Übergang vom zweiten zum ersten Singulettzustand nutzlos als Wärme verlorengeht. Wie bei allen photochemischen Reaktionen kommt es auch bei der Photosynthese nicht auf den Energiegehalt der Lichtquanten, sondern auf die Anzahl der absorbierten Lichtquanten an. Eine photochemische Reaktion ist immer ein „Ein-Quanten“-Prozeß.

8.2 Fluoreszenzintensität und photochemische Nutzung der Lichtenergie

Ein einzelnes angeregtes Molekül kann nur eine der drei genannten Möglichkeiten zur Verwertung der Anregungsenergie ausnutzen.

Betrachtet man eine große Anzahl von Chlorophyll-Molekülen, so kommen alle 3 Möglichkeiten nebeneinander vor: Ein Teil der Moleküle verliert die Anregungsenergie vollständig als Wärme, ein anderer Teil emittiert sie als Fluoreszenzlicht und der Rest der Moleküle nützt sie photochemisch. Bei den beiden letzten Vorgängen wird ein kleiner Teil der Anregungsenergie (= $E_{Absorption}$) – zusätzlich zu Fluoreszenzlicht und photochemischer Nutzung – als Wärme frei. In der Gesamtbilanz läßt sich dieser Zusammenhang durch folgende Gleichung wiedergeben:

$$E_{Absorption} = E_{Wärme} + E_{Fluoreszenz} + E_{Photochemische\ Nutzung} \qquad (Gl.\ 8)$$

Die Frage, ob der angeregte Zustand hauptsächlich als Fluoreszenzlicht verlorengeht oder eher photochemisch genutzt wird, hängt von den jeweiligen Gegebenheiten ab (Tab. 13).

Tabelle 13: Abgabe der von Chlorophyll absorbierten Lichtenergie (Anregungsenergie) als Wärme, Fluoreszenzlicht oder zu photochemischer Nutzung unter drei verschiedenen Bedingungen.

Bedingung	$E_{Absorption}$	$E_{Wärme}$	$E_{Fluoreszenz-strahlung}$	$E_{Photochemische\ Nutzung}$
a) Isoliertes Chlorophyll in Lösung	konstant	hoch	hoch	null
b) Blatt, photosynthetisch aktiv	konstant	niedrig	niedrig	hoch
c) Blatt, Photosynthese vollständig gehemmt	konstant	hoch	hoch	null

Reines Chlorophyll in Lösung, das nicht in einen Photosyntheseapparat eingebaut ist, kann keine Photosynthese betreiben. Die Rate der photochemischen Energienutzung ist daher Null und die absorbierte Energie kann nur als Wärme und/oder Fluoreszenzlicht abgegeben werden. Es ergibt sich also eine *hohe Fluoreszenzausbeute.*

Bei einem intakten, photosynthetisch aktiven Blatt wird die absorbierte Energie vorwiegend benutzt, um photochemische Reaktionen zu betreiben. Daher wird kaum Energie als Wärme oder Fluoreszenzlicht abgegeben. Die Fluoreszenzausbeute ist *gering.*

Eine andere Situation liegt vor, wenn bei einem Blatt die Photosynthese blockiert wurde. Solche Photosyntheseblocker sind z.B. manche Pflanzengifte (Herbizide). Da nach Einlegen eines Blattes in eine Herbizidlösung keine Photosynthese mehr abläuft, ist die Rate der photochemischen Energienutzung Null. Die absorbierte Energie wird jetzt vollständig als Fluoreszenzlicht und/oder Wärme abgegeben. Es ergibt sich eine *hohe* Fluoreszenzausbeute.

Zwischen der Intensität der Fluoreszenzstrahlung und der Intensität der Photosynthese besteht ein einfacher Zusammenhang. *Bei hoher Photosyntheserate ist die Fluoreszenz niedrig* und bei niedriger Photosyntheserate ist die Intensität der Fluoreszenz hoch. Photosynthese und Chlorophyllfluoreszenz sind, qualitativ gesehen, umgekehrt proportional.

Diese Kopplung von Fluoreszenz und Photosynthese erlaubt durch eine Messung der Fluoreszenzintensität eine Aussage über die Intensität der Photosynthese. Solche Messungen können an lebenden Pflanzen ohne schädigenden mechanischen oder chemischen Eingriff sehr schnell durchgeführt werden.

8.3 Fluoreszenzinduktion (Kautsky-Effekt)

Ein weiteres Merkmal der Chlorophyllfluoreszenz sind die Schwankungen der Fluoreszenzintensität bei Belichtung dunkeladaptierter Pflanzen. Es handelt sich hierbei um Induktionsvorgänge der Photosynthesevorgänge, bei denen sich die Photosyntheserate allmählich auf ihren maximalen Wert einspielt (Abb. 35). Nach Einsetzen der Belichtung steigt die Fluoreszenz über ein Zwischenniveau auf einen maximalen Wert an und fällt dann langsam auf einen relativ niedrigen, konstanten Wert ab. Bei S ist dann volle Photosyntheseleistung erreicht. Man spricht von der Induktionskurve der Chlorophyllfluoreszenz oder dem *Kautsky-Effekt.* Induktionsvorgänge ähnlicher Art sind u. a. für die Sauerstoffentwicklung und für die CO_2-Fixierung bekannt (Abb. 36).

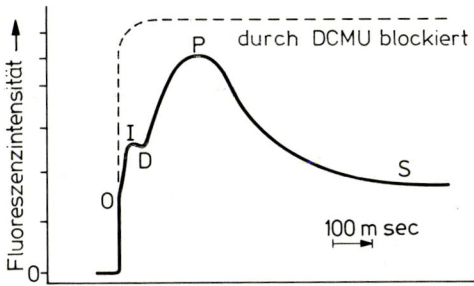

Abb. 35. Fluoreszenzinduktionskurve (Kautsky-Effekt) bei der Belichtung von Grünalgen. O: Höhe der Grundfluoreszenz; I-D-P: Anstieg auf das Fluoreszenz-Maximum (niedrige Photosyntheseleistung); S: Gleichgewichtszustand (hohe Photosyntheseleistung). Mit DCMU blockierte Algen zeigen nur den schnellen Fluoreszenzanstieg und keinen Fluoreszenzabfall. Blätter höherer Pflanzen benötigen im Vergleich zu einzelligen Grünalgen für das Durchlaufen der Induktionskurve ca. die 10-fache Zeit.

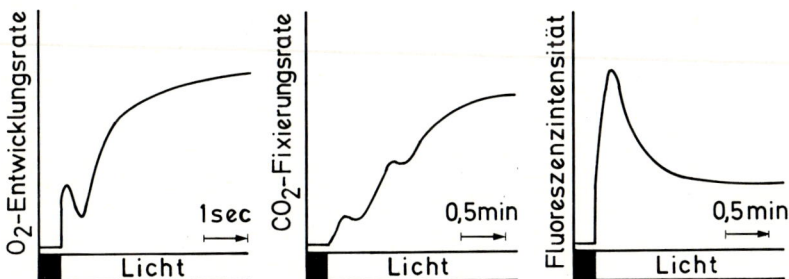

Abb. 36. Vereinfachte Darstellung von Induktionsvorgängen der Sauerstoffentwicklung, der CO_2-Fixierung und der Chlorophyllfluoreszenz nach Belichtung von dunkeladaptierten Blättern. Die Kurven haben nicht die gleiche Einteilung der Zeitachse.

Die Ursache dieser *Fluoreszenz-Induktionskurve* ist in der Tatsache zu suchen, daß in der Elektronentransportkette der Chloroplasten eine Reihe von Redoxsubstanzen mit unterschiedlicher Konzentration (Pool-Größe) und Redoxreaktionen mit unterschiedlicher Reaktionsgeschwindigkeit miteinander gekoppelt sind. Die beiden photochemisch aktiven Pigmentsysteme sind nach

63

dem Einschalten der Belichtung noch nicht aufeinander eingespielt, es kommt mehrfach zu einem verstärkten und verminderten Elektronenfluß, bis sich schließlich nach einigen Sekunden bis Minuten eine konstante Elektronentransport-Geschwindigkeit eingestellt hat. Jetzt sind die beiden Pigmentsysteme so koordiniert, daß ein gleichmäßiger Elektronenfluß erfolgen kann, der die Basis für eine hohe Photosyntheserate ist.

Diese Vorgänge können an einem einfachen Beispiel verdeutlicht werden: Wenn nach längeren Betriebsferien in einer großen Fabrik wieder der erste Arbeitstag beginnt, so ist zunächst nicht in allen Abteilungen eine gleich hohe Produktionsrate möglich. Zuliefernde Abteilungen, die Material bereitstellen und vorbereiten, können sofort arbeiten, weiterverarbeitende Abteilungen müssen auf die ersten Zwischenprodukte warten. Schließlich spielt sich nach mehrfachen Verzögerungen und Beschleunigungen ein konstanter Arbeitsrhythmus ein.

Da im Blatt im wesentlichen nur das Pigmentsystem II eine Chlorophyllfluoreszenz zeigt, ist diese ein Maß für die photochemische Energienutzung durch das Pigmentsystem II. Letzteres kann nur dann mit voller Leistung photochemisch arbeiten, wenn sein primärer Elektronenakzeptor Q und der nachgeschaltete Plastochinon-Pool ständig vom Pigmentsystem I oxidiert wird. Ist die Substanz Q reduziert, kann sie keine Elektronen aufnehmen, man findet eine hohe Fluoreszenzausbeute. Dies läßt sich durch den Einsatz von Pigmentsystem II blockierenden Herbiziden überprüfen.

Der Photosynthese-Hemmstoff DCMU inhibiert den Elektronentransport zwischen der Substanz Q und dem Plastochinon-Pool. Folglich kann bei Belichtung eines mit Dichlorphenyldimethylharnstoff (DCMU) behandelten Blattes die Substanz Q noch reduziert werden, jedoch können keine Elektronen an das Plastochinon abgegeben werden. Das Ergebnis ist eine konstante, hohe Fluoreszenzausbeute (Abb. 35).

Das Auftreten einer vollständigen Induktionskurve (Kautsky-Effekt) bei Pflanzen zeigt somit das Auftreten der normalen *Einspielvorgänge der Photosynthese* an und weist gleichzeitig einen funktionsfähigen, arbeitenden Photosyntheseapparat nach. Wenn keine Kautsky-Kurve beobachtet werden kann – unter den beschriebenen experimentellen Bedingungen ist dies kenntlich am ausbleibenden Fluoreszenzabfall – so liegt ein inaktivierter oder nicht funktionsfähiger Photosyntheseapparat vor. So zeigen z. B. etiolierte Pflanzen bis zu einer Ergrünungsdauer von ca. 2 – 3 Stunden zwar eine Chlorophyllfluoreszenz, jedoch keinen Kautsky-Effekt, da bei ihnen der Photosyntheseapparat noch nicht voll ausgebildet ist. Auch bei einem Blatt, das mit Herbiziden behandelt oder dessen Photosyntheserate durch Abkühlen (Eiswürfel) stark reduziert wurde, ist zwar Fluoreszenz, nicht aber die Induktionskurve zu erkennen. Daher stellen Untersuchungen der Chlorophyllfluoreszenz in der heutigen Photosyntheseforschung ein wichtiges Hilfsmittel dar.

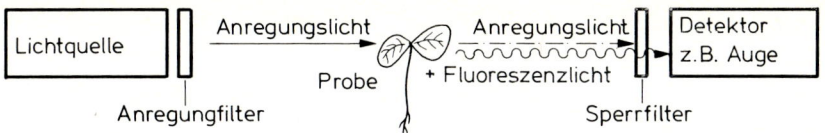

Abb. 37. Schematischer Aufbau eines Fluorimeters. Aus dem weißen Licht der Lichtquelle wird mit einem Anregungsfilter einfarbiges Licht (Blau) hergestellt und auf die Probe (z. B. Blatt) gestrahlt. Der Sperrfilter läßt das Anregungslicht nicht durch, sondern nur das Fluoreszenzlicht. Als Detektor dient eine Photozelle oder das menschliche Auge.

Geräte zur Messung der Fluoreszenz werden *Fluorimeter* genannt. Den prinzipiellen Aufbau eines Fluorimeters zeigt Abbildung 37. Aus einer Lichtquelle, die ein kontinuierliches Spektrum (weißes Licht) liefert, wird mit Hilfe des *Anregungsfilters* ein Band monochromatischen Lichtes isoliert. Für die Anregung des Chlorophylls ist Blaulicht geeignet. Das Anregungslicht fällt auf das pflanzliche Objekt und ruft Rot-Fluoreszenz hervor, welche von einem Detektor (Photozelle oder das menschliche Auge) aufgenommen wird. Um den Detektor vor dem reflektierten und intensiven Anregungslicht zu schützen, wird zwischen den Detektor und das Objekt ein *Sperrfilter* geschaltet. Dieses Filter absorbiert das Anregungslicht vollständig und läßt dagegen das entstandene Fluoreszenzlicht durch. Die Auswahl der Lichtquelle und vor allem der verwendeten Filter ist für das Gelingen der Experimente von großer Bedeutung (Tab. 18).

9. Herbizide und ihre Wirkung auf die Photosynthese

In den letzten Jahrzehnten hat die Verwendung von Herbiziden (Unkrautvertilgungsmittel, Pflanzenschutzmittel) in Landwirtschaft und Gartenbau erheblich zugenommen. Es ist daher sinnvoll, Eigenschaft und Wirkungsweise von kommerziell eingesetzten Herbiziden zu erläutern. Man erhält durch Klärung ihrer Wirkungsweise einen Einblick in verschiedene Aspekte der Pflanzenphysiologie und der Photosynthese.

Nach ihrer Wirkungsweise lassen sich drei wichtige Gruppen von Herbiziden unterscheiden:
1. Wuchsstoffherbizide (Wachstumsregulatoren)
2. Herbizide, welche den Aufbau des Photosyntheseapparates und die Pigmentsynthese blockieren
3. Herbizide, welche die Photosynthese blockieren.

Von den heute eingesetzten Herbiziden haben die **Wuchsstoffherbizide** mengenmäßig eine große Bedeutung. Ihre Wirkungsweise beruht auf der Anregung oder Hemmung von Wachstumsvorgängen, wobei sie die Wirkung der zelleigenen Wuchsstoffe z. B. β-Indolylessigsäure (IES), Gibberellinsäure, Cy-

65

Abb. 38. Hemmung der Blattpigmentbildung in 6 Tage alten *Radieschenkeimlingen (Raphanus sativus)* durch das Herbizid SAN 6706. Links: grüne unbehandelte Kontrollpflanzen, rechts: weiße Keimlinge, die mit SAN 6706 behandelt wurden (Vers. 38).

tokinine hemmen oder fördern. Mit der IES-Wirkung interferieren 2,4-Dichlorphenoxyessigsäure (2,4-D) und Naphtylessigsäure (NES). 2,4-D wird vorwiegend gegen zweikeimblättrige Pflanzen eingesetzt, z. B. gegen rosettenbildende Zweikeimblättrige im Grünland (Wiesen, Weideflächen) und in Getreide. Der Transport von IES wird durch 2,3,5-Trijodbenzoesäure (TIBA) behindert. 2,4 Dichlorbenzyltributylphosphoniumchlorid (Phosfon D) ist z. B. ein Hemmstoff der Gibberellinsäuresynthese. N-Phenylcarbamate wie Barban oder Chlorbufam wirken hemmend auf die Zellteilung, die durch Cytokinine stimuliert wird. Große praktische Bedeutung hat Maleinsäurehydrazid, das Zwergwuchs auslöst (Einsatz an Grünstreifen der Autobahn, gegen Geiztriebbildung bei *Tabak*). Auch CCC (Chlorcholinchlorid) bewirkt Zwergwuchs (z. B. Einschränkung des Internodienwachstums bei Getreide, Unterdrückung der Langtriebbildung bei Blumen). Auf diese Wuchsstoffherbizide kann hier nicht näher eingegangen werden.

Von großer praktischer Bedeutung sind auch Herbizide, welche die Bildung des Photosyntheseapparates beeinflussen. Eine wichtige Wirkungsweise ist hierbei **die Blockierung** einiger Schritte der **Pigmentsynthese**. Die so erhaltenen, herbizidbehandelten Pflanzen sind nicht mehr in der Lage, Chlorophylle und Carotinoide zu synthetisieren (Tab. 14), obwohl das Wachstum von Keimlingen morphologisch zunächst nur unwesentlich verändert wird. Das Ergebnis sind helle, weißliche Keimlinge (Albinopflanzen) mit relativ normalem Aussehen (Abb. 38 und 84). Beispiele für Herbizide dieses Typs sind die fluorhaltigen Pyridazinonderivate (z. B. SAN 6706 und Zoreal, Fa. Sandoz) sowie Aminotriazol (Amitrol), Dichlormat und Pyrichlor (Vers. 38).

Tabelle 14: Pigmentgehalt (in % der Kontrolle) von 8 Tage alten Pflanzen, die mit 10 µmolarer Lösung des Herbizids SAN 6706 behandelt wurden. Die Bildung der Prenyl-chinone ist weniger gehemmt (LICHTENTHALER und KLEUDGEN, 1977).

	Kontrolle	Radieschen (*Raphanus*)	Gerste (*Hordeum*)
Chlorophylle	100	2	9
Carotinoide	100	8	7
Plastochinon-9	100	35	39
α-Tocopherol	100	81	64

Der weitaus größte Teil der kommerziell eingesetzten Pflanzenschutzmittel sind **Photosyntheseherbizide**, deren Wirkungsweise in der Behinderung einzelner Teilschritte des photosynthetischen Elektronentransports liegt. Von den die Photosynthese hemmenden Herbiziden wirkt der größte Teil auf das Pigmentsystem II und blockiert den Elektronentransport zwischen der Substanz Q und dem Plastochinon. Dabei kann der Elektronenakzeptor Q des Pigmentsystems II noch reduziert werden, jedoch ist eine Elektronenübertragung auf das Plastochinon nicht mehr möglich. Bekanntester Vertreter dieser Verbindungsgruppe ist der „klassische" Photosynthesehemmstoff Diuron (DCMU), der chemisch zur wichtigen Gruppe der substituierten Harnstoffe gehört. Weitere

Phenylharnstoffe   Pyridazinone   Phenylcarbamate

Abb. 39. Gemeinsame chemische Strukturelemente einiger Photosynthese-Herbizide (Hemmstoffe von Pigmentsystem II).

typische Pigmentsystem II-hemmende Herbizide finden sich in der Gruppe der Triazine (z.B. Simazin, Atrazin), der Pyridazinone (z.B. Chloridazon, Pyramin), der Uracile, Carbamate u.a. Die chemisch z.T. sehr verschiedenen Verbindungen zeigen einige gemeinsame chemische Strukturelemente (Abb. 39), die offensichtlich eine Voraussetzung für die Wirkung als Herbizid sind. Ganz allgemein gilt als typisches Strukturelement von Pigmentsystem II-Hemmstoffen die Konfiguration:

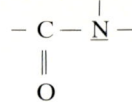

Photosynthetische Herbizide mit ganz anderem Wirkungsmechanismus finden sich in der Gruppe der Bipyridyle oder Viologene, zu der auch die bereits erwähnte Substanz Methylviologen (Paraquat) gehört. Diese Substanzen sind alle gute Elektronenakzeptoren des Pigmentsystems I. Sie nehmen Elektronen vom primären Akzeptor des Pigmentsystems I, der Substanz X auf. Ihre Wirkung als Photosynthese-Herbizide beruht darauf, daß sie bessere Elektronenakzeptoren als der zelleigene Akzeptor NADP sind. Somit wird eine Pflanze bevorzugt vorhandene Viologene reduzieren und nicht NADP. Daher kann das für die photosynthetische CO_2-Fixierung notwendige NADP $\cdot$ H_2 nicht gebildet werden.

In der Praxis werden Viologene als Totalherbizide benutzt, d.h. sie vernichten nicht nur Unkräuter, sondern alle Pflanzen und wurden auch als wirksame Entlaubungsmittel eingesetzt. Beispiel für ein viologenhaltiges Produkt ist das käufliche Herbizid Duanti (Tab. 19), das z.B. zur Bekämpfung von Unkräutern und Ungräsern in Obstplantagen oder auf Plattenwegen benutzt wird.

Charakterisierung der Herbizidwirkung

Im Experiment kann die Charakterisierung von Herbiziden durch zwei Kriterien vorgenommen werden:

1. Beschreibung seiner Wirkungsweise   – Qualitativer Test
2. Bestimmung der Wirksamkeit   – Quantitativer Test

Die *Wirkungsweise* von Herbiziden kann leicht mit bloßem Auge erkannt werden, wenn es sich bei den untersuchten Substanzen um Hemmstoffe der Pigmentsynthesen handelt (Vers. 38). Photosyntheseherbizide können am schnellsten erkannt werden durch Hemmung der Sauerstoffentwicklung bei Grünalgen oder bei *Elodea* (Vers. 23 und 20) oder durch Hemmung der Hill-Reaktion an isolierten Chloroplasten (Vers. 28 und 29). Durch einen Vergleich der Wirkung auf verschiedene Teilreaktionen des photosynthetischen Elektronentransports (Abb. 24) kann die Hemmstelle innerhalb der Elektronentransportkette recht genau lokalisiert werden.

Die *Wirksamkeit* von Herbiziden wird bestimmt, indem ein bestimmter Parameter (z.B. Pigmentgehalt oder Sauerstoffentwicklung) in Abhängigkeit verschiedener Herbizidkonzentrationen untersucht wird. Ausgedrückt wird die Wirksamkeit üblicherweise als I_{50}-Konzentration. Man versteht damit diejenige Konzentration eines Hemmstoffes, die man einsetzen muß, um eine bestimmte Reaktion um 50 % zu hemmen. In Analogie zur Definition des pH-Wertes wird in der Literatur die I_{50}-Konzentration zur Vereinfachung als pI_{50}-

Wert angegeben. Es ist der negative dekadische Logarithmus der I_{50}-Konzentration. pI_{50}-Werte z.B. von 6, 6,3 oder 7 entsprechen einer I_{50}-Konzentration von 10^{-6}, 5×10^{-7} bzw. 10^{-7} molar. Gute Pigmentsystem II-Herbizide zeigen I_{50}-Konzentrationen zwischen 10^{-5} bis weniger als 10^{-7} molar.

In der Praxis werden Herbizide meist in Mengen von 0,5 – 3,0 kg/ha eingesetzt, um Unkräuter in Pflanzungen zu vernichten. Wenn höher dosiert wird, z.B. 10 – 30 kg/ha wirken die meisten Herbizide total, d.h. gegen alle Pflanzen.

II. Versuche zur Photosynthese

Bei den mit einem schwarzen Punkt markierten Versuchen handelt es sich um Versuche, die wesentlich für das Verständnis der Photosynthese sind.

● Versuch 1: Lichtmikroskopische Betrachtung von Chloroplasten

Grundlagen. Chloroplasten besitzen eine Feinstruktur aus Grana- und Stromathylakoiden, die in das Stroma (Matrix) eingebettet sind (Abb. 2). Die lichtmikroskopisch sichtbare Form und Struktur der Chloroplasten werden am besten an einem Quetschpräparat oder an einem Tropfen einer Suspension isolierter Chloroplasten beobachtet. Zur Beurteilung der Feinstruktur können das Licht-, Fluoreszenz- und Phasenkontrastmikroskop eingesetzt werden.

Untersuchungsmaterial. Grüne Blätter, z. B. *Wasserpest (Elodea canadensis)* oder Blättchen von Laubmoosen (z. B. *Mnium hornum).*

Geräte. Lichtmikroskop (Vergrößerung bis 1000 ×), Objektträger, Deckgläser, Pinzetten, ggfls. Phasenkontrast- und Fluoreszenzmikroskop.

Reagenzien und Chemikalien. Xylol, Ölimmersion, Saccharoselösung (10 %).

Durchführung
Vorbereitung der Präparate: Ein Blättchen der Wasserpest *(Elodea)* oder von Sternmoos *(Mnium)* werden in Wasser auf den Objektträger gebracht und mit einem Deckgläschen abgedeckt. Man erkennt im Lichtmikroskop die Lage der Chloroplasten in der Zelle (Abb. 40) und kann in vielen Zellen auch die Bewegung der Chloroplasten mit der Cytoplasmaströmung sehen. Die Beobachtung zeigt, daß innerhalb der Zelle das Chlorophyll nur in den Chloroplasten enthalten ist.
Die Beobachtung der Feinstruktur gelingt besser bei „freien" Chloroplasten, die aus der Zelle isoliert wurden. Dies kann man durch Quetschen eines Blättchens auf dem Objektträger erreichen. Es geschieht in Gegenwart von 1 Tropfen der Saccharoselösung, um die Chloroplasten intakt zu halten. Die Reste des Blatts werden mit einer Pinzette entfernt.

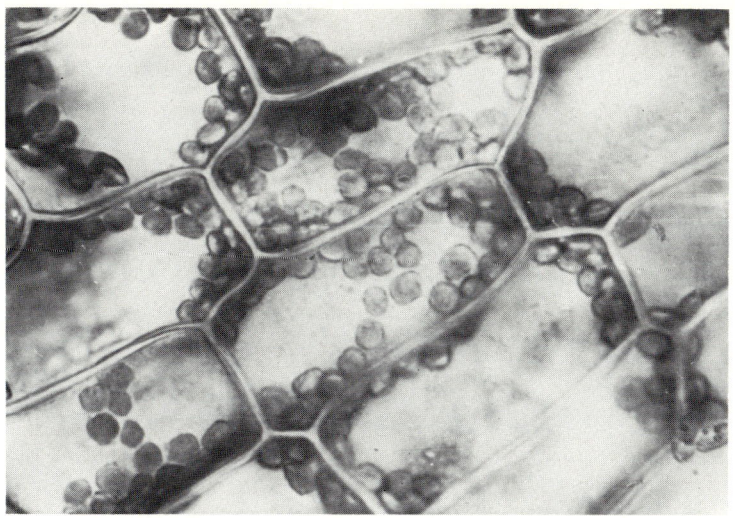

Abb. 40. Chloroplasten in den Zellen der *Wasserpest (Elodea canadensis)* (Lichtmikroskop; Vergrößerung: primär 400-fach).

In Chloroplasten aus gut belichtetem Pflanzenmaterial können auch Stärkekörner erkannt werden. Bei höherer Vergrößerung (1000 ×, Ölimmersion) ist in Aufsicht eine körnige Struktur der Chloroplasten zu erkennen. Es handelt sich um Andeutung der Grana, deren Größe an der Auflösungsgrenze des Lichtmikroskops liegt. Im Phasenkontrastmikroskop ist diese granuläre Struktur besser sichtbar. Deutlich sind die Grana im Fluoreszenzmikroskop zu sehen. Bei Bestrahlung mit UV- oder Blaulicht sind sie als stark rot fluoreszierende Flecken auf schwächer fluoreszierendem Hintergrund zu erkennen. Es handelt sich um die Fluoreszenz des Chlorophylls (Kap. 8), das in den Granabereichen der Thylakoide stärker konzentriert ist als in den Stroma-Thylakoiden (Abb. 4).

Zusatzversuch. Der Erhaltungszustand isolierter Chloroplasten kann mikroskopisch überprüft werden. Chloroplasten, die in Saccharoselösung gebracht werden, behalten eine intakte Hüllmembran und zeigen wie in der intakten Zelle die typische, länglich ellipsoide Form. Im Lichtmikroskop sind sie an ihrer Außenseite durch eine gleichmäßige Kante abgegrenzt. In destilliertem Wasser werden Chloroplasten aufgebrochen und verlieren ihre Hüllmembran. Sie zeigen dann im Lichtmikroskop eine unregelmäßige Form ohne deutliche Abgrenzung. Im Phasenkontrastmikroskop sind die aufgebrochenen Chloroplasten und die Chloroplastenbruchstücke als dunkle Partikel zu erkennen. Noch vorhandene intakte Chloroplasten sind wesentlich heller und zeigen eine deutliche Abgrenzung.

Versuch 2: Vergleichende Betrachtung der Ultrastruktur von Chloroplasten

Grundlagen. Am Beispiel von elektronenmikroskopischen Aufnahmen von Chloroplasten (Ultradünnschnitte) sollen die Entwicklung, der Aufbau und die Organisation eines funktionsfähigen Photosyntheseapparates erläutert und die Begriffe Stroma- und Granathylakoide, Plastoglobuli, Stärke, Stroma bzw. Matrix, doppelte Hüllmembran der Chloroplasten am Ultradünnschnitt verdeutlicht werden.

Untersuchungsmaterial. Die elektronenmikroskopischen Aufnahmen der Abbildung 3, 7, 41 und 42 oder andere geeignete Abbildungen.

Durchführung

a) *Etioplast: Anzucht im Dunkeln* (Abb. 7). Er enthält den Prolamellarkörper mit einer regelmäßigen gitterartigen Struktur. Im oberen Bildteil sind einige membranartige Strukturen sichtbar. Es sind die Vorläufer der Thylakoide. Die doppelte Hüllmembran des Etioplasten ist hier nicht deutlich zu erkennen.

b) *Chloroplast: Ergrünung im Blaulicht* (Abb. 41). Der Chloroplast ist von langgestreckten Stromathylakoiden durchzogen. Die Granastapel haben nur eine geringe Höhe. Es sind relativ viele lipidspeichernde Plastoglobuli vorhanden. Die doppelte Plastidenhülle ist teilweise zu erkennen. Der „Blaulicht"-Chloroplast entspricht in seinem Aufbau der Feinstruktur eines Chloroplasten einer Starklichtpflanze oder eines Sonnenblattes.

c) *Chloroplast: Ergrünung im Rotlicht* (Abb. 42). Die doppelte Hüllmembran des Chloroplasten ist am oberen Bildrand gut zu erkennen. Es sind viele hohe Granastapel vorhanden, die durch Stromathylakoide verbunden werden. Plastoglobuli sind nur in geringer Zahl vorhanden und liegen einzeln. Chloroplasten von Schattenblättern und Pflanzen, die im Schwachlicht angezogen werden, haben ebenfalls hohe Granastapel, wie sie hier beim „Rotlicht"-Chloroplasten zu sehen sind.

Die Interpretation der elektronenoptischen Aufnahmen von Chloroplasten kann durch folgende Fragen und Aufgaben vertieft werden:

1. Welche Funktion haben die Thylakoide?
2. Wo im Chloroplasten laufen die Dunkelreaktionen der Photosynthese ab?
3. Aus wieviel Schichten besteht die Hüllmembran der Chloroplasten?
4. Was sind Plastoglobuli? Welche Funktion haben sie?
5. Wo sind die photosynthetischen Pigmente lokalisiert?
6. Wieviel mal größer ist das Auflösungsvermögen des Elektronenmikroskopes (60–80 nm) im Vergleich zum Lichtmikroskop (0,2–0,4 µm)?
7. Bestimme die durchschnittliche Anzahl von Thylakoiden per Granum im „Rotlicht"- und im „Blaulicht"-Chloroplasten.

8. Weshalb müssen die Chloroplasten vor der Betrachtung im Elektronen-mikroskop fixiert werden?

9. Welche Mittel werden zur Fixierung von Biomembranen und Zellstruktu-ren eingesetzt? (z. B. Osmiumtetroxyd, OsO_4; Kaliumpermanganat, $KMnO_4$; Formaldehyd oder Glutardialdehyd).

10. Was versteht man unter einer Nachkontrastierung von Ultradünn-schnitten fixierter Gewebe? (Zur Erhöhung des Bildkontrastes finden Elemente mit hoher Ordnungszahl Verwendung, z. B. Uran (Uranylace-tat) oder Blei (Bleizitrat).

● **Versuch 3: Vergleichende Betrachtung der Unterschiede in den Blattquerschnitten von C_3- und C_4-Pflanzen im Lichtmikroskop und ihre Bedeutung für die Photosynthese**

Grundlagen. Die Blätter vieler C_3-Pflanzen (Kap. 7.1) zeigen den typischen zweiseitigen (bifacialen) Blattbau. Bei den C_4-Pflanzen tritt hingegen eine Gliederung des Blattquerschnitts in Mesophyll- und Leitbündelscheidezellen auf, die mit einer besonderen Art der photosynthetischen CO_2-Fixierung ge-koppelt ist (Kap. 7.2). In den Mesophyllzellen erfolgt die primäre CO_2-Fixie-rung, in den Leitbündelscheidezellen die CO_2-Reduktion und Stärkesynthese. Die spezielle Blattanatomie der C_4-Pflanzen ist im Lichtmikroskop gut zu erkennen. Sie unterscheidet sich auch deutlich von C_3-Pflanzen wie *Gerste* oder *Weizen*, bei denen die Zellen des Mesophylls gleichartig gestaltet sind (äquifaziales Blatt).

Untersuchungsmaterial. Blätter von C_3-Pflanzen, z. B. *Spinat (Spinacia oleracea), Christrose (Helleborus niger), Gerste (Hordeum vulgare), Weizen (Triticum aestivum)*, sowie Laubblätter der Bäume, etc.; Blätter von C_4-Pflanzen, z. B. *Mais (Zea mays), Zuckerrohr (Saccharum officinarum), Fuchs-schwanz (Amaranthus-*Arten, auch Zierpflanzen) oder andere Gattungen (Aufstellung Tab. 12).

Geräte. Lichtmikroskop (Vergrößerung bis 1000 ×), Rasiermesser, Objekt-träger, Deckgläschen, Styroporblöckchen oder Holundermark.

Reagenzien und Chemikalien. Xylol, Ölimmersion.

Durchführung. Man stellt mit Holundermark aus der Hand bzw. mit dem Handmikrotom dünne Blattquerschnitte von C_3- und C_4-Pflanzen her und betrachtet diese im Lichtmikroskop zunächst in Übersicht (Vergrößerung ca. 100 ×) und dann im Bereich eines Leitbündels im Detail (Vergrößerung ca.

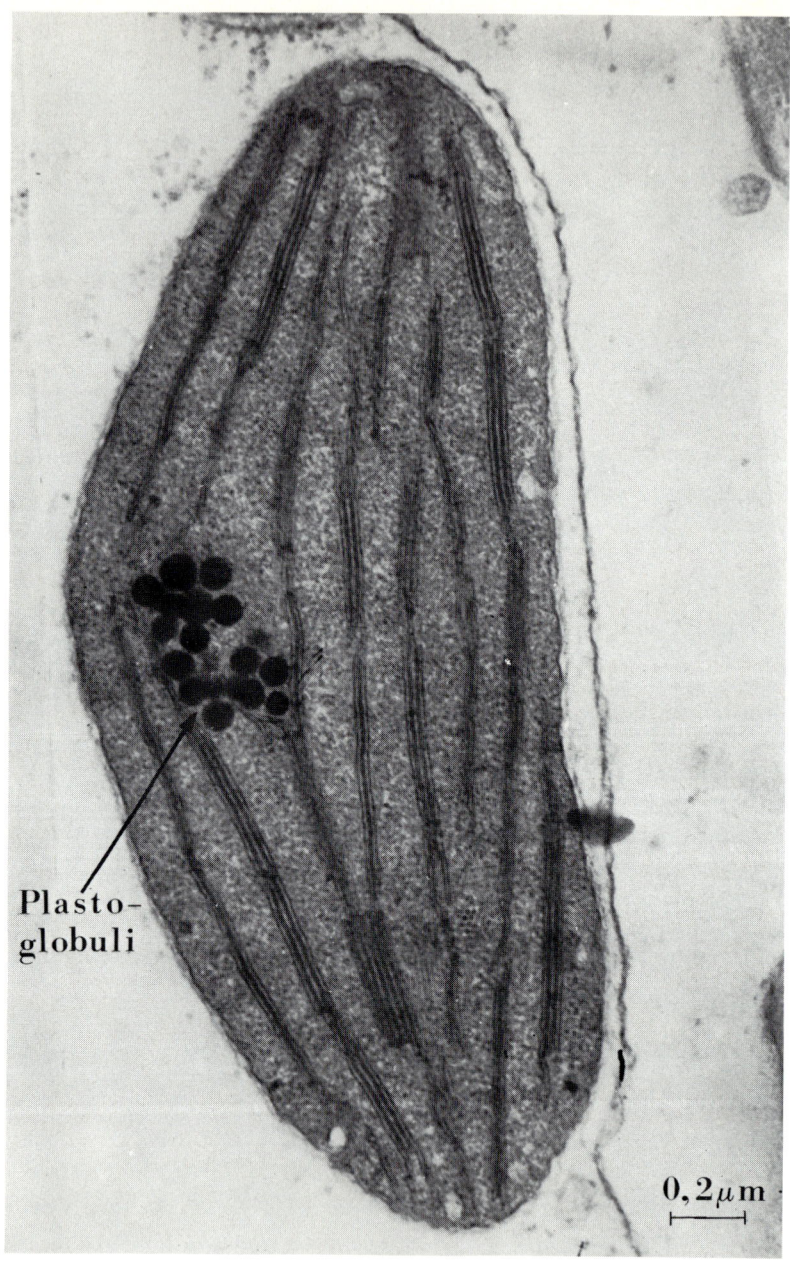

Plasto-
globuli

0,2 μm

Abb. 41. Feinstruktur eines Chloroplasten aus dem Primärblatt der *Gerste (Hordeum vulgare)*, das im Blaulicht ergrünt ist. Der **„Blaulicht"-Chloroplast** enthält viele Plastoglobuli, die Granastapel sind niedrig. Elektronenmikroskopische Aufnahme von D. MEIER. Fixierung: 5% Glutardialdehyd + 1% OsO$_4$.

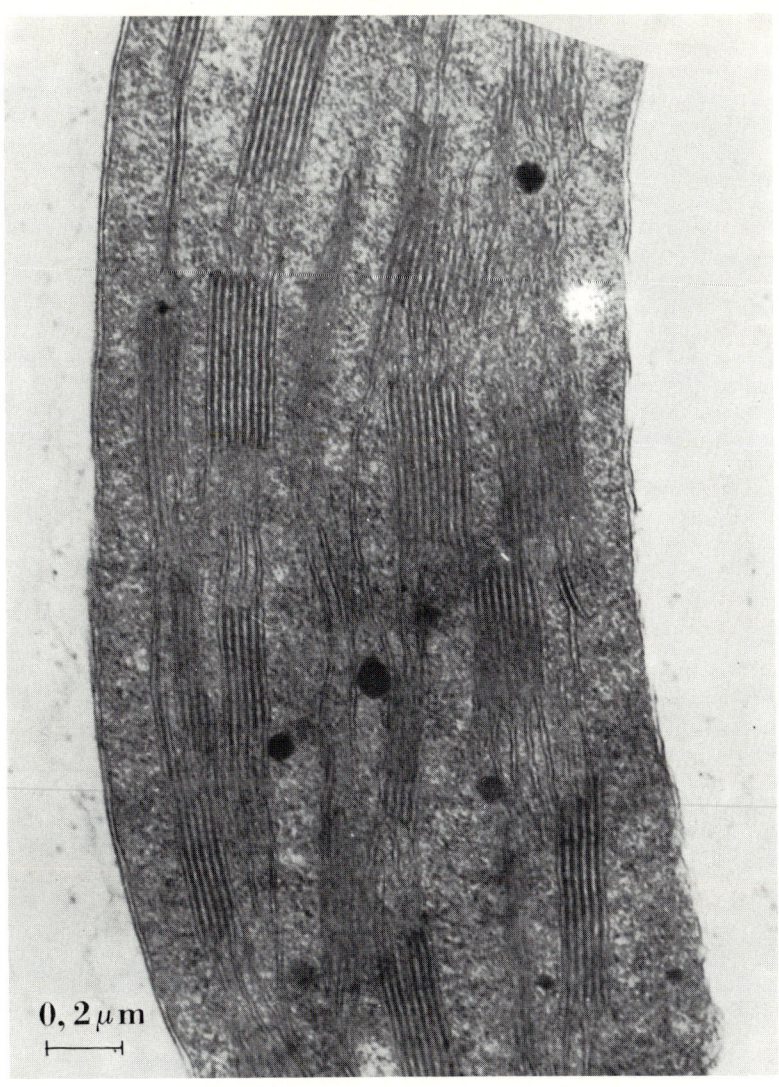

0,2 µm

Abb. 42. Feinstruktur eines Chloroplasten aus dem Primärblatt der Gerste *(Hordeum vulgare)*, das im Rotlicht ergrünt ist. Dieser **„Rotlicht"-Chloroplast** hat viele Granastapel.
Elektronenmikroskopische Aufnahme von D. MEIER.
Fixierung: 5 % Glutardialdehyd + 1 % OsO_4.

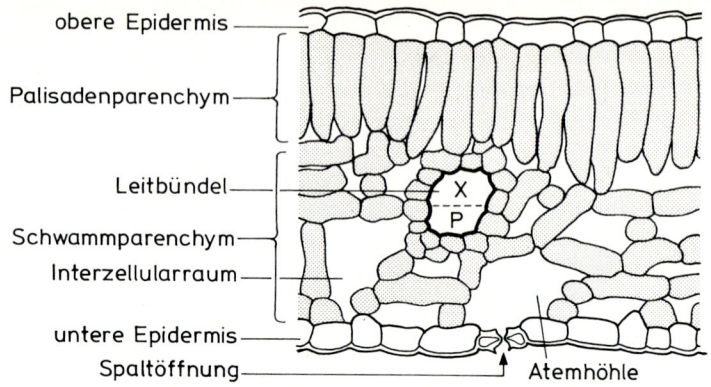

obere Epidermis

Palisadenparenchym

Leitbündel

Schwammparenchym

Interzellularraum

untere Epidermis

Spaltöffnung

X
P

Atemhöhle

Abb. 43. Querschnitt durch ein bifaciales Blatt (*Christrose* – *Helleborus niger;* C₃-Pflanze). Das Leitbündel ist gegliedert in Siebteil (P) und Holzteil (X).

400 ×). Der besondere Bau der Blätter wird auf einem Papier skizziert. Beispiele sind in den Abbildungen 43 bis 50 gegeben.

Es empfiehlt sich, die Blattquerschnitte von drei verschiedenen Blättern zu vergleichen, z.B. a) bifaciales Blatt: Laubblatt (Tab. 6) oder *Helleborus* (Abb. 43), b) äquifaciales Blatt: *Gerste* (Abb. 50) und c) C₄-Pflanze: *Mais* (Abb. 46 und 47), *Zuckerrohr* (Abb. 48 und 49) oder *Hirse* (Abb. 44 und 45).

Bei den Blättern der *C₃-Pflanzen* sind alle Zellen (mit Ausnahme der Epidermiszellen) grün. Die Chloroplasten (Vergrößerung 800–1000 ×, Ölimmersion) zeigen eine gleichmäßig grüne Färbung. Bei Pflanzen, die im vollen Sonnenlicht herangewachsen sind, kann man gegebenenfalls Stärkekörner in

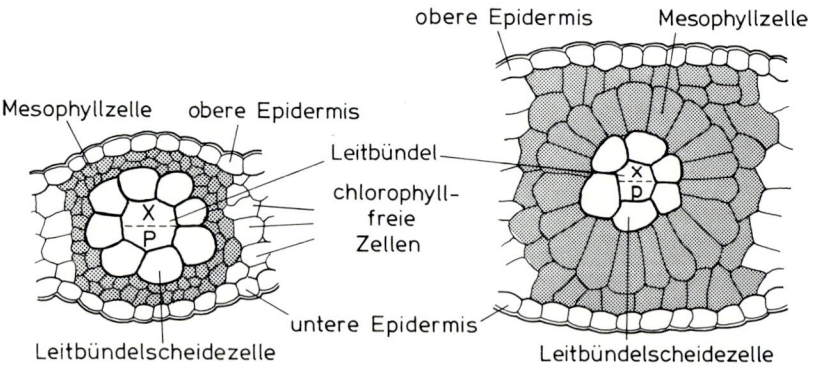

obere Epidermis   Mesophyllzelle

Mesophyllzelle   obere Epidermis

Leitbündel

chlorophyll-
freie
Zellen

untere Epidermis

Leitbündelscheidezelle   Leitbündelscheidezelle

X
P

X
P

Abb. 44. Querschnitt durch ein Blatt der *Hirse* (*Panicum virgatum;* C₄-Pflanze). Das Leitbündel ist gegliedert in Siebteil (P) und Holzteil (X).

Abb. 45. Querschnitt durch ein Blatt der *Bluthirse* (*Digitaria sanguinalis;* C₄-Pflanze). Das Leitbündel ist gegliedert in Siebteil (P) und Holzteil (X).

76

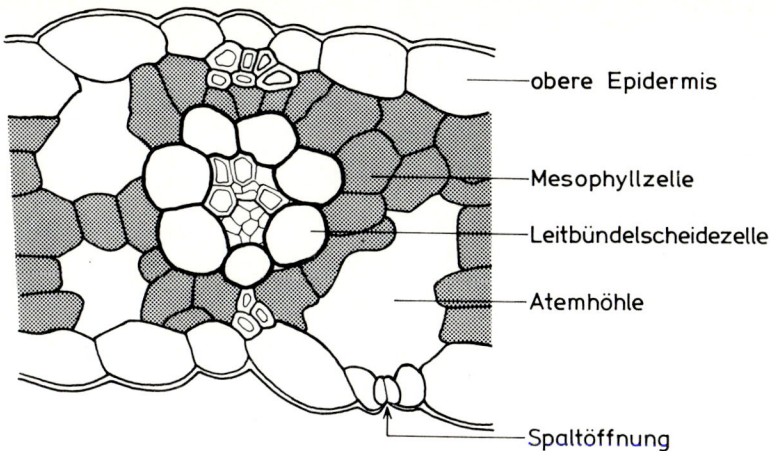

obere Epidermis

Mesophyllzelle

Leitbündelscheidezelle

Atemhöhle

Spaltöffnung

Abb. 46. Querschnitt durch ein *Maisblatt* (*Zea mays;* C_4-Pflanze). Das Leitbündel ist von einem Kranz von Leitbündelscheidezellen eingehüllt. Um diesen Komplex herum liegen die Mesophyll-zellen.

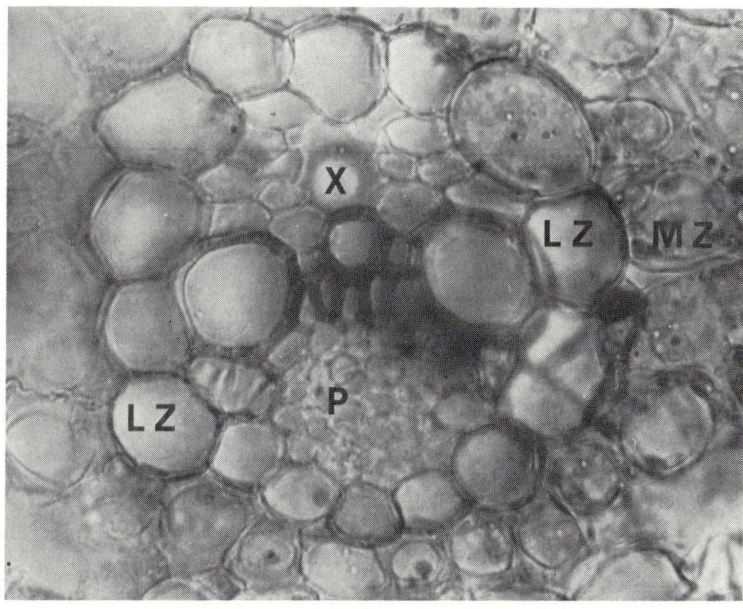

Abb. 47. Querschnitt durch ein *Maisblatt* (*Zea mays*) im Bereich eines Leitbündels (Lichtmikro-skop). LZ = Leitbündelscheidezelle, MZ = Mesophyllzellen, X = Holzteil, P = Siebteil.

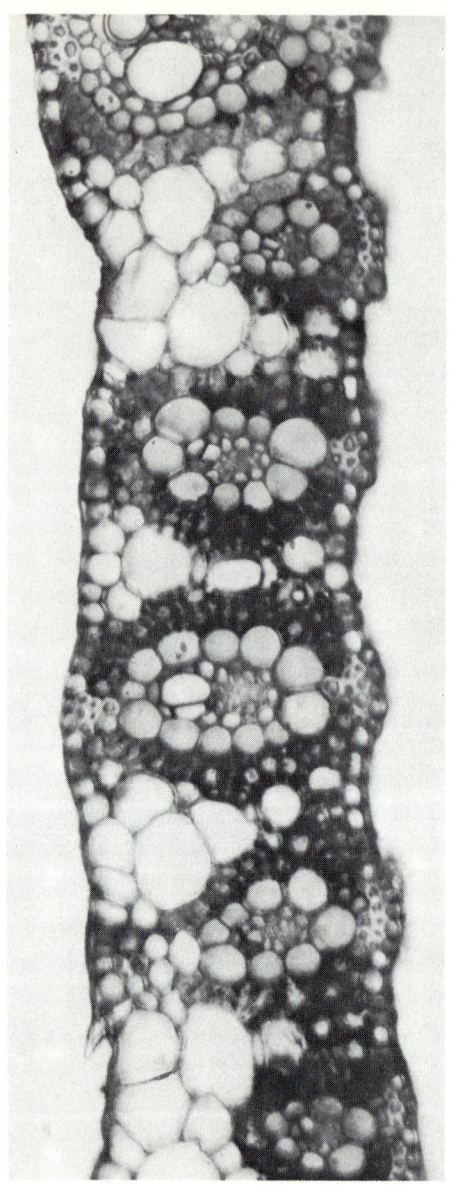

Abb. 48. Querschnitt durch ein Blatt des *Zuckerrohrs (Saccharum officinarum)* im Lichtmikroskop. Die Leitbündel sind von einem Kranz der Leitbündelscheidezellen umgeben, an die sich die hier dunkler bzw. schwarz gefärbten Mesophyllzellen anschließen. Die einzelnen Leitbündel mit ihren Scheide- und Mesophyllzellen werden durch große chlorophyllfreie Zellen voneinander getrennt. Nähere Erläuterung siehe Abbildung 49.

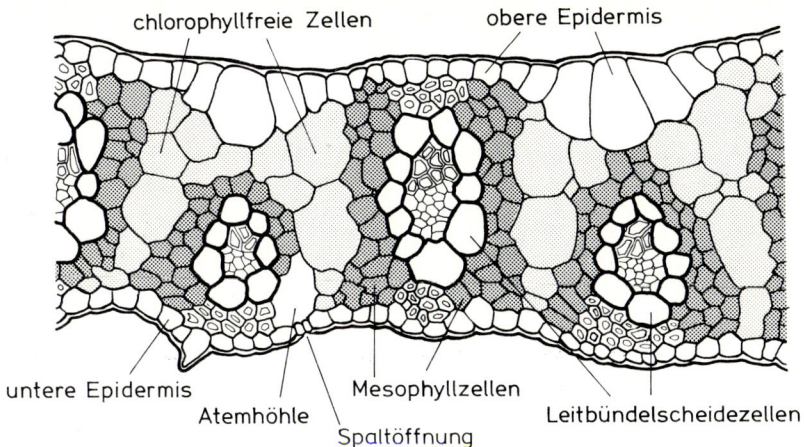

chlorophyllfreie Zellen   obere Epidermis

untere Epidermis   Mesophyllzellen
            Atemhöhle   Leitbündelscheidezellen
            Spaltöffnung

Abb. 49. Schematischer Querschnitt durch ein *Zuckerrohrblatt* (*Saccharum officinarum*; C_4-Pflanze). Die einzelnen Leitbündel mit den sie umgebenden Scheide- und Mesophyllzellen sind durch eine Reihe z.T. sehr großer chlorophyllfreier Zellen voneinander getrennt.

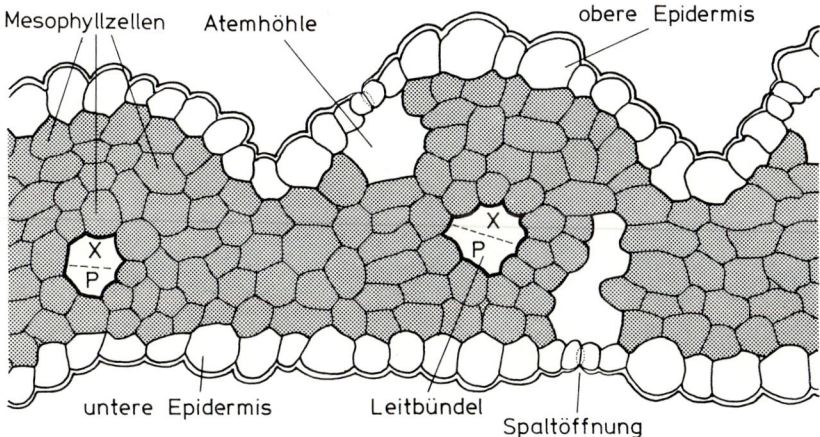

Mesophyllzellen   Atemhöhle   obere Epidermis

X   X
P   P

untere Epidermis   Leitbündel
            Spaltöffnung

Abb. 50. Schematischer Querschnitt durch ein äquifaciales Blatt (*Gerste – Hordeum vulgare;* C_3-Pflanze). Die Zellen des Mesophylls sind gleichartig, Leitbündelscheidezellen treten nicht auf. Das Leitbündel ist gegliedert in Siebteil (P) und Holzteil (X).

den Chloroplasten (vorzugsweise in den Zellen des Schwammparenchyms) erkennen. Die Schließzellen der Spaltöffnungen enthalten ebenfalls funktionsfähige Chloroplasten. Die Plastiden der Epidermiszellen liegen in der Regel als farblose Leukoplasten vor.

Bei den Blättern der C_4-*Pflanzen* erscheinen die Chloroplasten der Mesophyllzellen dunkelgrün. Sie enthalten keine Stärke. Die Chloroplasten der

Leitbündelscheidezellen sind hellgrün und enthalten in gut belichteten Pflanzen mehrere gut sichtbare Stärkekörner.

● **Versuch 4: Herstellung eines Blattpigmentextraktes**

Grundlagen. Die photosynthetischen Pigmente (Chlorophyll a und b, Carotinoide) sowie die Prenylchinone und die Phospho- und Glykolipide lassen sich mit organischen Lösungsmitteln aus den Thylakoiden herauslösen. Für chromatographische Trennungen und eine bessere Haltbarkeit müssen die Lipide in ein *wasserfreies Medium* (z. B. Petrolbenzin) überführt werden. Hierbei ist es zweckmäßig, den Extrakt zu konzentrieren. Mit diesem Extrakt können die einzelnen Pigment- und Lipidkomponenten chromatographisch aufgetrennt und nachgewiesen werden.

Untersuchungsmaterial. Grüne Blätter der *Buche (Fagus sylvatica)* oder *Spinat (Spinacia oleracea)*, etiolierte Blätter von *Gerste (Hordeum vulgare)* und *Radieschen (Raphanus sativus)*, sowie chromoplastenhaltiges Gewebe, *Karotten (Daucus carota)*, gelbe und rote *Paprikaschoten (Capsicum annuum)*.

Geräte. Haushaltmixgerät, Saugflasche, Wasserstrahlpumpe, Büchnertrichter, Filterpapier.

Reagenzien und Chemikalien. Aceton und Methanol, Petrolbenzin (Siedepunkt $50-70°$, z. B. Merck Nr. 910), Calciumbikarbonat (Ca $(HCO_3)_2$), Seesand oder Quarz, wasserfreies Natriumsulfat (Na_2SO_4).

Durchführung (Abb. 51). Etwa 10 g Pflanzenmaterial wird in einem Mörser mit Quarzsand oder mit einem Mixer bei mehrmaliger Zugabe von Aceton und einer Spatelspitze $Ca(HCO_3)_2$ (zur Neutralisation der Säuren des Zellsaftes) zerkleinert. Der Extrakt (ca. $50-100$ ml) wird über einen Büchnertrichter (leichtes Vakuum, Wasserstrahlpumpe) abfiltriert und kann als *Acetonrohextrakt* im Kühlschrank aufbewahrt werden. Um diesen Rohextrakt wasserfrei und haltbarer zu machen, wird er zusammen mit ca. 20 ml Petrolbenzin ($50-70°$ C) in einen schmalen Scheidetrichter gegeben. Nach sorgfältigem Durchmischen (nicht schütteln!) fügt man $50-100$ ml Wasser (besser ist halbgesättigte NaCl-Lösung) zu. Bei vorsichtigem Schwenken lösen sich die Chloroplastenpigmente, Prenylchinone und der größte Teil der Phospho- und Glykolipide in der oberen Petrolbenzinphase, die auch als Epiphase bezeichnet wird. Die nahezu farblose untere Phase (Hypophase) besteht aus wässrigem Aceton und enthält die wasserlöslichen Zellkomponenten (z. B., falls vorhanden, die Anthocyane). Diese Phase wird abgelassen und verworfen.

Die Petrolbenzinphase wird nun mehrmals (2−3 ×) mit Wasser (ca. 10 ml) durch leichtes Schwenken gewaschen, um Reste von Aceton zu entfernen. Die wässrige Phase wird jeweils abgelassen. Durch Zugabe einer Spatelspitze von wasserfreiem Na_2SO_4 werden die letzten Wasserreste gebunden. Der so erhaltene Petrolbenzinextrakt wird in einem Meßkölbchen im Kühlschrank aufbewahrt.

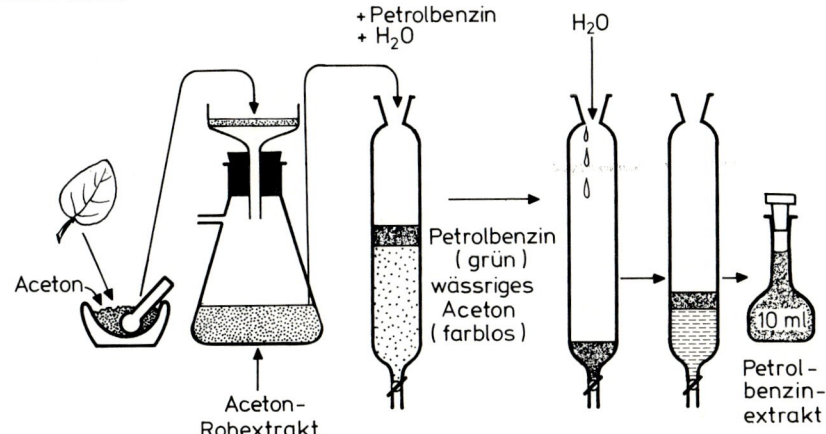

Abb. 51. Schematische Darstellung der Herstellung eines Pigmentextraktes aus Blättern.

Konzentration des Petrolbenzinextraktes. Für einige Versuche ist ein dunkelgrüner, stark konzentrierter Petrolbenzinextrakt erforderlich. Die Einengung des Extraktes erfolgt am besten über eine einfache Destillationsapparatur. Hierbei sollte die Temperatur des Wasserbades zwischen 30 und 40° C liegen. Man sollte nicht bis zur Trockne einengen. Eine andere Möglichkeit, einen dunkelgrünen konzentrierten Blattextrakt zu gewinnen, liegt in der folgenden Methode: Durch Einsatz von mehr Pflanzenmaterial wird ein konzentrierter Acetonrohextrakt hergestellt (z.B. 50 g Blattmaterial in 200 ml Aceton). Davon werden zunächst 100 ml mit 10−20 ml Petrolbenzin, wie zuvor beschrieben, extrahiert. Mit derselben, inzwischen grünen Petrolbenzinphase werden die restlichen 100 ml Acetonrohextrakt extrahiert. Waschen erfolgt wieder mit Wasser, trocknen mit wasserfreiem Na_2SO_4.

Versuch 5: Bildung der Phaeophytine aus den Chlorophyllen

Grundlagen. Durch Zusatz von verdünnter Säure zu einem Blattpigmentextrakt verlieren Chlorophyll a und b aus ihrem Porphyrinring das zentrale Magnesium-Atom. Es entstehen die entsprechenden Phaeophytine a und b.

81

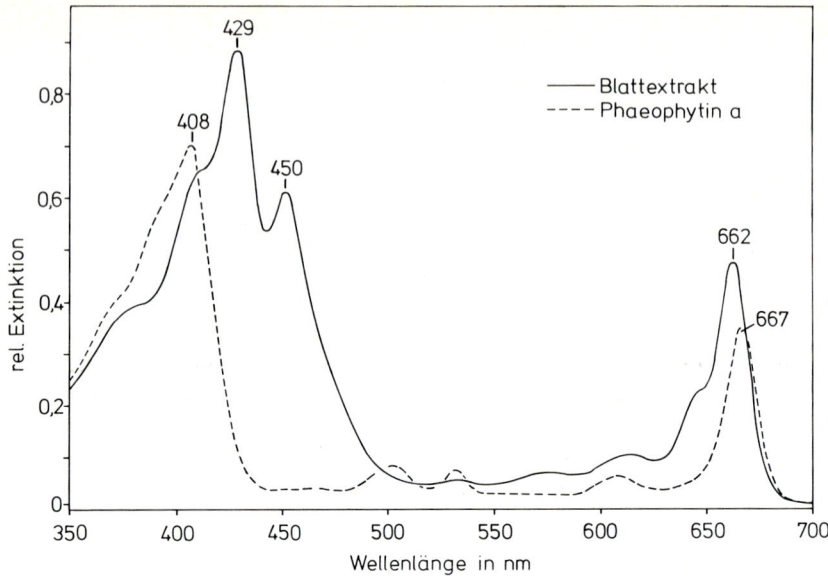

Abb. 52. Absorptionsspektrum des Phaeophytin a und eines Blattextraktes in Diäthyläther.

Diese haben in Lösung eine olivgrüne bis olivbraune Färbung. Das Spektrum von Phaeophytin a unterscheidet sich deutlich von Chlorophyll a (Abb. 52 und 64). Beide Phaeophytine entstehen bei der herbstlichen Blattverfärbung und bei der Einwirkung von Schadgasen (Schwefeldioxid, Stickoxyde) auf grüne Pflanzen. Sie bilden sich auch bei der Blattextraktbereitung unter Wirkung der zelleigenen Säuren. Die Zugabe von Calciumhydrogencarbonat verhindert dies durch Neutralisation der Säuren.

Untersuchungsmaterial. Aceton-Rohextrakt der Blattpigmente nach Vers. 4.

Geräte. Reagenzgläser, Pipetten.

Reagenzien. Verdünnte Salzsäure (HCl) oder Essigsäure (z.B. 1/10 normale Lösung).

Durchführung. Zu 5 ml Aceton-Rohextrakt der Blattpigmente gibt man nacheinander einige Tropfen verdünnte Salzsäure und beobachtet den Farbumschlag der Lösung von grün nach olivgrün bis olivbraun. Wie die Chlorophylle zeigen auch die Phaeophytine eine Rotfluoreszenz.

Zusatzversuch. Die gebildeten Phaeophytine lassen sich papierchromatographisch nachweisen (Vers. 6). Zuvor muß jedoch ein wasserfreier Phaeophytinextrakt hergestellt werden. Dies erfolgt durch Überführung der Phaeophytine aus dem Aceton-Rohextrakt in Petrolbenzin (Vers. 4).

Versuch 6: Papierchromatographische Trennung der Blattpigmente nach BAUER

Grundlagen. Photosynthetisch wirksame Blattpigmente lösen sich gut in Petrolbenzin und können aus einem Petrolbenzinextrakt chromatographisch getrennt werden. Ihre unterschiedliche chemische Struktur bedingt die unterschiedliche Löslichkeit und das Adsorptionsverhalten. Diese Eigenschaften werden ausgenutzt, um die fettlöslichen Blattpigmente an Cellulose- oder Kieselgelschichten chromatographisch zu trennen. Für die Auftrennung gilt die allgemeine Regel, daß Pigmente mit mehreren hydrophilen Gruppen (z. B. Aldehydgruppe –CHO; Hydroxylgruppe-OH etc.) bei der Adsorptionschromatographie weniger weit wandern als jene Pigmente, die keine (z. B. β-Carotin) oder wenige hydrophile Gruppen enthalten.

Untersuchungsmaterial. Petrolbenzinextrakt von grünen Blättern *(Spinat-Spinacia oleracea, Buche-Fagus sylvatica, Radieschen-Raphanus sativus),* von etiolierten Keimlingen *(Gerste-Hordeum vulgare, Bohne-Phaseolus vulgaris),* von *Karotten (Daucus carota),* gelben Blütenblättern oder Fruchtschalen, sowie ein Phaeophytinextrakt (Vers. 5).

Geräte. Chromatographietrennkammer, Chromatographiepapier (Schleicher & Schüll Nr. 2043 b), Pipetten.

Reagenzien und Chemikalien. Petrolbenzin (Siedepunkt 40–60° C, z. B. Merck Nr. 1775), Petrolbenzin (Siedepunkt 50–70° C, z. B. Merck Nr. 910), Aceton.

Durchführung. In eine Chromatographietrennkammer wird als Laufmittel 80 ml Petrolbenzin (Siedepunkt 40–60° C, Merck Nr. 1775), 20 ml Petrolbenzin (Siedepunkt 50–70° C, Merck Nr. 910) und 16 ml Aceton gegeben. Um die Kammer mit den Dämpfen des Laufmittels zu sättigen, wird an der Kammerwand ein zusätzliches mit Laufmittel getränktes Zellulosepapier angebracht. Auf Chromatographiepapier (Format 20 × 15 cm) werden jeweils ca. 0,1 ml eines Petrolbenzinextraktes verschiedener grüner und gelber Pflanzengewebe punktförmig 1,5 cm vom unteren Papierrand entfernt aufgetragen. Das Papier wird zu einem Hohlzylinder gedreht, mit einer Büroklammer fixiert und in der abgedunkelten Trennkammer in das Laufmittel gestellt. Die Laufzeit beträgt ca. 30 min.

Ergebnis

Grüne Blattextrakte: Auf dem entwickelten Chromatogramm kann man in grünen Blattextrakten von oben nach unten die in Abbildung 53 beschriebenen Pigmentbanden erkennen. Deutlich sichtbar sind das sauerstofffreie β-Carotin und die Xanthophylle Lutein und Violaxanthin. Das Hauptpigment Chlorophyll a erscheint als breite blaugrüne Bande, die sich deutlich von der kleineren, gelbgrünen Bande des Chlorophyll b absetzt. Das Verhältnis Chlorophyll a : b von ca. 3 : 1 kann gut gezeigt werden (in Sonnenblättern relativ mehr Chlorophyll a als in Schattenblättern).

Am unteren Rand der Chlorophyll b Bande ist häufig das in geringer Konzentration vorhandene Xanthophyll Neoxanthin zu erkennen. In frischen Blattextrakten ist Phaeophytin a nur in Spuren enthalten und ist daher in sichtbarem Licht nicht zu erkennen. Im UV-Licht zeigt sich Phaeophytin a als rotfluoreszierender Fleck zwischen β-Carotin und dem Lutein. Auf Chromatogrammen von älteren Blattextrakten ist Phaeophytin a als graue bis olivgrüne Bande deutlich sichtbar.

Da die Blattpigmente im Licht leicht ausbleichen, werden die Pigmentbanden auf dem noch frischen Chromatogramm mit einem Bleistift markiert. Im

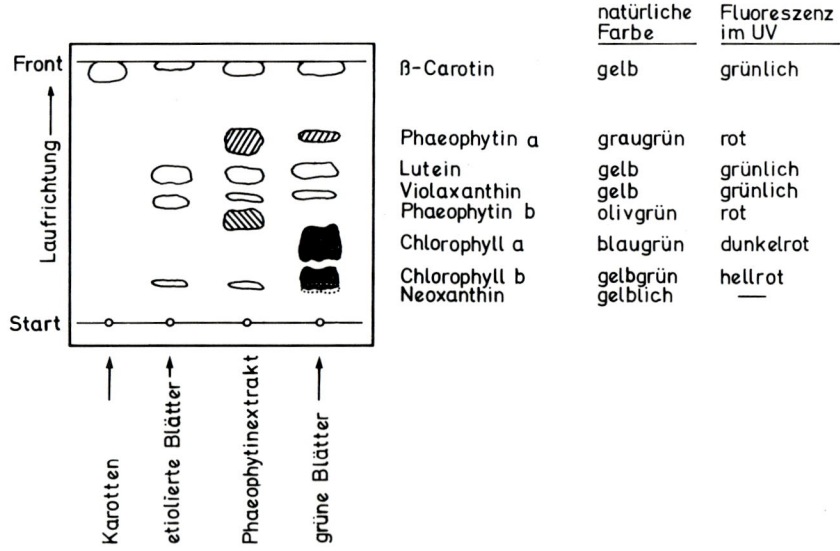

Abb. 53. Papierchromatographische Auftrennung der Blattpigmente nach BAUER. Laufmittel: 80 ml Petrolbenzin (40–60° C), 20 ml Petrolbenzin (50–70° C) und 16 ml Aceton.

Dunkeln gelagert (z. B. in einem Heft) bleibt die Farbe der Pigmentbanden über längere Zeit erhalten. Durch Vergleich der Strukturformeln der einzelnen Chlorophylle und Carotinoide erkennt man die Bedeutung der hydrophilen Gruppen für die Reihenfolge der Adsorption an dem Chromatographiepapier (Zellulose).

Extrakte etiolierter Pflanzen. Diese enthalten keine Chlorophylle, in geringer Konzentration allerdings deren Vorstufe Protochlorophyllid bzw. Protochlorophyll (Tab. 1 und Abb. 6). Diese Substanzen können an ihrer Rotfluoreszenz erkannt werden. Die Carotinoide grüner Blattextrakte sind vorhanden, β-Carotin jedoch in wesentlich geringerer Menge!

Karotte. Enthält fast ausschließlich β-Carotin, Chlorophylle sind nicht vorhanden.

Gelbe Blütenblätter oder Fruchtschalen. Man sieht neben dem bisher beschriebenen Carotinoidmuster viele weitere, z. T. orange- oder rotgefärbte Carotinoidbanden. Hier handelt es sich um Sekundärcarotinoide und deren Fettsäureester.

Phaeophytinextrakt. Neben den verschiedenen Carotinoiden erkennt man die beiden Phaeophytine a und b. Ihre Eigenfarbe ist schwächer als jene der Chlorophylle. Im UV-Licht treten sie deutlich als rotfluoreszierende Flecken hervor.

Hinweis. Da an den Papierfasern des Chromatogramms nur eine geringe Anzahl von Haftpunkten für die Adsorption der Pigmente zur Verfügung steht, erhält man nur dann eine gute Trennung der Carotinoide und Chlorophylle, wenn die aufgetragene Substanzmenge nicht zu groß ist. Dies kann man leicht nachweisen, wenn man nebeneinander unterschiedliche Extraktmengen aufträgt.

Versuch 7: Dünnschichtchromatographische Trennung der Blattpigmente nach HAGER

Grundlagen. Die Chlorophylle und Carotinoide werden auf selbstbeschichteten Glasplatten aufgetrennt und für eine spektroskopische Untersuchung isoliert. Die Blattpigmente werden entsprechend ihrer Löslichkeit zwischen einer wäßrigen, stationären Phase und einer organischen, mobilen Phase verteilt (Verteilungschromatographie). Als stationäre Phase dient die mit Wasser getränkte Kieselgur (-gel)-Schicht der Platte und als mobile Phase die organische Komponente des Laufmittels (z. B. Petrolbenzin).

Die Chlorophylle und Carotinoide wandern je nach ihrer Löslichkeit im organischen Lösungsmittel verschieden weit. β-Carotin (keine hydrophile Gruppe) wandert mit der Laufmittelfront und damit wesentlich weiter als die sauerstoffhaltigen Xanthophylle, Chlorophyll a (-CH$_3$ im Ring II des Porphyrins) weiter als Chlorophyll b (-CHO im Ring II des Porphyrins).

Untersuchungsmaterial. Blattextrakte in Petrolbenzin (Vers. 4)

Geräte. Glasplatten 20 × 20 cm (2–4 mm dick), Chromatographietrennkammer, Streichgerät oder Glasstab (mit Tesafilmenden, Anhang 1) zum Beschichten der Platten, Reibschale, Meßzylinder, Trockenschrank, Glasfritte, Saugflasche.

Reagenzien und Chemikalien. Kieselgur (Merck Nr. 8129), Kieselgel (Merck Nr. 7729), Claciumkarbonat, CaCO$_3$ (Merck Nr. 2066), Calciumhydroxid, Ca(OH)$_2$ (Merck Nr. 2047); Ascorbinsäure; Petrolbenzin 100–140° C (z. B. Merck Nr. 1770); Isopropanol; dest. Wasser; Diäthyläther; Äthanol (70–80 %).

Durchführung. Beschichtung der Platten: 12 g Kieselgur, 3 g Kieselgel, 3 g CaCO$_3$ und 0,02 g Ca(OH)$_2$ werden in 55 ml 0,1 %iger wäßriger Ascorbinsäure-Lösung fein suspendiert (Reibschale). Die Glasplatten werden mit dieser Suspension möglichst gleichmäßig bestrichen (Anhang 1). Die angegebene Menge reicht aus zur Beschichtung von etwa 5 Glasplatten (20 × 20 cm). Die noch feuchten Platten werden bei 50° C 1–2 Stunden im Trockenschrank getrocknet. Nach Abkühlen auf Zimmertemperatur können die Platten zur Chromatographie benutzt werden. Die Schichtdicke soll nicht mehr als 0,25 mm betragen.

Chromatographie. 1 ml Blattpigmentextrakt (etwa 0,1 mg Chlorophyll in Petrolbenzin) werden mit einer Pipette bandförmig, 1,5 cm vom unteren Rand der Dünnschichtplatte aufgetragen und in der Trennkammer aufsteigend entwickelt. Als Laufmittel dient ein Gemisch aus 100 ml Petrolbenzin (100–140° C), 10 ml Isopropanol und 0,25 ml destilliertes Wasser. Bei dessen Mischung ist wichtig, daß zunächst das Wasser in Isopropanol gelöst wird. Die Laufzeit beträgt ca. 30–40 min. Um eine gute Kammersättigung mit dem Laufmittel zu erreichen, empfiehlt es sich, an einer Wand der Chromatographiekammer ein Stück Filtrierpapier, das in das Laufmittel taucht, anzubringen. Um eine Ausbleichung der Pigmente während der Chromatographie zu vermeiden, wird die Kammer mit einem schwarzen Tuch abgedeckt.

Die Pigmente werden in der in Abbildung 54 dargestellten Reihenfolge aufgetrennt. Falls die Konzentration nicht zu hoch ist, erhält man eine gute Trennung der einzelnen Pigmente voneinander.

Isolierung. Nach Entwicklung des Chromatogramms werden die Pigmentzonen von der noch „feuchten" Platte mit einem Spatel heruntergekratzt und möglichst schnell eluiert. Hierzu bringt man das Kieselgel in eine Glasfritte, fügt einige ml Äthanol zu und saugt mit Hilfe einer Wasserstrahlpumpe die Lösung in eine Saugflasche. Für Chlorophyll a und b benutzt man hierzu Diäthyläther und für die Carotinoide Äthanol (70–80 %). Die eluierten Pigmente werden in 5 ml Meßkölbchen gebracht und stehen nun für weitere Messungen (quantitative Bestimmung, Fluoreszenz, Absorptionsspektren) zur Verfügung. Die gelösten Pigmente können einige Tage im Kühlschrank aufbewahrt werden. Quantitative Bestimmungen (Vers. 14 und 15) sollten allerdings sofort durchgeführt werden.

Hinweis. Die Trennschärfe der hier beschriebenen Dünnschichtplatte ist größer als jene des aus Zellulose bestehenden Chromatographiepapiers. Sie ist für die Isolierung der Pigmente die Methode der Wahl. Ihr Vorteil ist, daß hierbei kaum Phaeophytine entstehen. Somit eignet sich diese Trenn-Methode gut für die Isolierung der einzelnen Chlorophylle und Carotinoide.

Das im Handel vorhandene Petrolbenzin 100–140° C (Naphthabenzin) enthält gelegentlich hochsiedende Komponenten, welche bei der Chromatographie eine Aufspaltung der Chlorophylle in mehrere Komponenten bewirken. Hier hilft meist eine Destillation des Petrolbenzins. Man kann zur Chromatographie auch Petrolbenzin vom Siedebereich 50–70° C einsetzen. Allerdings wandern die Pigmente auf der Platte dann weiter (höhere Rf-Werte) und trennen nicht ganz so gut auf.

Für *qualitative Zwecke* können Chlorophyll a und b auch an Kieselgelfertigplatten (Merck Nr. 5721) aufgetrennt und isoliert werden. Dies ist methodisch wesentlich einfacher. Als Laufmittel benutzt man eine Mischung aus 70 ml Petrolbenzin 50–70° C (z. B. Merck Nr. 910), 30 ml Dioxan und 10 ml Isopropanol. Die Auftrennung der Blattpigmente erfolgt in gleicher Reihenfolge wie sie in Abbildung 54 dargestellt ist.

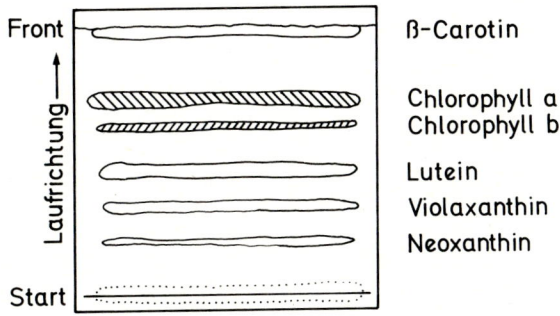

Abb. 54. Dünnschichtchromatographische Auftrennung der Blattpigmente nach HAGER. Laufmittel: 100 ml Petrolbenzin (100–140° C oder 50–70° C), 10 ml Isopropanol, 0,25 ml Wasser.

Versuch 8: Dünnschichtchromatographie der Blattpigmente und Sekundärcarotinoide an Kieselgelfertigplatten

Grundlagen. Für die vergleichende Chromatographie der Pigmentextrakte unterschiedlich gefärbter Pflanzengewebe (grüne oder etiolierte Blätter, Blütenblätter, Fruchtschalen) eignen sich Kieselgelfertigplatten. Diese sind im Handel zu haben und müssen nicht selbst beschichtet werden. Die Platten eignen sich sehr gut zur Trennung der Carotinoide, Sekundärcarotinoide und deren Fettsäureester. Bezüglich der Chlorophylle haben sie jedoch den Nachteil, daß das Kieselgel als schwache Säure die Chlorophylle teilweise zu den Phaeophytinen umwandelt. Auch spalten die Chlorophylle a und b meist in je 2 weitere Komponenten auf.

Das Laufmittel enthält kein Wasser, die Auftrennung erfolgt durch Adsorptionschromatographie. Die Kieselgelplatten haben eine große Aufnahmefähigkeit für Lipide. Man kann sehr große Extraktmengen auftragen, so daß auch Nebenkomponenten noch sichtbar werden. Die hier beschriebene Dünnschichtchromatographie erfolgt in Anlehnung an die Methode von KESSLER und CZYGAN, 1965.

Untersuchungsmaterial. Pigmentextrakte nach Versuch 4 sowie Extrakte der *Tomate (Solanum lycopersicum)*, Blüten der *Ringelblume (Calendula officinalis)* und der *Narzisse (Narcissus pseudonarcissus), Orangen*-Schalen *(Citrus aurantium), Paprikaschoten (Capsicum annuum)*.

Geräte. Chromatographie-Trennkammer, Kieselgelfertigplatten (Typ 60, Merck Nr. 5721), Pipetten, Meßzylinder.

Reagenzien und Chemikalien. Petrolbenzin (Siedepunkt 50 − 70°C, z.B. Merck Nr. 910), Chloroform, Isopropanol.

Durchführung. 0,1 bis 0,3 ml der verschiedenen Petrolbenzinextrakte (Vers. 4) werden punktförmig oder als kleine Bande 1,5 cm vom unteren Plattenrand mit einer Pipette aufgetragen. Die Entwicklung erfolgt aufsteigend. Als Laufmittel dient das Gemisch aus 90 ml Petrolbenzin (50 − 70°C), 70 ml Chloroform, 10 ml Isopropanol. Die Laufzeit beträgt 45 Minuten. Die Auftrennung der Pigmente erfolgt in gleicher Reihenfolge wie in Abbildung 55 dargestellt. Die Identifizierung der Pigmente erfolgt an ihrer Färbung im sichtbaren Licht bzw. an ihrer Fluoreszenz im UV.

Auswertung
Extrakte etiolierter Blätter: Es kommen die gleichen Carotinoide vor wie in grünen Blattextrakten, β-Carotin ist jedoch nur in geringen Mengen vorhan-

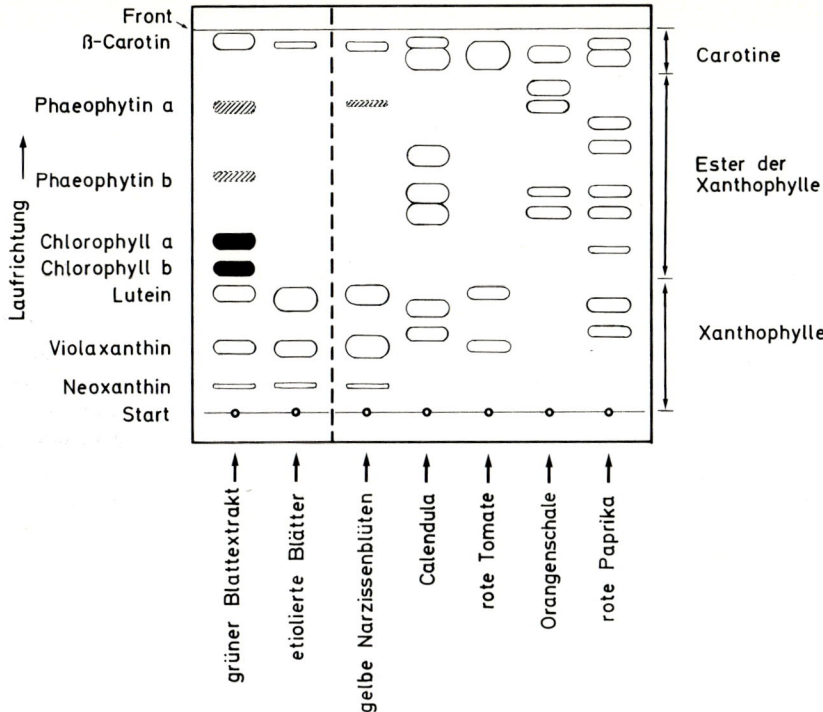

Abb. 55. Dünnschichtchromatographische Auftrennung von Carotinoiden und Sekundärcarotinoiden. Laufmittel: 90 ml Petrolbenzin (50–70° C), 70 ml Chloroform, 10 ml Isopropanol.

den. Am Start sieht man im UV-Licht eine leicht rote Fluoreszenz (= Chlorophyllvorstufe Protochlorophyllid). Wird sehr viel Extrakt aufgebracht, so kann man auch das in geringer Konzentration vorhandene Protochlorophyll als schwache, rotfluoreszierende Bande oberhalb des Luteins erkennen.

Extrakte von Blütenblättern und Fruchtschalen. Die gelben bis roten Fruchtschalen und Blütenblätter enthalten meist Sekundärcarotinoide und deren Ester, die eine andere Farbe und andere Wanderungsweite (Rf-Werte) besitzen als die in grünen Blättern vorhandenen Primär-Carotinoide der Thylakoide.

In den gelben *Narzissen-Blüten* kommen hauptsächlich die beiden Blatt-Xanthophylle Lutein und Violaxanthin vor sowie geringe Mengen von β-Carotin und Neoxanthin. Bei der Chromatographie der Extrakte von Blüten der *Ringelblume* findet man hingegen mehrere zitronengelbe und orangefarbene Sekundärcarotinoid-Banden (z. B. Flavoxanthin, Flavochrom u. a.) und deren Ester. In den *Orangenschalen* ist das Sekundärcarotinoid β-Citraurin die Hauptkomponente. Die roten *Paprika-Schoten* enthalten hauptsächlich die roten Sekundärcarotinoide Capsanthin und Capsorubin und deren Fettsäureester, die als unterschiedlich stark gefärbte rötliche Banden in Erscheinung treten. Die roten *Tomaten*schalen enthalten vorwiegend das rötliche Lycopin (ein Carotin), das an der Front wandert.

Im gelbgrünen Übergangsstadium der Früchte und Blütenblätter findet man neben den Sekundärcarotinoiden auch noch die in Thylakoiden vorkommenden Primärcarotinoide.

● **Versuch 9: Auftrennung und Nachweis der Prenylchinone an Kieselgelplatten**

Grundlagen. In den Chloroplasten sind verschiedene Prenylchinone vorhanden, die in oxidierter Form (Plastochinon-9, Phyllochinon K_1, α-Tocochinon) oder reduzierter Form (Plastohydrochinon, α-Tocopherol) auftreten. Sonnenblätter der Laubbäume haben hohe Gehalte an Prenylchinonen (Abb. 16 und Tab. 6). Blattextrakte der Sonnenblätter eignen sich daher besonders zum Nachweis der Prenylchinone.

Die verschiedenen Prenylchinone können durch eindimensionale Adsorptionschromatographie an Kieselgel-Schichten weitgehend voneinander getrennt werden. Die reduzierten Prenylchinone (mit OH-Gruppen) wandern weniger weit als die oxidierten Chinone.

Für die Trennung der Prenylchinone mit Kieselgel kann eine hohe Blattextraktmenge aufgetragen werden, da Kieselgel ein sehr starkes Adsorptionsmittel ist und über viele Haftpunkte verfügt. Die Aufnahmefähigkeit von Kieselgelplatten für Lipide und die Trennschärfe sind daher bei reiner Adsorptionschromatographie sehr hoch.

Die Prenylchinone besitzen keine bzw. nur eine schwache gelbliche Farbe. Sie können auf den Chromatogrammen daher erst nach Anfärben identifiziert werden.

Untersuchungsmaterial. Konzentrierte Petrolbenzinextrakte von Sonnenblättern der Buche (*Fagus sylvatica*) oder anderer Pflanzen (Vers. 4).

Geräte. Kieselgelplatten 20 × 20 cm (Merck Nr. 5721) Chromatographietrennkammer, Sprühflaschen mit Gummiball, Aluminiumfolie, UV-Lampe.

Reagenzien und Chemikalien. Petrolbenzin 50 − 70° (Merck Nr. 910), Diäthyläther, Äthanol (70 − 80 %), Aceton, Wasser, 5 % Lösung von Paraffinöl in Petrolbenzin, 0,05 % Rhodamin B-Lösung in Äthanol, eine frisch bereitete 0,1 % wässrige Kaliumborhydridlösung (KBH_4), Emmerie-Engel-Reagenz: (Lösung I 0,2 % Eisen-III-chlorid ($FeCl_3$)-Lösung in Äthanol, Lösung II: 0,5 % α,α'-Dipyridyllösung in Äthanol. Zum Besprühen werden gleiche Teile von Lösung I und II in die Sprühflasche gegeben).

Durchführung.

a) eindimensionale Trennung. 1 bis 2 ml eines dunkelgrünen Petrolbenzinextraktes von Sonnenblättern (bei anderen Blättern mehr auftragen) werden 1,5 cm vom unteren Rand der Kieselgelplatte bandförmig als schmale Zone aufgetragen. Die Entwicklung des Chromatogramms erfolgt in dem Laufmittelgemisch Petrolbenzin 90 ml + Diäthyläther 10 ml. Um eine Sättigung der Kammer mit dem Laufmittel zu erreichen, wird ein Stück Chromatographie- oder Filterpapier mit Kontakt zum Laufmittel an einer Wandseite der Trennkammer angebracht. Die Laufzeit beträgt 30 – 40 min. Die Trennkammer wird mit einem schwarzen Tuch abgedeckt. Nach Entwicklung der Platte erkennt man zunächst nur β-Carotin (gelb) an der Front. Die Chlorophylle und Xanthophylle sind am Start zurückgeblieben (Abb. 56).

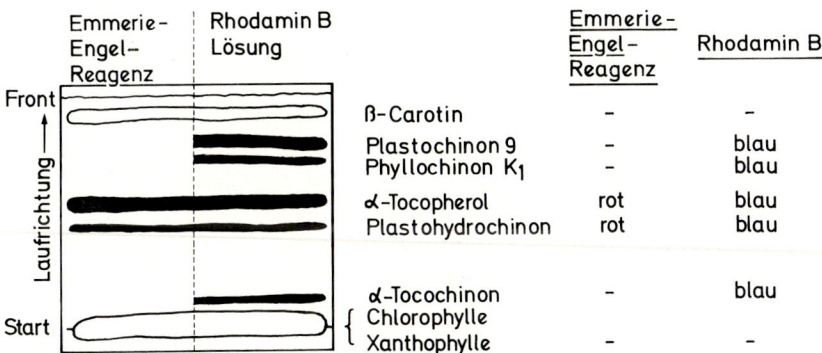

Abb. 56. Dünnschichtchromatographie der Prenylchinone. Laufmittel: 90 ml Petrolbenzin (50– 70° C), 10 ml Diäthyläther.

Das eine Drittel der Platte wird mit Aluminiumfolie abgedeckt und mit dem *Emmerie-Engel-Reagenz* besprüht (Abzug). Reduzierte Chinone (Plastohydrochinon-9 und α-Tocopherol) treten als hellrote Flecken deutlich hervor und werden mit einer Nadel umfahren. Gegebenenfalls wird die Besprühung mehrfach wiederholt. Da Plastohydrochinon an der Luft aber auch in Lösung sehr rasch zu Plastochinon oxidiert wird, gelingt sein Nachweis nur in frischen Blattextrakten und nur, wenn die Platte nach der Chromatographie sofort besprüht wird. α-Tocopherol (Vitamin E) ist jedoch stabiler und auch in älteren Extrakten (Aufbewahrung im Kühlschrank) immer nachzuweisen.

Das zweite Drittel der Platte wird mit einer 0,1 % *wässrigen Kaliumbor-hydridlösung* (= Reduktionsmittel) besprüht. Nun werden die oxydierten Prenylchinone zum Hydrochinon reduziert. Besprüht man nun mit dem Emmerie-Engel-Reagenz, so erscheinen nun auch die zuvor noch oxidierten Prenylchinone als rote Banden.

Nun wird die Platte so abgedeckt, daß nur noch der dritte noch unbesprühte Teil frei ist. Dieser wird fein und gleichmäßig mit der *Rhodamin-B-Lösung* besprüht (keine dicken Farbflecken!). Im UV-Licht erscheinen alle oxidierten und reduzierten Prenylchinone als blauviolette Banden auf gelb bis orangefarbenem Hintergrund. Diese werden mit einer Nadel markiert. Ob kurz- oder langwelliges UV-Licht besser ist, hängt von der betreffenden UV-Lampe ab und muß ausprobiert werden.

b) Zweidimensionale Chromatographie der Prenylchinone.
Bei der zuvor beschriebenen Auftrennung in einer Laufrichtung (1. Dimension) werden einige Prenylchinone nicht immer sauber voneinander getrennt. So liegt die Bande von Phyllochinon K_1 dicht unterhalb von Plastochinon-9 und ist, wenn wie in Sonnenblättern sehr viel Plastochinon vorhanden ist, schlecht zu sehen. Ferner trennt sich das Ubichinon aus den Mitochondrien nur unvollständig von α-Tocopherol ab.

Eine saubere Auftrennung der Prenylchinone in einzelne Chinonflecken gelingt jedoch sehr gut, wenn man einer Adsorptionschromatographie in der ersten Laufrichtung (1. Dimension) eine Verteilungschromatographie (mit umgekehrter Phase) in der zweiten Laufrichtung (2. Dimension) anschließt.

Vorgang. 0,2 ml (evtl. 0,5 ml) eines dunkelgrünen Blattextraktes in Petrolbenzin werden 1,5 cm vom linken unteren Rand der Kieselgelplatte punktförmig aufgetragen und die Platte im 1. Laufmittel, wie zuvor bei a) angegeben, chromatographiert. Nach 30 min nimmt man die Platte heraus, dreht sie um 90° und tränkt die Platte durch vorsichtiges Eintauchen in eine 5%ige Lösung von flüssigem Paraffin in Petrolbenzin. Der Randstreifen der Platte, der die in der 1. Laufrichtung getrennten Prenylchinone enthält (Zone β-Carotin bis Chlorophyll) muß frei bleiben und darf nicht imprägniert werden (Abb. 57).

Nach Verflüchtigung des Petrolbenzins (Abzug, evtl. leicht blasen) wird die Platte mit dem 2. Laufmittel (Aceton 90 ml + Wasser 10 ml) in der 2. Laufrichtung entwickelt. Dauer ca. 45 bis 60 min. Die Platte wird herausgenommen und mit Rhodamin B-Lösung besprüht. Im UV-Licht werden die blauvioletten Flecken (Abb. 57) auf orangefarbenem Untergrund mit einer Nadel markiert. Man kann auch das Emmerie-Engel-Reagenz einsetzen und erhält rote Flecken für α-Tocopherol und gegebenenfalls für Plastohydrochinon.

Zusatzversuch.
Das Naphthochinonderivat Phyllochinon (Vitamin K_1) zeigt, insbesondere auf Paraffinschichten, nach ca. zweiminütiger UV-Bestrahlung im UV-Licht

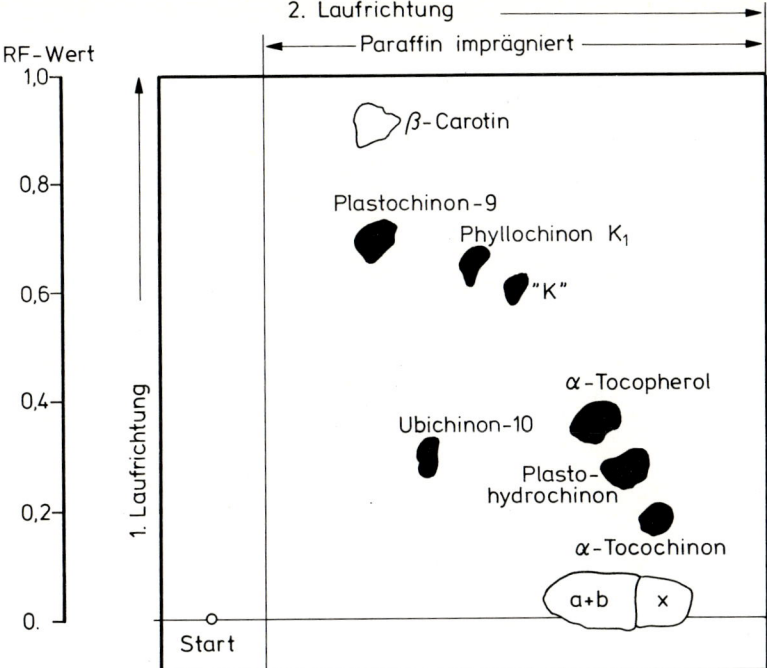

Abb. 57. Zweidimensionale Chromatographie der Prenylchinone eines Sonnenblattes der *Buche*. Die bei der Chromatographie in der ersten Laufrichtung noch nicht vollständig getrennten Prenylchinone werden durch anschließende Chromatographie in der zweiten Laufrichtung quantitativ aufgetrennt.

„K" = K_1 Vorstufe in etiolierten Blättern; a + b = Chlorophylle, x = Xanthophylle.

Rf-Wert: Die Wanderungsweite der einzelnen Substanzen wird mit dem Rf-Wert angegeben. Dieser ist definiert als das Verhältnis der Wanderungsweite der Substanz in cm zur gesamten Laufstrecke (Start bis Front).

eine typische hellgrüne Fluoreszenz. Diese entwickelt sich langsam und soll nicht verwechselt werden mit hellen, bläulichen Fluoreszenzflecken, die auf der Platte sofort zu sehen sind.

In Extrakten etiolierter Blätter findet man neben dem Phyllochinon K_1 seine Vorstufe „K", die ebenfalls eine schöne Grünfluoreszenz aufweist.

Versuch 10: Isolierung des Elektronenüberträgers Plastochinon-9 aus Sonnenblättern der Buche und seine Reduktion zu Plastohydrochinon

Grundlagen. Aus Sonnenblättern der Laubbäume, die einen besonders hohen Gehalt an Plastochinon-9 aufweisen (Abb. 16), kann man die oxidierte Form Plastochinon-9 nach einem einzigen dünnschichtchromatographischen Trennungsschritt relativ rein und in ausreichender Menge isolieren. Plastochinon-9 hat seine funktionelle Position im photosynthetischen Elektronentransport. Es wird beim Ablauf der photosynthetischen Lichtreaktionen von Pigmentsystem II reduziert und über das Pigmentsystem I wieder oxidiert. An isoliertem Plastochinon kann man die chemische Reduktion zum Plastohydrochinon spektralphotometrisch verfolgen (Abb. 58).

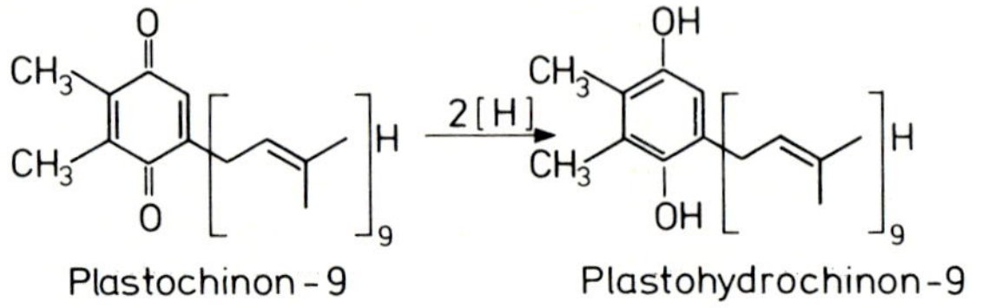

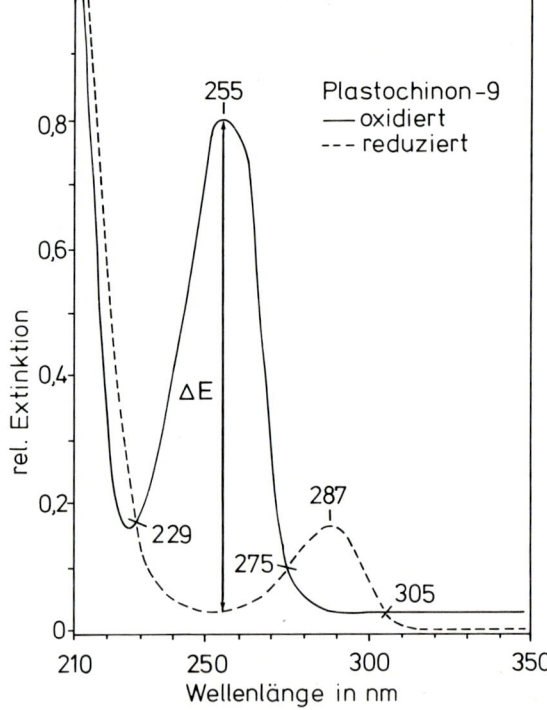

Abb. 58. Darstellung der Reduktion von Plastochinon zum Plastohydrochinon. Die Zahl 9 hinter der Klammer besagt, daß die Seitenkette aus 9 C_5-Einheiten aufgebaut ist. H ist der Endwasserstoff am Ende der Kette.

Abb. 59. Absorptionsspektren von Plastochinon-9 in Äthanol mit einem Maximum bei 255 nm. Nach Reduktion zum Plastohydrochinon erhält man ein neues Maximum bei 287 nm. Aus der Abnahme der Extinktion bei 255 nm (Δ E) kann man die vorhandene Menge Plastochinon bestimmen.

94

Bei der Reduktion zum Plastohydrochinon verschwindet das Plastochinonmaximum bei 255 nm, es entsteht ein neues, kleineres Absorptionsmaximum des Plastohydrochinon bei 287 nm (Abb. 59). Aus der Messung der Extinktionsdifferenz ΔE vor und nach der Reduktion bei 255 nm kann die vorhandene Menge Plastochinon berechnet werden.

Untersuchungsmaterial. Blattextrakte von Sonnenblättern der *Buche (Fagus sylvatica)* oder anderer Laubbäume z.B. *Linde (Tilia cordata), Ahorn (Acer platanoides), Erle (Alnus glutinosa).*

Geräte. Sprühflasche mit Gummiball für Rhodamin B-Lösung, Aluminiumfolie, Glasfritte, Meßkölbchen, Wasserstrahlpumpe, Saugflasche, Kieselgelplatten (20 × 20 cm), Chromatographiekammer, Pipetten, Quarz-Küvetten.

Reagenzien und Chemikalien. Frisch bereitete ca. 0,1 % wässrige Kaliumborhydridlösung (KBH_4), 0,05 – 0,1% äthanolische Rhodamin B-Lösung, Äthanol (70 – 80 %), Petrolbenzin (50 – 70 %), Diäthyläther.

Durchführung.
Isolierung. Die Herstellung der Blattextrakte erfolgt wie in Versuch 4 beschrieben. 2 ml eines dunkelgrünen, konzentrierten Blattpigmentextraktes in Petrolbenzin (etwa 0,3 bis 1 mg Chlorophyll) werden auf eine Kieselgelplatte (20 × 20 cm) in 1,5 cm Abstand vom unteren Plattenrand bandförmig aufgetragen. Am rechten Rand der Platte trägt man nochmals ca. 0,3 ml Pigmentextrakt auf (Abb. 60). Die Entwicklung erfolgt aufsteigend in dem Lauf-

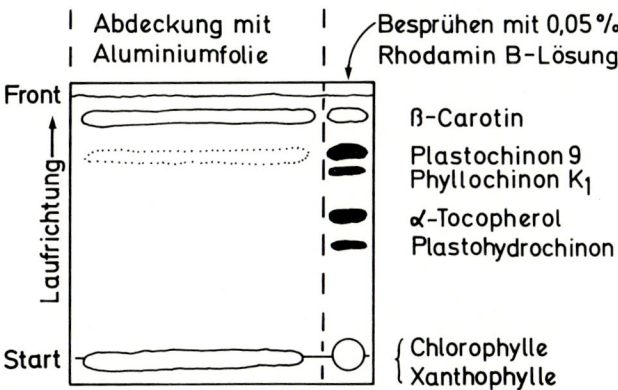

Abb. 60. Dünnschichtchromatogramm eines Blattextraktes zur Isolierung von Plastochinon-9. Nach chromatographischer Auftrennung wird nur der rechte Seitenstreifen mit dem Reagenz besprüht. Die dem Plastochinon entsprechende Bande auf dem abgedeckten Teil der Platte wird herausgekratzt und eluiert.

mittelgemisch Petrolbenzin-Diäthyläther (90 + 10 ml) für ca. 30 min. Der größere Teil der frisch entwickelten Platte wird mit Aluminiumfolie abgedeckt und der rechte Seitenstreifen mit Rhodamin B-Lösung besprüht. Im langwelligen UV-Licht sind die Prenylchinone als blauviolette Flecken auf gelborange gefärbtem Untergrund zu erkennen. Ob hierzu lang- oder kurzwelliges UV zur Identifizierung günstiger ist, muß mit der jeweiligen UV-Lampe ausprobiert werden. Die Position des Plastochinon wird mit einer Nadel markiert. Erst jetzt wird die Aluminiumfolie entfernt. Die dem Plastochinon entsprechende Zone auf dem unbesprühten Teil der Platte wird herausgekratzt und mit Äthanol aus dem Kieselgel herausgelöst (= eluiert). Hierzu bringt man das Kieselgel in eine Glasfritte, fügt einige ml Äthanol zu und saugt mit Hilfe einer Wasserstrahlpumpe die Lösung in eine Saugflasche. Die klare eluierte Lösung wird in ein 5 ml Meßkölbchen gefüllt.

Meßvorgang. a) im Spektralphotometer wird die Extinktion bei 255 nm gemessen. Es kann auch im Wellenlängenabstand von 5 nm zwischen 230 und 300 nm das Absorptionsspektrum aufgenommen werden. b) Mit 1 – 2 Tropfen einer frischbereiteten Kaliumborhydrid-Lösung wird Plastochinon in der Photometerküvette (Schichtdicke 1 cm) reduziert. Die Reduktion ist innerhalb einer Minute beendet. Die Extinktion bei 255 nm nimmt stark ab, jene bei 287 nm nimmt zu. Durch Messung in 5 nm Wellenlängenabstand zwischen 230 – 300 nm kann das Plastohydrochinonspektrum bestimmt werden. c) Man liest die Extinktion bei 255 nm vor und nach Reduktion mit Kaliumborhydrid-Lösung ab. Aus der Extinktionsdifferenz ΔE bei 255 nm wird die vorhandene Menge Plastochinon bestimmt.

Auswertung. Zur quantitativen Auswertung benutzt man den an reinstem Plastochinon ermittelten spezifischen Extinktionskoeffizienten. Dieser wird in der Praxis meist als Extinktionsunterschied (ΔE) angegeben, den eine 1%ige Lösung von Plastochinon vor und nach der Reduktion in einer Küvette mit 1 cm Schichtdicke bei einer Wellenlänge von 255 nm zeigt. Dieser spezifische Extinktionsunterschied $\Delta E_{1cm}^{1\%}$ beträgt für Plastochinon:

$$\Delta\ E_{1cm}^{1\%} \text{ bei } 255\,nm = 230 \qquad\qquad \text{(Gl. 9)}$$

Da der Meßbereich der meisten Photometer auf 0 bis 1 oder 2 Extinktionseinheiten beschränkt ist, wird zur Bestimmung des spezifischen Extinktionskoeffizienten an verdünnten Lösungen (z.B. 0,001 %) gemessen und auf eine 1 % Lösung umgerechnet.

In der Praxis der photometrischen Gehaltbestimmung arbeitet man ebenfalls mit Lösungen, die eine Extinktion bzw. Extinktionsdifferenz zwischen 0,2 bis 0,8 Einheiten aufweisen.

Für die quantitative Bestimmung des Plastochinon wendet man folgende Rechenformel an:

$$\Delta E_{255} \times 43{,}5 = \mu g \text{ Plastochinon pro 1 ml isolierter Lösung} \qquad \text{(Gl. 10)}$$

Beispiel: E_{255} vor Reduktion $= 0{,}7$

E_{255} nach Reduktion $= 0{,}5$

$\Delta E_{255} = 0{,}2$

$0{,}2 \times 43{,}5 = 8{,}7 \mu g$ Plastochinon in 1 ml der isolierten Lösung. Wenn das von der Platte eluierte Plastochinon in ein 5 ml Meßkölbchen überführt wurde, enthält die zur Chromatographie eingesetzte Extraktmenge $8{,}7 \times 5 = 43{,}5 \mu g$ Plastochinon.

Hinweis. Die eluierte Plastochinonbande kann auch etwas Phyllochinon K_1 enthalten, das sich eindimensional nicht immer quantitativ von Plastochinon abtrennen läßt. Da der Gehalt an K_1 in Sonnenblättern im Vergleich zu Plastochinon jedoch sehr klein ist, stört es die Reduktion von Plastochinon nicht.

Versuch 11: Isolierung und quantitative Bestimmung des Vitamin E (α-Tocopherol) aus Sonnenblättern der Buche

Grundlagen. Das α-Tocopherol (Vitamin E) ist in den Thylakoiden enthalten und schützt Lipide vor Oxidation. Es kann durch Dünnschichtchromatographie isoliert und quantitativ erfaßt werden. Sonnenblätter der Buche haben im Vergleich zu Schattenblättern oder dem Blattgewebe anderer Pflanzen recht hohe Gehalte an α-Tocopherol. Aus einem Blattpigmentextrakt der Sonnenblätter kann α-Tocopherol leicht durch einen einzigen chromatographischen Schritt (Dünnschichtplatte) isoliert werden. Das Absorptionsspektrum zeigt ein Maximum bei 290 nm (Abb. 61). Durch Eisen-III-Ionen (Fe^{3+}) wird α-Tocopherol zum α-Tocochinon oxidiert, die hierbei gebildeten Eisen-II-Ionen (Fe^{2+}) werden von α,α'-Dipyridyl gebunden, wobei ein roter Farbstoff entsteht. Die Menge des gebildeten Farbstoffs wird dann photometrisch bei 520 nm bestimmt, sie entspricht der eingesetzten Tocopherolmenge.

Untersuchungsmaterial. Blattextrakte von Sonnenblättern der *Buche (Fagus sylvatica)*, evt. auch anderer Pflanzen, z. B. *Linde (Tilia cordata), Eiche (Quercus robur), Ahorn (Acer platanoides)* oder älterer Blätter von Starklichtpflanzen.

Geräte. Sprühflasche für Emmerie-Engel-Reagenz, Aluminiumfolie, Meßkölbchen, Glasfritte, Wasserstrahlpumpe, Saugflasche, Spektralphotometer, Pipetten, Reagenzgläser, Kieselgelplatten 20 × 20 (z. B. Merck Nr. 5721).

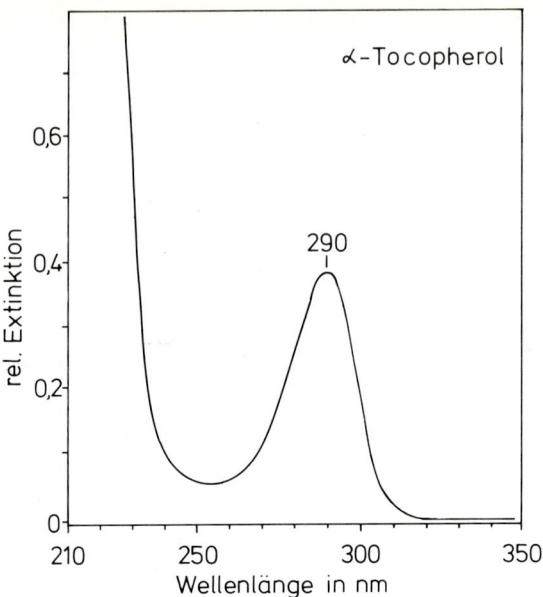

Abb. 61. Absorptionsspektrum des reinen α-Tocopherol in Äthanol. Das aus Sonnenblättern der Buche durch Dünnschichtchromatographie isolierte α-Tocopherol zeigt das charakteristische Absorptionsmaximum bei 290 nm. Da es noch geringfügig verunreinigt ist, kann die Extinktion unterhalb von 270 nm über der angegebenen Kurve liegen.

Reagenzien und Chemikalien. Emmerie-Engel-Reagenz (s. Versuch 9); 0,02 % äthanolische Eisen-III-chlorid-Lösung (FeCl$_3$), 0,05 % äthanolische α,α'-Dipyridyllösung, Petrolbenzin (50 – 70° C). Diäthyläther, Äthanol (70 – 80 %).

Durchführung.
Isolierung. Die Blattextrakte werden, wie in Versuch 4 beschrieben, hergestellt und konzentriert. 2 ml eines dunkelgrünen Blattextraktes werden auf einer Dünnschichtplatte (Kieselgel, 20 × 20 cm) am Start als Bande aufgetragen. Am rechten Rand der Platte trägt man nochmals ca. 0,2 – 0,3 ml Blattextrakt punktförmig auf. Die Platte wird im Lösungsmittelgemisch Petrolbenzin – Diäthyläther (90 + 10 ml) aufsteigend entwickelt (ca. 30 min). Nach erfolgter Trennung wird der größte Teil der Platte mit Aluminiumfolie abgedeckt und der rechte Teil mit Emmerie-Engel-Reagenz besprüht (Abb. 62). α-Tocopherol erscheint nach ca. 60 sec als deutliche rote Bande. Eine zusätzliche schwache rote Bande zeigt evtl. vorhandenes Plastohydrochinon an. Auf dem unbesprühten Teil der Dünnschichtplatte wird die dem α-Tocopherol

98

entsprechende Bande herausgekratzt und sofort mit reinem Äthanol eluiert (Glasfritte, Wasserstrahlpumpe) und in ein 5 ml Meßkölbchen gebracht. Von dem isolierten α-Tocopherol wird zunächst im Spektralphotometer das Absorptionsspektrum gemessen. Die Vergleichsküvette enthält Äthanol. Das Absorptionsmaximum bei 290 nm ist gut zu erkennen (Abb. 61).

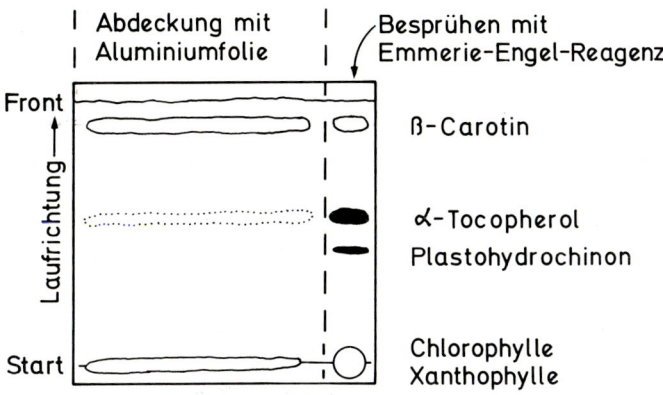

Abb. 62. Dünnschichtchromatogramm eines Blattextraktes zur Isolierung von Vitamin E (α-Tocopherol). α-Tocopherol wird durch Besprühen mit dem Emmerie-Engel-Reagenz sichtbar gemacht. Die dem α-Tocopherol entsprechende Bande wird von dem abgedeckten Teil der Platte abgekratzt und eluiert.

Qualitativer Nachweis. In ein Reagenzglas pipettiert man 1 ml der $FeCl_3$-Lösung und 1 ml der α,α'-Dipyridyl-Lösung. In diese leichte, gelbe Mischung gibt man nun mit einer Pipette tropfenweise von der isolierten α-Tocopherollösung. Man erhält sofort eine Rotfärbung, die sich durch weitere Tocopherolzugabe verstärkt.

Quantitative Bestimmung. In zwei Reagenzgläsern pipettiert man folgende Lösungen:

	Reagenzglas 1 (Vergleichswert)	Reagenzglas 2 (Test)
$FeCl_3$-Lösung	1 ml	1 ml
α,α'-Dipyridyl-Lösung	1 ml	1 ml
Äthanol	1 ml	–
α-Tocopherol-Lösung	–	1 ml
	3 ml	3 ml

Die Lösung im Reagenzglas 1 (Kontrolle, ohne α-Tocopherol) ist durch die Eigenfarbe des $FeCl_3$ leicht gelb gefärbt. Im Reagenzglas 2 entsteht durch α-Tocopherol-Oxydation ein roter Farbstoff (Fe II-Dipyridyl-Komplex), der mit dem Auge gut sichtbar ist.

Auswertung. Die Oxidation von α-Tocopherol durch Fe^{3+}-Ionen verläuft sehr rasch, die Bildung des Farbstoffs ist nach spätestens 2 min abgeschlossen. Jetzt wird in einer Photometerküvette (Schichtdicke 1 cm) die Extinktion des Farbstoffs (Reagenzglas 2) bei 520 nm gegen die Kontrollösung (aus Reagenzglas 1) im Spektralphotometer bestimmt. Aus der Extinktionsdifferenz ($E_{Lösung2}-E_{Lösung1}$) wird die Menge α-Tocopherol berechnet. Der Extinktionskoeffizient $E_{1\,cm}^{1\%}$ (Anhang 3.3) des gebildeten Farbstoffs beträgt für α-Tocopherol 407. Hieraus kann man den folgenden Berechnungsfaktor ableiten:

$$\frac{Extinktionsdifferenz}{Tocopherollösung} \times 73,6 = \mu g\ \alpha\text{-Tocopherol/ml eingesetzte}$$

(Gl. 11)

Beispiel : E_{520} Lösung 2 $= 0,25$
 E_{520} Lösung 1 $= 0,10$

E Differenz $= 0,15$
$0,15 \times 73,6 = 11\ \mu g$ α-Tocopherol per 1 ml eingesetzter Tocopherollösung.

Das sind dann $11 \times 5 = 55\ \mu g$ α-Tocopherol in den 5 ml isolierter Lösung des Meßkölbchens.

Hinweis. Auch andere reduzierende Verbindungen können durch Fe^{3+}-Ionen oxidiert werden und geben mit dem Dipyridil-Reagenz eine rote Farbe. Gelegentlich können auch in der isolierten α-Tocopherollösung solche Stoffe enthalten sein, die jedoch nur eine langsame und schwache Farbentwicklung bewirken. Durch exakte Messung nach 2 min wird nur die vorhandene Menge α-Tocopherol erfaßt.

Extrakte von Chromoplasten-haltigen Früchten (z.B. gelbe oder rote *Paprikaschoten*) enthalten ebenfalls hohe Mengen an α-Tocopherol. Zwar wird letzteres dann auf der Dünnschichtplatte häufig von Carotinoidestern überdeckt, diese stören jedoch die quantitative Bestimmung nur wenig, da sie mit Eisen III-Ionen nur langsam reagieren.

Versuch 12: Demonstration der Absorptionsbanden der Chlorophylle und Carotinoide im roten und blauen Spektralbereich

Grundlagen. Das sichtbare „weiße" Licht ist eine Mischung mehrerer Spektralfarben und kann mit Hilfe eines Prismas wieder in die Spektralfarben zerlegt werden. Organische Moleküle mit vielen konjugierten Doppelbindungen haben die Fähigkeit, das Licht bestimmter Spektralbereiche stark zu absorbieren, während andere Bereiche nicht oder nur wenig absorbiert werden. Die Farbe der betreffenden organischen Substanz ergibt sich dann aus der Restfarbe der nicht oder nur wenig absorbierten Spektralfarben.

In der Regel wird von einem Farbstoff die seiner Farbe entsprechende Komplementärfarbe absorbiert. So haben z.B. die *gelben* Carotinoide ihre Hauptabsorptionsbanden im *blauen* Bereich. Viele Farbstoffe haben jedoch zwei oder mehr Absorptionsbanden, so z.B. die Chlorophylle, deren Haupt-Absorptionsbanden im roten und blauen Spektralbereich liegen. Grünes und gelbes Licht wird nur in geringem Maße absorbiert und bestimmt damit die grüne Farbe der Chlorophylle. Die Absorptionsmaxima für Chlorophyll a und b im blauen und roten Bereich liegen an verschiedenen Stellen. So absorbiert

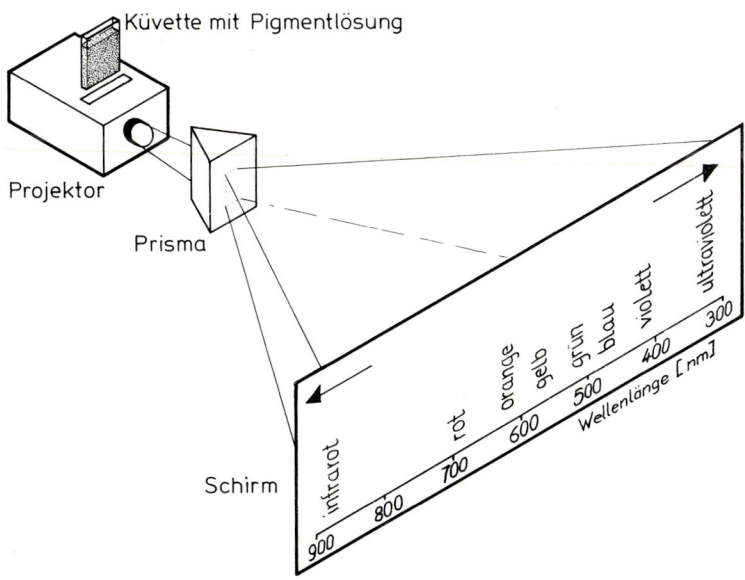

Abb. 63. Versuchsaufbau zur Demonstration der Absorptionsbanden eines Pigmentextraktes. Das weiße Licht eines Diaprojektors wird durch ein Prisma in seine Spektralfarben zerlegt und auf einem Schirm (z.B. Leinwand) aufgefangen. Nach Einfügen einer Küvette mit Pigmentlösung verringert sich die Intensität in den Spektralbereichen, in denen die Pigmentlösung Licht absorbiert.

Chlorophyll a mehr im kurzwelligen Blau und läßt längerwelliges Blau zum Teil noch durch. Chlorophyll a ist daher blaugrün gefärbt. Chlorophyll b hingegen, das im ganzen Blaubereich absorbiert, ist gelbgrün.

Untersuchungsmaterial. Verdünnter Blattextrakt, isolierte Chlorophylle und Carotinoide.

Geräte. Diaprojektor, möglichst großes Prisma (z.B. Kunststoffprisma ca. 10 × 15 × 5 cm), Schlitzblende aus schwarzem Karton oder Aluminiumfolie, Küvette, evtl. Projektionsleinwand.

Durchführung. In einen Diaprojektor wird eine Schlitzblende eingeschoben (Pappe 5 × 5 cm, Schlitzbreite 2–3 mm). Das Prisma wird nahe vor das Objektiv gestellt. Das entstehende Spektrum wird auf eine einige Meter entfernte Fläche (Leinwand) projiziert. Dies sollte im Dunkeln oder bei schwacher Raumbeleuchtung erfolgen.

In den Projektor bringt man nun eine Küvette, die zur Hälfte mit einer verdünnten Pigmentlösung gefüllt ist (Abb. 63). Entsprechend den Hauptabsorptionsmaxima der Chlorophylle werden bestimmte Bereiche des Spektrums im blauen und roten Bereich ausgelöscht. Im Falle der Carotinoide wird nur der blaue Bereich des projizierten Spektrums verringert.

Es empfiehlt sich, die Küvette nur zur Hälfte in den Strahlengang einzuschieben; dies gestattet einen Vergleich des vollständigen Spektrums mit dem durch Absorption veränderten Spektrum.

● **Versuch 13: Bestimmung und Vergleich der Absorptionsspektren eines Gesamtblattextraktes und der isolierten Chlorophylle**

Grundlagen. Die Absorptionsspektren von Chlorophyll a und b haben ihre Maxima im blauen und roten Bereich. Chlorophyll b ist ein sogenanntes Zusatzpigment (akzessorisches Pigment) der Photosynthese. Seine Hauptabsorptionsbanden liegen in Bereichen, in denen Chlorophyll a nur wenig Licht absorbiert. Dies ist für die Photosynthese von wesentlicher Bedeutung, da Chlorophyll b die Energie des angeregten Zustandes auf Chlorophyll a übertragen kann. Damit kann auch Licht, das von Chlorophyll a nicht absorbiert wird, für die Photosynthese genutzt werden. Das Spektrum des Gesamtblattextraktes setzt sich im wesentlichen aus den Teilspektren der beiden Chlorophylle zusammen. Im blauen Bereich kommt noch die Absorption der im Blattextrakt enthaltenen Carotinoide hinzu.

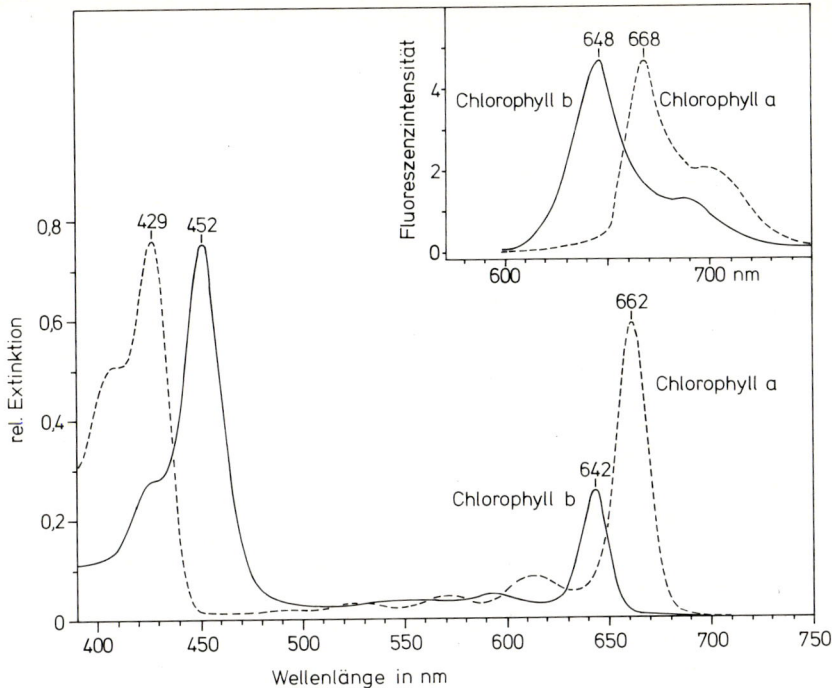

Abb. 64. Absorptionsspektrum der Chlorophylle in Diäthyläther und Fluoreszenzspektrum von Chlorophyll a und b.

Untersuchungsmaterial. Lösung der isolierten Chlorophylle a und b in Diäthyläther (Isolierung nach Vers. 7); Petrolbenzinextrakt (Vers. 4).

Geräte. Spektralphotometer, Küvetten, Pipetten.

Reagenzien und Chemikalien. Diäthyläther.

Durchführung. Die Extinktion der isolierten Chlorophylle wird im Spektralphotometer im Abstand von 10 nm zwischen 400 und 700 nm erfaßt. In den Absorptionsmaxima mißt man im 3 nm-Abstand. Die ermittelten Extinktionswerte werden auf Millimeterpapier graphisch aufgetragen und die Absorptionsspektren bestimmt. Für gute Ergebnisse sollte die Extinktion im blauen Bereich den Wert 1 nicht überschreiten.

Auf ähnlichem Wege wird ein Gesamtblattextrakt gemessen. Hierzu pipettiert man ca. 0,1 ml eines Petrolbenzinextraktes in ein Meßkölbchen (10 oder 20 ml) und füllt mit Diäthyläther auf. Die auf diesem Wege erhaltenen Spektren werden miteinander verglichen (Abb. 64).

Zusatzversuch. Mit den gleichen Lösungen kann eine quantitative Chlorophyllbestimmung durchgeführt werden (Vers. 14).

Versuch 14: Quantitative photometrische Bestimmung der Chlorophylle

Grundlagen. Die beiden Chlorophylle a und b besitzen jeweils starke Absorptionsbanden im blauen und roten Spektralbereich (Abb. 64). Für die quantitative Bestimmung wird der rote Absorptionsbereich mit dem roten Absorptionsmaximum benutzt, da hier die Carotinoide kein Licht absorbieren. Bei den isolierten Chlorophyllen dient die Extinktion beim entsprechenden roten Absorptionsmaximum als Basis der Berechnung.

Die Chlorophylle können jedoch auch ohne Trennung direkt im acetonischen Gesamtblattextrakt bestimmt werden. Hierzu mißt man die Extinktion bei zwei Wellenlängen, die den Absorptionsmaxima der Chlorophylle im jeweiligen Lösungsmittel entsprechen. Da die Extinktionskoeffizienten der reinen Chlorophylle für beide Wellenlängen bekannt sind, kann man mit 2 Gleichungen durch geeignete Differenzbildung die jeweilige Konzentration von Chlorophyll a und b getrennt berechnen.

Eine häufig benutzte Methode dient der Bestimmung des Gesamtchlorophyllgehaltes (Chlorophyll a + b). Hierzu wird die Extinktion bei nur einer Wellenlänge gemessen.

Da die Lage und Höhe der Absorptionsmaxima von dem jeweiligen Lösungsmittel abhängt, müssen für jedes Lösungsmittel die entsprechenden Bestimmungsgleichungen benutzt werden.

Untersuchungsmaterial. Isolierte Chlorophylle in Diäthyläther (Vers. 7), Gesamtblattextrakte in Aceton (Vers. 4).

Geräte. Spektralphotometer, Küvetten (1 cm Schichtdicke), Pipetten.

Reagenzien und Chemikalien. Diäthyläther, Aceton.

Durchführung

a) *Bestimmung der isolierten Chlorophylle.* Man mißt im Photometer die Extinktion der mit Diäthyläther eluierten Chlorophylle im jeweiligen Absorptionsmaximum. Dieses liegt für Chlorophyll a bei 662 und für Chlorophyll b bei 642 nm.

Der Nullpunkt wird mit Diäthyläther in der Vergleichsküvette festgestellt. Für Diäthyläther gelten die folgenden Gleichungen (in Anlehnung an ZIEGLER und EGLE):

104

Chlorophyll a:

$E_{662} \times 99 = \mu g$ Chlorophyll a in 10 ml Lösung (Gl. 12)

Chlorophyll b:

$E_{642} \times 161 = \mu g$ Chlorophyll b in 10 ml Lösung (Gl. 13)

Die gemessenen Extinktionswerte sollen zwischen 0,2–0,9 liegen, gegebenenfalls muß verdünnt werden.

b) *Bestimmung der Chlorophylle nebeneinander im Aceton-Rohextrakt:* Man nimmt einen Teil (z. B. 1 ml) des Gesamtblattextraktes in Aceton und verdünnt ihn mit 80 %igem Aceton auf 10 ml. Die Lösung muß hellgrün sein, sonst stärker verdünnen! Die Extinktion wird nun bei 664 und 647 nm (mit 80 %igem Aceton in der Vergleichsküvette) gemessen. Die Konzentration der Chlorophylle ergibt sich aus den Gleichungen (nach ZIEGLER und EGLE):

Chlorophyll a:

$E_{664} \times 117,8 - E_{647} \times 22,9 = \mu g$ Chlorophyll a in 10 ml Lösung (Gl. 14)

Chlorophyll b:

$E_{647} \times 200,5 - E_{664} \times 47,7 = \mu g$ Clorophyll b in 10 ml Lösung (Gl. 15)

Die gemessenen Extinktionswerte sollen zwischen 0,2–0,9 liegen.

c) *Bestimmung der Chlorophylle im Petrolbenzinextrakt:* Da der Petrolbenzinextrakt (Vers. 4) in der Regel sehr konzentriert ist, muß hier stark verdünnt werden. Man pipettiert 0,1 ml Petrolbenzinextrakt in ein 10 oder 20 ml Meßkölbchen und füllt mit Diäthyläther bis zur Marke auf. Die so erhaltene hellgrüne Lösung wird bei 662 und 642 nm gemessen. Die Vergleichsküvette enthält Diäthyläther. Die abgelesenen Extinktionswerte sollen zwischen 0,2 und 0,9 liegen. Die Konzentration der Chlorophylle wird mit Hilfe der folgenden Gleichungen, die für Diäthyläther gelten, berechnet (nach ZIEGLER und EGLE, 1965).

Chlorophyll a:

$E_{662} \times 100,5 - E_{642} \times 8,9 = \mu g$ Chlorophyll a in 10 ml Lösung (Gl. 16)

Chlorophyll b:

$E_{642} \times 163,7 - E_{662} \times 26,9 = \mu g$ Chlorophyll b in 10 ml Lösung (Gl. 17)

d) *Erfassung des Gesamtchlorophyllgehaltes im acetonischen Rohextrakt:* Ca. 1 ml der Rohextraktlösung in Aceton wird mit Aceton verdünnt, so daß eine hellgrüne Lösung entsteht. Die Extinktion dieser Lösung wird bei 652 nm gemessen. Der Gesamtchlorophyllgehalt (a + b) wird nach folgender Gleichung berechnet:

$E_{652} \times 290 = \mu g$ Chlorophyll a + b in 10 ml Lösung (Gl. 18)

Die auf diesem Wege ermittelte Chlorophyll-Konzentration ist nur ein grober Richtwert, der für manche Zwecke ausreicht. Für eine exaktere Bestimmung mißt man bei zwei Wellenlängen wie zuvor unter b und c beschrieben.

Zusatzversuche

a) Das Verhältnis der Chlorophylle a/b wird vergleichend bestimmt in Pigmentextrakten von Sonnen- und Schattenblättern (Tab. 6).

b) Der Chlorophyllgehalt in verschiedenen grünen Pflanzengeweben wird erfaßt und auf Frischgewicht, Trockengewicht, Blattfläche oder Anzahl Blätter bezogen.

c) Erfassung des zunehmenden Chlorophyllgehaltes bei der Ergrünung von etiolierten Keimlingen *(Bohne, Gerste, Radieschen)* nach verschieden langen Belichtungszeiten (z.B. 2, 4 und 24 Stunden). In den ersten Stunden der Belichtung erhält man sehr hohe Chlorophyll a/b-Werte.

d) Vergleichende Erfassung der Chlorophyllgehalte in Kontrollpflanzen und in herbizidbehandelten Pflanzen, bei denen die Chlorophyllbildung gehemmt ist (Vers. 38).

e) Erfassung des fortschreitenden Chlorophyllabbaues bei der herbstlichen Blattverfärbung.

Versuch 15: Quantitative photometrische Bestimmung der isolierten Carotinoide

Grundlagen. Alle Carotinoide zeigen ein dreigipfliges Absorptionsspektrum im blauen Spektralbereich (Abb. 65). Die Maxima der Absorption in Äthanol liegen für die einzelnen Komponenten zwischen 430 bis 447 nm.

Untersuchungsmaterial. Die mittels Dünnschichtchromatographie isolierten Carotinoide, die in 5 oder 10 ml Meßkölbchen aufbewahrt werden (Vers. 7).

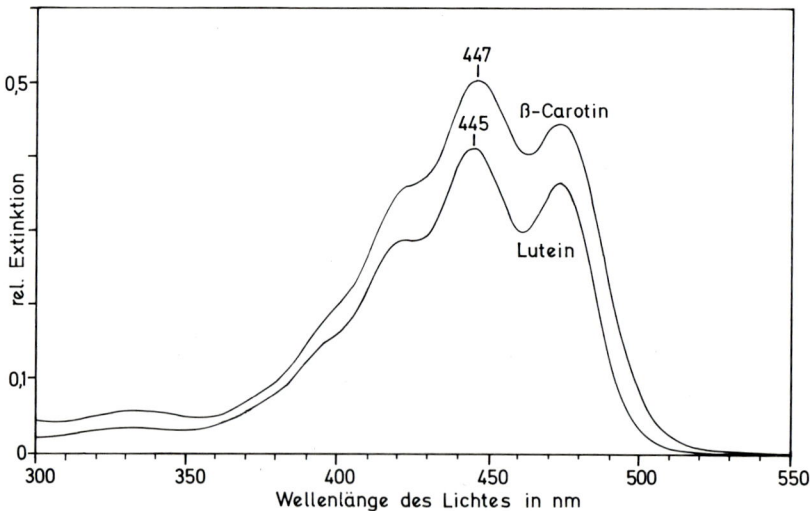

Abb. 65. Absorptionsspektrum der Carotinoide in Äthanol.

Geräte. Spektralphotometer, Küvetten, Pipetten.

Reagenzien und Chemikalien. Äthanol.

Durchführung. Küvetten mit 1 cm Schichtdicke werden mit einer Carotinoid-lösung gefüllt und in das Spektralphotometer gestellt. Durch Messung im 10 nm-Abstand zwischen 420 bis 550 nm wird das Spektrum des Carotinoids bestimmt. Im Bereich 430–450 nm wird im 3 nm-Abstand gemessen, um das Absorptionsmaximum möglichst genau zu erfassen. In der Regel findet man die Maxima in Äthanol für β-Carotin bei 447 nm, für Lutein bei 445 nm, für Violaxanthin bei 441 und für Neoxanthin bei 435 nm. Die genaue Lage des Absorptionsmaximums ist abhängig vom verwendeten Spektralphotometer und insbesondere von der Reinheit des isolierten Carotinoids. Die Berechnung der Carotinoidmenge erfolgt aus der Extinktion im Absorptionsmaximum nach der Gleichung:

$$E_{max} \times 40 = \mu g/\text{Carotinoid in 10 ml Lösung} \qquad \text{(Gl. 19)}$$

Diese Gleichung kann für alle Carotinoide benutzt werden, da die spezifischen Extinktionskoeffizienten der einzelnen Carotinoide relativ ähnlich sind. Die mit Reinsubstanzen gemessenen Extinktionskoeffizienten für 1 % Lösungen (Schichtdicke 1 cm) liegen um 2 500 ($E_{1cm}^{1\%}$) (Anhang 3.3).

● **Versuch 16: Chromatographische Trennung und Identifizierung der Phospho- und Glykolipide eines Blattes**

Grundlagen. Die photochemisch aktiven Thylakoide enthalten verschiedene zuckerhaltige Glykolipide, das **M**ono- und **D**igalaktosyl**d**iglycerid (**MGD, DGD**) und das **S**ulfolipid (**SL**), die typisch für die photosynthetischen Biomembranen sind. Hinzu kommen noch Phospholipide, vorwiegend jedoch das **G**lycero**p**hosphatidyl**g**lycerin (**GPG**) und **G**lycero**p**hosphatidyl**c**holin (**GPC**). Bezüglich Struktur und Konzentration siehe Abbildung 15 und Tabelle 3.

Diese Lipide lassen sich durch eindimensionale Chromatographie weitgehend auftrennen und durch bestimmte Sprühreagenzien nachweisen. Besser ist allerdings eine zweidimensionale Chromatographie, bei der die Lipide sauber voneinander getrennt werden.

Zur Chromatographie der Lipide benutzt man am besten einen Petrolbenzin-Blattextrakt. Dieser enthält dann nicht nur die Chloroplastenlipide, sondern auch die übrigen Phospholipide der Zelle. Hierbei tritt dann auch **G**lycerophosphatidyl**ä**thanolamin (**GPE**), das im Chloroplasten in geringerer Konzentration vorhanden ist, stärker in Erscheinung.

Untersuchungsmaterial. Petrolbenzinextrakt grüner Blätter, z. B. *Spinat (Spinacia oleracea); Gerste (Hordeum vulgare); Buche (Fagus sylvatica).*

Geräte. Kieselgelfertigplatten 20 × 20 cm (z. B. Merck Nr. 5721), Chromatographietrennkammer, Pipetten, Fön, Sprühflaschen und Gummiball, Jodkammer, abdeckbarer Behälter (20 × 20 cm, Höhe 3 cm) mit Jodkristallen, Trockenschrank.

Reagenzien und Chemikalien. Chloroform, Methanol, Eisessig, dest. Wasser, Aceton, Jodkristalle, verschiedene Sprühreagenzien (siehe Durchführung).

Durchführung. *Eindimensionale Chromatographie.* Je 0,1 ml eines verdünnten Petrolbenzinextraktes (entsprechend ca. 100 µg Chlorophyll) werden punktförmig auf eine Kieselgelplatte (1,5 cm vom unteren Plattenrand) im Abstand von 3 cm aufgetragen. Die Entwicklung erfolgt aufsteigend im Laufmittelgemisch Chloroform (85 ml), Methanol (25 ml), Eisessig (15 ml) und Wasser (3 ml). Die Laufzeit beträgt 2 Stunden. Die entwickelte Platte wird aus der Trennkammer genommen und mit Hilfe eines Föns (gegebenenfalls unter dem Abzug) getrocknet (Zeitbedarf ca. 15 min; die Platte soll nicht nach Essigsäure riechen).

Der Nachweis der aufgetrennten, aber farblosen Lipide erfolgt wahlweise durch Bedampfen mit Jod oder durch feines und gleichmäßiges Besprühen (unter dem Abzug) mit folgenden Reagenzien: Phosphormolybdänblau, Ninhydrin oder α-Naphthol.

Bei allen Arbeitsvorgängen, während des Auftragens, beim Trocknen und Besprühen der Platte, ist darauf zu achten, daß die Platte nur am Rande angefaßt wird. Fingerabdrücke täuschen zusätzliche Lipidflecken vor.

a) Jod. Die trockene Platte wird mit der beschichteten Seite nach unten für 5 min auf eine mit einigen Jodkristallen versehene Kammer (ca. 20 × 20 cm) gelegt (Abzug). Das Jod sublimiert und lagert sich an die Lipide, insbesondere an solche mit Doppelbindungen (z. B. ungesättigte Fettsäuren der Lipide) an. Dadurch werden die zuvor farblosen Lipide als gelbe bis braune Flecken auf dem Chromatogramm sichtbar. Man markiert die Flecken durch Umkreisen mit einem Bleistift. Man kann nun die in Abbildung 66 dargestellten Flecken der Hauptlipide eines Blattextraktes erkennen.

Eine Unterscheidung der Phospho- und Glykolipide gelingt so jedoch nicht, hierzu muß die Platte mit speziellen Nachweisreagenzien besprüht werden. Durch geeignetes Abdecken mit Aluminiumfolie kann man die verschiedenen Sprühreagenzien nebeneinander auf der gleichen Platte benutzen. Die Anlagerung von Jod an die Lipide ist reversibel. Es wird durch Liegen an der Luft sublimiert oder kann mit dem Fön abgeblasen werden.

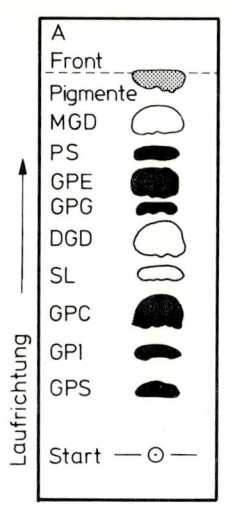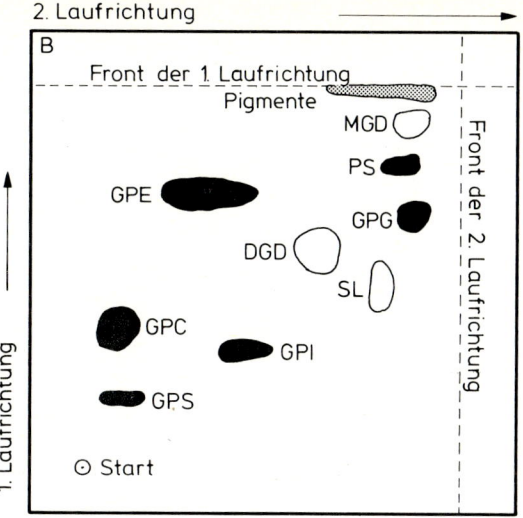

Abb. 66. Ein- und zweidimensionale Chromatographie der Phospho- und Glykolipide von *Spinat-blättern* Die bei Chromatographie in der ersten Laufrichtung nicht vollständig getrennten Lipide werden durch anschließende Chromatographie in der zweiten Laufrichtung quantitativ voneinander getrennt. Laufmittel der ersten Laufrichtung: 85 ml Chloroform, 25 ml Methanol, 15 ml Eisessig, 3 ml Wasser. Zweite Laufrichtung: 80 ml Aceton, 25 ml Eisessig (nach TEVINI, 1976).

Glykolipide:
MGD : **M**onogalaktosyl**d**iglyzerid
DGD : **D**igalaktosyl**d**iglyzerid
SL : **S**ulfo**l**ipid
Phospholipide:
PS : **P**hosphatid**s**äure
GPE : **G**lycero**p**hosphatidyl**ä**thanolamin
GPC : **G**lycero**p**hosphatidyl**c**holin
GPG : **G**lycero**p**hosphatidyl**g**lycerin
GPI : **G**lycero**p**hosphatidyl**i**nositol
GPS : **G**lycero**p**hosphatidyl**s**erin

b) Phosphormolybdänblau-Reagenz. Mit diesem Reagenz werden alle phos-phathaltigen Lipide (Phospholipide) angefärbt. Die Platte wird mit dem Reagenz leicht angesprüht. Die in der Regel vorhandenen Phospholipide GPC, GPE, GPG, GPI, GPS, PS (Abkürzungen siehe Abb. 15) werden durch Komplexbildung nach 1−2 min als blaue Flecken sichtbar. Die Glykolipide (MGD, DGD, SL) zeichnen sich etwas später (nach 5 min) als weiße, hydrophobe Flecken ab. Nach einiger Zeit (ab etwa 15 min) färbt sich die gesamte Platte blau. Diese Färbung kann jedoch durch anschließendes Besprühen der Platte mit destilliertem Wasser rückgängig gemacht werden, wobei die Phospholipide als blaue Flecken erhalten bleiben.
Herstellung des Phosphormolybdänblau-Reagenz (DITTMER und LESTER, 1964).

109

Lösung I: 40 g MoO$_3$ werden vorsichtig in 1 Liter 25 n H$_2$SO$_4$-Lösung gegeben. Dazu gibt man 630 ml Wasser und 400 ml 96 %ige H$_2$SO$_4$, erhitzt bis zur vollständigen Auflösung (Heizplatte) und läßt danach abkühlen. Evtl. im Wasserbad über Nacht stehen lassen.

Lösung II: Zu 500 ml der Lösung I gibt man ca. 1,8 g gepulvertes Molybdän und erhitzt das Ganze vorsichtig bis zur Lösung (ca. 30 min).

Sprühreagenz: Man mischt gleiche Teile der Lösung I und II und fügt 2 Teile destilliertes Wasser hinzu.

Die Lösungen I und II sind in einer dunklen Flasche aufbewahrt mehrere Jahre haltbar.

Hinweis. Die Herstellung des Phosphormolybdänblau-Reagenz ist zwar etwas umständlich und langwierig. Es ist jedoch die empfindlichste Nachweismethode für Phospholipide und gestattet gleichzeitig auch den Nachweis von Glykolipiden.

c) Ninhydrin. Hiermit werden spezifisch die amin- oder aminosäurehaltigen Phospholipide angefärbt. Nach dem Besprühen wird die Platte bis zur optimalen Farbentwicklung (ca. 5–10 min) im Trockenschrank bei 100°C erhitzt. Glycerophosphatidyläthanolamin (GPE) wird rotviolett und Glycerophosphatidylserin (GPS) blauviolett gefärbt. Glycerophosphatidylcholin (GPC, Lecithin) wird allerdings nur schwach angefärbt.

d) α-Naphthol für zuckerhaltige Lipide. Nach dem Besprühen wird die Platte bis zur vollen Entwicklung der Farbintensität bei 100°C im Trockenschrank erhitzt. Die Glykolipide Monogalaktosyldiglycerid (MGD), Digalaktosyldiglycerid (DGD) und das Sulfolipid (SL) zeichnen sich als violette Flecken ab. Unterhalb des Sulfolipids können auf der Platte weitere z.T. stark gefärbte Flecken auftreten, die von anderen zuckerhaltigen Verbindungen (z.B. Steringlykosiden) stammen.

Herstellung des α-Naphthol-Reagenz.

Lösung I: Man mischt 6,5 ml konzentrierte Schwefelsäure mit 40,5 ml Äthanol und 4 ml Wasser.

Lösung II: 15 %ige α-Naphthollösung in Äthanol.

Sprühreagenz: Zur Lösung I werden 10,5 ml der Lösung II gegeben.

Zusatzversuch. *Zweidimensionale Auftrennung* der Phospho- und Glykolipide. Bei eindimensionaler Chromatographie lassen sich verschiedene Phospho- und Glykolipide nur schlecht voneinander trennen. So überlappen häufig Glycerophosphatidylcholin (GPC) mit Glycerophosphatidylinositol (GPI). Auch Glycerophosphatidyläthanolamin (GPE) und Glycerophosphatidylcholin (GPC) überlappen und werden nicht deutlich von Digalaktosyldiglycerid (DGD) abgetrennt. Durch zweidimensionale Chromatographie erhält man eine saubere Trennung der einzelnen Phospho- und Glykolipide.

0,1 ml eines Petrolbenzinextraktes werden punktförmig 1,5 cm vom unteren, linken Plattenrand aufgetragen und die Platte in der ersten Laufrichtung mit dem zuvor beschriebenen Laufmittel entwickelt. Danach wird die Platte durch Föhnen vom Laufmittel I befreit. Nun wird die Platte um 90° gedreht und in der 2. Laufrichtung mit dem Laufmittel II (Aceton 80 ml, Eisessig 25 ml) entwickelt. Die Laufzeit beträgt 1,5 Stunden.

Zum Nachweis der Lipide werden die zuvor beschriebenen Reagenzien eingesetzt. Am besten eignet sich Phosphormolybdänblau-Reagenz (Abb. 66).

Versuch 17: Nachweis der Chloroplasten-Proteine mit der Biuret-Reaktion

Grundlagen. Die Thylakoide der Chloroplasten bestehen zu je 50 % aus Lipiden (Nachweis Vers. 16) und Proteinen. Nach Extraktion der Lipide aus den Chloroplasten können die verbleibenden Proteine über eine Farbreaktion nachgewiesen werden.

Untersuchungsmaterial. Isolierte Chloroplasten (Vers. 24).

Reagenzien und Chemikalien. Aceton, 10 ml konzentrierte Kalilauge (15 g KOH in 100 ml Wasser), Wasser, Filterpapier;
Biuret-Reagenz: 3 g Kupfersulfat ($CuSO_4$) und 10 g Kalium-Natrium-Tartrat werden in 300 ml dest. Wasser gelöst, dem 100 ml konzentrierte Natronlauge (20 g NaOH auf 100 ml) zugegeben werden.

Geräte. Kleiner Büchnertrichter 5 cm $\varnothing$, Saugflasche, Wasserstrahlpumpe, Reagenzgläser.

Durchführung. 1−2 ml Chloroplastensuspension werden in einem 25 ml Becherglas mit 80 % Aceton versetzt. Unter Umrühren lösen sich die Blattpigmente und Lipide. Die Proteine der Chloroplasten fallen aus. Die Suspension wird durch einen kleinen Büchnertrichter abgenutscht. Wenn der im Filter verbleibende Rückstand noch nicht farblos ist, wird durch Auftropfen von Aceton so lange gewaschen, bis keine grüne Färbung mehr im Rückstand sichtbar ist.

Der Rückstand wird vom Filter abgekratzt und mit 2 ml einer konzentrierten KOH-Lösung im Reagenzglas versetzt. Unter leichtem Erwärmen (30−40° C) und Rühren löst sich ein großer Teil des Rückstandes. Von dieser Lösung werden 0,5 ml in einem Reagenzglas in 2 ml Biuret-Reagenz gegeben. Eine entstehende *Rot-Violettfärbung* zeigt die Anwesenheit von Proteinen. Blindprobe: 0,5 ml KOH und 2 ml Biuret-Reagenz.

● Versuch 18: Messung der apparenten Photosynthese mit der Audus-Bürette (Quantitative Blasenzählmethode)

Grundlagen. Der Einfluß verschiedener Umweltfaktoren (Lichtintensität, CO_2-Konzentration, Temperatur, Lichtqualität) auf die apparente Photosyntheseleistung wird am Beispiel der Wasserpflanze *Elodea* untersucht.

Die Begriffe apparente Photosynthese, Lichtkompensationspunkt, Lichtsättigungspunkt, CO_2-Abhängigkeit und Temperaturoptimum der Photosynthese grüner Pflanzen werden durch quantitative Messung der photosynthetischen O_2-Produktion erläutert. Durch zusätzlichen Einsatz von Blau-, Grün- und Rotfiltern wird gezeigt, daß nicht nur Blau- und Rotlicht (Hauptabsorptionsmaxima der Chlorophylle) photosynthetisch genutzt werden, sondern auch Grünlicht photosynthetisch wirksam ist.

Die Erfassung des gebildeten Sauerstoffs ist ein direktes Maß für die Photosyntheseleistung einer Pflanze. Die über den Gaswechsel meßbare Photosyntheseleistung bezeichnet man als apparente Photosynthese: Sie ist die Differenz aus tatsächlicher Photosynthese (reelle Photosynthese) minus Atmung:

O_2-Entwicklung   – O_2-Verbrauch = meßbare O_2-Entwicklung
reelle Photosynthese –   Atmung   = apparente Photosynthese.

Meßprinzip. Bei der *Wasserpest (Elodea)* wird der im Verlauf der Photosynthese freigesetzte Sauerstoff aufgefangen und mit der Audusbürette gasvolumetrisch bestimmt. Die Audus-Bürette besteht aus einem durchbrochenen Auffangrohr zur Aufnahme des pflanzlichen Materials. Das Rohr geht in eine graduierte Kapillare über, an der die gebildete Gasmenge abgelesen wird (Abb. 67).

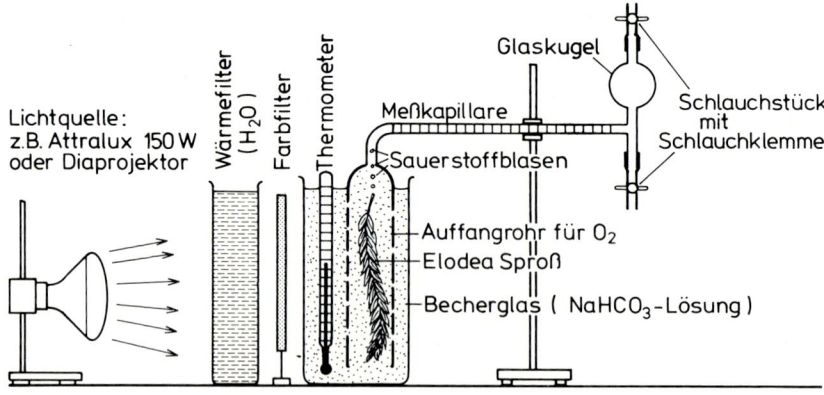

Abb. 67. Versuchsaufbau zur quantitativen Messung der photosynthetischen Sauerstoffentwicklung an Sprossen der *Wasserpest (Elodea canadensis)* mit der Audus-Bürette.

Untersuchungsmaterial. Grüne Sprosse der *Wasserpest (Elodea canadensis)*.

Geräte. Audus-Bürette*, Meßzylinder, Diaprojektor oder Attraluxlampe, Wasserbad, evtl. Eiswürfel, Tauchsieder, Thermometer, Stativ, Bechergläser, Luxmeter oder Belichtungsmesser, Filter: Versuchsansatz d (Abb. 69).

Reagenzien und Chemikalien. Natriumhydrogenkarbonatlösung ($NaHCO_3$). 8,4 g $NaHCO_3$ werden in 100 ml Leitungswasser gelöst, diese Lösung ist 1 molar und kann je nach Versuchsansatz verdünnt werden.

Durchführung

Grundversuch. Zwei grüne und intakte Sprosse der *Wasserpest* werden mit dem abgeschnittenen Teil nach oben in das Auffangrohr der Audus-Bürette geschoben. Das Auffangrohr mit der *Elodea* taucht man in ein Becherglas mit Natriumhydrogenkarbonat-Lösung (günstige Konzentration: ca. 0,1–0,5 molar), dessen Temperatur je nach Versuch auf 15°, 20° oder 25° C gehalten wird. Für einfache Versuche reicht es, zwischen Lichtquelle und Audus-Bürette als Wärmefilter ein H_2O-gefülltes Gefäß zu stellen (Aufbau Abb. 67).

Um eine gute und gleichmäßige Sauerstoffentwicklung zu erreichen, muß man die *Elodea*-Pflanzen im Kulturgefäß etwa 30 min vor Versuchsbeginn mit starker Lichtintensität (ca. 20 000 Lux) bestrahlen.

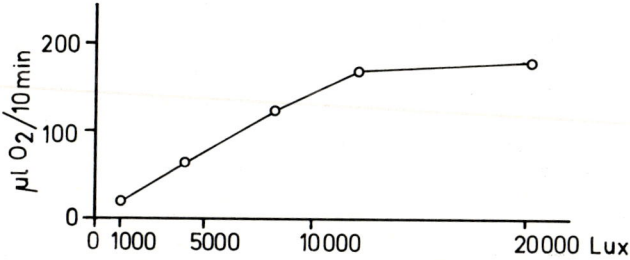

Abb. 68. Beispiel für die Sauerstoff-Entwicklung von *Elodea*-Sprossen in Abhängigkeit von der Lichtstärke.

Zu Beginn der Versuche wird die graduierte Kapillare durch Saugen am oberen Gummischlauch mit der Lösung gefüllt und beide Schlauchklemmen geschlossen. Die bei Belichtung aufsteigenden Sauerstoff-Bläschen sammeln sich am Anfang der Kapillare. Am Ende der Meßperiode (z.B. 5 min) saugt man den entwickelten Sauerstoff durch vorsichtiges Drücken und anschließen-

---

* kann von einem Glasbläser hergestellt werden. Als günstige Bezugsquelle empfehlen wir die Firma LHG, Theo Männel KG, Luisenstr. 68, Karlsruhe.

113

des Loslassen des unteren Schlauches in die Kapillare ein. Die Ablesung wird in der Regel alle 5 min durchgeführt. Bei Einstellen einer neuen Reaktionsbedingung ist mit einer Anpassungszeit von 5–10 min zu rechnen.

a) *Abhängigkeit der O_2-Entwicklung von der Beleuchtungsstärke*

Bei sehr niedriger Beleuchtungsstärke (z.B. 200 Lux) überwiegt der Sauerstoffverbrauch durch Atmung. Es ist keine apparente Photosynthese, d.h. keine Sauerstoffentwicklung erkennbar. Bei kontinuierlicher Steigerung der Lichtintensität wird ein Punkt erreicht, bei dem verbrauchtes O_2 gleich gebildetem O_2 (Lichtkompensationspunkt) ist. Weitere Erhöhung der Beleuchtungsstärke führt dann zur Freisetzung von Sauerstoff (etwa ab 1 000 Lux).

Die O_2-Entwicklung wird bei 20°C in einer 0,05 molaren $NaHCO_3$-Lösung bei mindestens 4 Beleuchtungsstärken gemessen (z.B. 1 000, 5 000, 10 000 und 20 000 Lux). Es werden aus jeweils 3 Einzelmessungen Mittelwerte gebildet (Angabe in μl/10 min). Die Ergebnisse werden als Diagramm dargestellt (Abb. 68). Die Beleuchtungsstärke kann durch Schwächung der Lichtintensität (Helligkeitsregler oder Widerstand) oder durch Veränderung des Abstandes vom Versuchsobjekt verändert werden. Die Messung der Lichtintensität erfolgt mit dem Luxmeter oder einem geeigneten Belichtungsmesser.

b) *Der Einfluß des CO_2-Angebotes auf die Photosyntheseleistung*

Die O_2-Entwicklung wird bei verschiedenen $NaHCO_3$-Konzentrationen, mindestens 0,01 molar, 0,05 molar und 0,1 molar bestimmt. Als Kontrolle dient abgekochtes Leitungswasser. Dabei kann entsprechend Versuchsansatz a eine niedrige, mittlere und hohe Lichtstärke verwendet werden. Als Beispiel können folgende Werte erhalten werden (Tab. 15). Bei zu hoher Bikarbonatkonzentration ist die Photosynthese gehemmt.

Tabelle 15. Photosynthetische Sauerstoffentwicklung bei verschiedener Bikarbonatkonzentration, gemessen mit einer Audus-Bürette an Sprossen der *Wasserpest*. Angaben in μl O_2/10 min.

abgekochtes Leitungswasser	Bikarbonatkonzentration					
	0,05 molar	0,1 molar	0,5 molar	1 molar	1,5 molar	$NaHCO_3$
12 μl	80 μl	88 μl	104 μl	90 μl	0 μl	O_2

c) *Abhängigkeit der Photosyntheseleistung von der Temperatur*

Messungen der Sauerstoffentwicklung werden bei 10°, 20° und 30°C Wassertemperatur durchgeführt. Die Temperatureinstellung kann z.B. durch Zufügen von Eiswürfeln oder durch Einsatz eines kleinen Tauchsieders erfolgen. Mit einem Thermometer wird die Temperatur ständig überwacht und, wenn nötig, korrigiert. Aus je 2 Messungen (10° und 20°, sowie 20°C und 30°C) wird die Steigerung der Sauerstoffentwicklung (Q_{10}-Wert, Gl. 6, S. 35) ermittelt. Die aufeinanderfolgenden Messungen sollen mit denselben Sprossen durchgeführt werden. Die Bikarbonatkonzentration der Lösung soll zwischen 0,1−0,5 molar betragen (Versuchsansatz b).

d) *Messung der O_2 Entwicklung in blauem, grünem und rotem Licht*

Die Photosynthese läuft im Blau- und Rotlicht mit hohem Wirkungsgrad, da diese Spektralbereiche von der Pflanze vorzugsweise absorbiert werden. Im Grünlicht findet ebenfalls Photosynthese statt (Kap. 5.2). Da Grünlicht von der Pflanze weniger stark absorbiert wird, ist die Photosyntheserate hier jedoch geringer.

Dies kann man durch Messung der Sauerstoffentwicklung an Sprossen der *Wasserpest* in verschiedenfarbigem Licht überprüfen. Als Lichtquelle dient ein Diaprojektor, als Filter benutzt man u.a. farbige Plexiglasscheiben der Firma Röhm, Darmstadt oder Glasfilter z.B. der Fa. Schott, Mainz (Abb. 69).

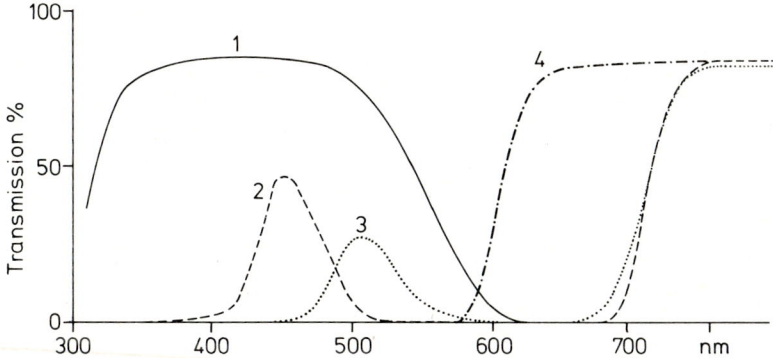

Abb. 69. Transmissionsspektren verschiedener Filter zur Erzeugung von farbigem Licht. *Blaufilter:* gesättigte Kupfersulfatlösung (1); Plexiglasfilter, Typ 671 (2). *Grünfilter:* Plexiglasfilter, Typ 700 (3). *Rotfilter:* Plexiglasfilter, Typ 501 der Fa. Röhm (4).

Es eignen sich für:
blaues Licht:
blaue Plexiglasscheibe (5 × 5 cm), Nr. 627
Glasfilter, z.B. Schott Nr. BG 18, notfalls gesättigte Kupfersulfatlösung
grünes Licht:
grüne Plexiglasscheibe (5 × 5 cm), Nr. 700
Glasfilter, z.B. die Kombination der Schottfilter GG 495 und BG 18
rotes Licht:
rote Plexiglasscheibe (5 × 5 cm), Nr. 501
Glasfilter, z.B. Schott-Nr. RG 645 oder RG 665.

Die O_2-Entwicklung wird durch Einsatz der verschiedenen Farbfilter an denselben Sprossen der *Wasserpest* gemessen. Bei dem angegebenen Versuchsansatz (Verwendung von Plexiglasfiltern) kann man z.B. im Rotlicht 80 µl O_2/10 min, im Grünlicht 40 µl O_2/10 min und im Blaulicht 75 µl O_2/10 min

115

messen. Die angegebenen Werte sind nur als eine qualitative Aussage zu werten. Es soll daran gezeigt werden, daß auch im Grünlicht Photosynthese möglich ist.

Hinweis.
Für quantitative Messungen müßte quantengleiches Farblicht eingestrahlt werden. Hierzu sind aufwendige Geräte erforderlich. Mit einer Thermosäule (z. B. der Fa. Phywe), die für alle Wellenlängen gleich empfindlich ist, kann man die Lichtintensitäten messen und dann hieraus in einer Näherung den Quantengehalt berechnen. Ein Luxmeter ist nur zur Bestimmung der Intensität von weißem Licht geeignet. Da es vorzugsweise auf grünes Licht anspricht, ist es für vergleichende Messungen der Intensität von farbigem Licht nicht brauchbar.

● **Versuch 19: Nachweis der Assimilations-Stärke im Blatt**

Grundlagen. Die Bildung der Assimilationsstärke erfolgt nur im Licht und in grünem Blattgewebe. Dies läßt sich gut an grünen und panaschierten Blättern zeigen. Die gebildete Stärke läßt sich mit Jodjodkalilösung spezifisch anfärben (Blau- bis Violettfärbung). Diese Färbung ist auf die Einlagerung von Jod in die schraubig gewundenen Glukoseketten zurückzuführen. Diese Stärkeanfärbung kann auch direkt am Blattgewebe nachgewiesen werden, jedoch müssen vorher die Blattpigmente extrahiert sein, damit die Blaufärbung für das Auge gut erkennbar wird.

Panaschierte Blätter zeigen Stärke nur in grünen Blatteilen, nicht aber im weißen Blattgewebe.

Grüne Blätter bilden Stärke am Tag und nur bei ausreichender Belichtung. Da die Stärke der Chloroplasten in der Nacht abgebaut wird, enthalten Blätter, die 1–2 Tage verdunkelt wurden, keine Stärke mehr.

Untersuchungsmaterial. Panaschierte Blätter (z. B. *Pelargonium zonale*), hellgrüne dünne Blätter *(Bohne – Phaseolus vulgaris*, Topfpflanzen, Schattenblätter).

Geräte. 300 ml Erlenmeyer, Petrischalen, Aluminiumfolie, Wasserbad.

Reagenzien und Chemikalien. Methanol, Jodlösung (2 g Kaliumjodid (KJ) in 3–4 ml Wasser lösen, 1 g Jod hinzufügen und auf 100 ml auffüllen).

Durchführung.
a) 1 bis 2 panaschierte Blätter werden in einem 300 ml Erlenmeyer mit ca. 100 ml Methanol übergossen und auf einem Wasserbad solange zum Sieden erhitzt, bis die Blattfarbstoffe extrahiert sind. Dann wird die alkoholische

116

Lösung vorsichtig dekantiert und die entfärbten Blätter mit Wasser abgespült. Nun überführt man je ein Blatt in eine mit Jodlösung gefüllte Petrischale. Sobald eine deutliche Färbung eingetreten ist, bringt man die Blätter in eine Schale mit Wasser. Nach Abwaschen des überschüssigen Jods tritt die Blaufärbung deutlich hervor. Bei längerer Einwirkung des Jods erhält man eine Farbvertiefung bis zum Schwarz. Die Jodlösung kann gegebenenfalls mit Wasser verdünnt werden.

b) Der gleiche Versuch wird mit grünen Blättern von Topfpflanzen durchgeführt, die zuvor 24 Stunden belichtet wurden. Wurde hierbei die eine Blatthälfte mit Aluminiumfolie abgedeckt, so läßt sich Stärke nur in dem belichteten Teil nachweisen.

Zusatzversuch. Anstelle der Abdeckung kann man auch eine teilweise durchbrochene Schablone benutzen, deren Muster über die Anfärbung sichtbar wird. Besonders eindrucksvoll wird der Versuch, wenn man während der Belichtung auf die Blattoberseite ein Schwarzweiß-Negativ legt, die Unterseite muß allerdings mit Aluminiumfolie abgedeckt sein. Je nach Lichtdurchlässigkeit des Negativbildes wird im Blatt viel oder wenig Stärke gebildet. Bei der Anfärbung erhält man dann ein blauschwarzes Positivbild.

- **Versuch 20: CO_2-Fixierung bei der Wasserpflanze Elodea**

Grundlagen. Grundlage des Versuches ist die Veränderung des pH-Wertes des Wassers, wenn eine Wasserpflanze im Licht intensiv CO_2 aufnimmt. Dieser pH-Änderung liegt folgender Sachverhalt zugrunde: Kohlendioxyd liegt im Wasser teils physikalisch gelöst, teils in Form von Kohlensäure, Bikarbonat- und Karbonationen vor:

$$CO_2 + H_2O \rightleftharpoons H_2CO_3 \rightleftharpoons H^+ + HCO_3^- \rightleftharpoons 2\,H^+ + CO_3^{2-} \qquad \text{(Gl. 20)}$$

Wenn von einer assimilierenden Wasserpflanze CO_2 aufgenommen wird, ist dies mit einer *Alkalisierung* des die Pflanze umgebenden Mediums verbunden, da zur Einstellung des neuen Gleichgewichts undissoziierte Säure bzw. CO_2 nachgebildet wird. Dies führt zu einer Verarmung an Protonen bzw. zu einer Alkalisierung in der Reaktionslösung.

Im Dunkeln läuft der umgekehrte Vorgang ab: Durch Atmungsaktivität wird CO_2 an das Medium abgegeben. Die Dissoziation der gebildeten Kohlensäure führt zu einer Anreicherung von Protonen im Medium und somit zu einer *Ansäuerung*.

Am Auftreten des beobachteten pH-Effektes ist neben dem Einfluß der CO_2-Fixierung auch zu einem geringen Teil noch der Protonengradient bzw. die Photophosphorylierung beteiligt, was hier jedoch von untergeordneter Bedeutung ist.

Untersuchungsmaterial. Sprosse der *Wasserpest (Elodea canadensis)* oder dichte Algensuspension *(Chlorella*-Arten, *Scenedesmus*-Arten).

Geräte. pH-Meter, Schreiber, Lichtquelle, Magnetrührer, Reagenzgläser, Gummistopfen (Versuchsaufbau nach Abb. 77).

Reagenzien und Chemikalien. 50 ml Dichlorphenyldimethylharnstoff-Lösung, $5 \cdot 10^{-3}$ molar (117 mg DCMU in 100 ml Methanol lösen); 25 ml Kaliumcyanid-Lösung, 10^{-2} molar (1,63 g KCN in 25 ml Wasser lösen, dann 1 : 100 verdünnen); Natriumbikarbonatlösung (0,1 g $NaHCO_3$ in 100 ml Wasser); Käufliche Herbizide: Die geeignete Konzentration muß jeweils ermittelt werden und hängt von der Zusammensetzung des Präparates ab. Meßbare Hemmeffekte erhält man in der Regel bei einer Endkonzentration des Wirkstoffs von ca. $10^{-5}-10^{-6}$ molar.

Durchführung. Einige *Elodea*sprosse (ca. 1 g Frischgewicht auf 20 ml Wasser) werden in ein zylindrisches Glasgefäß (20−50 ml) mit Magnetrührer gebracht. Die pH-Elektrode wird eingesetzt und das Gefäß luftfrei verschlossen (Abb. 78). Als Medium kann Leitungswasser verwendet werden, evtl. ist bei einer $NaHCO_3$-Konzentration von 0,1 % zu arbeiten.

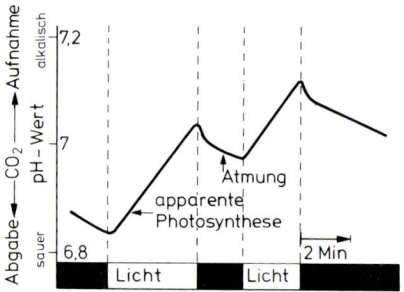

Abb. 70. Beispiele eines Versuchsverlaufs bei der Messung der CO_2-Fixierung über pH-Wert-Änderungen. Im Dunkeln ist die Atmung als CO_2-Abgabe über eine Ansäuerung erkennbar; im Licht bewirkt die photosynthetische CO_2-Fixierung eine Alkalisierung der Lösung. Die verstärkte CO_2-Abgabe (kurzfristige starke Ansäuerung) unmittelbar nach Abschaltung der Beleuchtung ist auf Lichtatmung zurückzuführen.
Hinweis: Die Veränderung des pH-Werts je Zeiteinheit (d. h. die Steigung der registrierten Kurve bzw. deren Tangens) entspricht der Reaktionsgeschwindigkeit und somit der CO_2Fixierungsrate.

Die Pflanze wird abwechselnd 7 Minuten belichtet und 7 Minuten abgedunkelt. Die Änderung des pH-Wertes im Licht/Dunkelwechsel wird auf einem Schreiber registriert. Die Empfindlichkeit des Meßsystems (pH-Meter und Schreiber) soll bei ca. 0,5 pH-Einheiten für den vollen Schreiberausschlag liegen. Die gemessenen pH-Unterschiede hängen wesentlich vom Volumen des Glasgefäßes sowie von der Menge und Aktivität der Pflanzen ab.

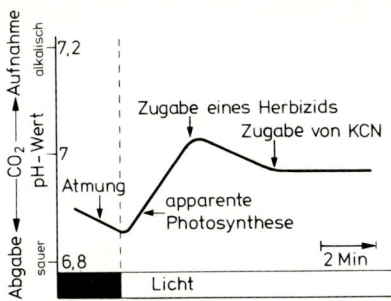

Abb. 71. Typischer Versuchsablauf bei der Untersuchung der Herbizid-Einwirkung auf die photosynthetische CO_2-Fixierung. Nach Zugabe eines Pigmentsystem II-Hemmstoffs, z. B. Dichlorphenyl-dimethylharnstoff (DCMU) wird die CO_2-Fixierung blockiert, nicht aber die Zellatmung. Dies wird kenntlich an der Ansäuerung des Mediums. Die Zugabe von Kaliumcyanid (KCN) unterbindet die noch verbliebene Atmung. Die CO_2-Konzentration der Lösung bleibt dann konstant, daher ist keine Veränderung des pH-Wertes mehr feststellbar.

Durch geschickte Variation dieser Parameter können auch mit einem einfachen Meßsystem genügend große pH-Veränderungen erhalten werden.

Ein typischer Verlauf eines Experiments ist in Abb. 70 dargestellt. Bei Zugabe von Dichlorphenyldimethylharnstoff (DCMU, z. B. 0,2 ml-Lösung) oder käuflichen Herbiziden (Kap. 9), kann durch Hemmung der Photosynthese der lichtabhängige Anstieg der Kurve beseitigt werden, ohne die Atmung zu beeinträchtigen (Abb. 71). Die Zugabe einer geringen Kaliumcyanidmenge (z. B. 0,2 ml KCN-Lösung) beseitigt durch spezifische Atmungshemmung auch den Dunkelabfall der Kurve. Höhere Kaliumcyanidkonzentrationen (z. B. 10^{-2} molar) blockieren sowohl Photosynthese wie auch die Atmung.

Bei der Zugabe von Hemmstoffen, die in Alkohol gelöst sind, ist zu beachten, daß *Elodea* sehr alkoholempfindlich ist. Bereits 2 % Methanol im Außenmedium zeigen eine starke Hemmwirkung auf die Photosynthese.

Der Vorgang der Lichtatmung (Erläuterung Kap. 7.4) ist unmittelbar nach Ausschalten der Beleuchtung an einer starken CO_2-Abgabe zu erkennen, die für ca. 1 min eine stärkere Ansäuerung des Mediums bewirkt (Abb. 70).

Hinweis. Der Versuch beruht auf einer Messung des pH-Wertes bzw. der Protonenkonzentration. Bei sehr kleinen pH-Veränderungen (ca. 0,1 pH-Einheit) besteht ein annähernd linearer Zusammenhang zwischen dem pH-Wert und der Protonenkonzentration. Erst bei größeren pH-Veränderungen wird dieser Zusammenhang logarithmisch (Definition des pH-Wertes!). Daher können die unter den beschriebenen Bedingungen auftretenden geringen pH-Veränderungen direkt als Änderungen der Protonenkonzentration angesehen werden. Die Eichung des Meßsystems erfolgt hierzu am Ende einer Meßserie durch Einspritzen von n/1000 HCl. Näheres siehe Versuch 30, Eichung. Zur quantitativen Auswertung kann die je g Pflanzenmaterial und

Stunde verbrauchte bzw. freigesetzte Menge an Protonen berechnet werden. Hierzu wird das im Versuch eingesetzte Pflanzenmaterial getrocknet und gewogen.

Versuch 21: Messung des diurnalen Säurerhythmus bei CAM-Pflanzen

Grundlagen. Crassulaceen und andere Sukkulenten haben mit der zeitlichen Trennung der CO_2-Fixierung (Nacht) und der photosynthetischen CO_2-Reduktion (Tag) einen Sonderweg eingeschlagen. Die biochemische Grundlage der hierbei auftretenden Reaktionen und die ökologische Bedeutung dieses Sonderweges ist in Kapitel 7.3 (Abb. 32) beschrieben.

Die nächtliche Anreicherung von Äpfelsäure in der Vakuole (Ansäuerung) und ihr Abbau am Tage (Absäuerung) kann durch pH-Wertmessung des Zellsaftes nachgewiesen werden. Hierzu werden Blätter von CAM-Pflanzen im Licht und Dunkeln gehalten und die unterschiedlichen pH-Werte der Filtrate des Zellsaftes bestimmt. In der Nacht bzw. bei verdunkelten Blättern und kühlen Temperaturen (z.B. 5 °C) sinkt der pH-Wert bis auf etwa 4 ab. Am Tag bzw. in belichteten Pflanzen (ca. 25 °C) steigt der pH-Wert bis auf etwa 5 an. Die Entsäuerung des Zellsaftes am Tage ist nicht sehr hoch. Dies hängt damit zusammen, daß in der Vakuole außer Äpfelsäure noch andere Pflanzensäuren enthalten sind. Letztere sind an dem Säurerhythmus der Crassulaceen nicht beteiligt.

Untersuchungsmaterial. Je 2 Pflanzen, z.B. *Brutblatt (Bryophyllum daigremontianum)* oder *Kalanchoe*-Arten.

Geräte. pH-Meter, Bechergläser, Reibschale, kleiner Büchner-Trichter, Saugflasche, Wasserstrahlpumpe.

Reagenzien und Chemikalien. Quarzsand, Filterpapier, Aluminiumfolie.

Durchführung. 24 Stunden vor Versuchsbeginn werden von 2 *Bryophyllum*- oder *Kalanchoe*-Pflanzen je 3 gleichgroße Blattpaare abgeschnitten. 1 Blattpaar wird bei 25 °C oder Zimmertemperatur im Dauerlicht gehalten. Die beiden anderen Blattpaare werden in je ein Becherglas gebracht und mit Aluminiumfolie abgedunkelt. Das eine Becherglas hält man bei Zimmertemperatur im Dunkeln, das andere im Kühlschrank bei ca 5 °C.

Nach 24 Stunden werden etwa 20–30 g eines jeden Blattpaares mit etwas Quarzsand und 5 ml destilliertem Wasser in einer Reibschale fein zerrieben. Der Brei wird abgenutscht (Büchner-Trichter, Saugflasche, Wasserstrahl-

pumpe). Das Filtrat wird in ein kleines Becherglas oder Reagenzglas gebracht und der pH-Wert des jeweiligen Filtrats bestimmt. Der Säurewert (pH-Wert) der 3 Proben wird verglichen und in eine Tabelle eingetragen:
Blattpaar 1: 24 Stunden Licht, 25° C. Die gemessenen pH-Werte liegen bei 5,1 bis 5,4. Diese Situation entspricht am natürlichen Standort heißen Tagen. Die Spaltöffnungen sind geschlossen. Das für die Photosynthese benötigte CO_2 wird aus Apfelsäure (in Vakuolen gespeichert) freigesetzt.
Blattpaar 2: 24 Stunden Dunkelheit, 25° C. Man erhält pH-Werte von 4,5 bis 4,6. Diese Bedingung entspricht warmen Nächten. CO_2-Fixierung findet statt, jedoch nicht mit voller Kapazität, da die Spaltöffnungen (warme Nacht) nicht ganz geöffnet sind.
Blattpaar 3: 24 Stunden Dunkelheit, 5° C. Es werden pH-Werte von 4,0−4,2 gemessen. CO_2-Fixierung erfolgt bei voll geöffneten Spaltöffnungen. Diese Situation entspricht in der Natur kühlen Nächten.

Versuch 22: Das Arbeiten mit der Sauerstoffelektrode

Grundlagen. Das wichtigste moderne Meßgerät für physiologische Untersuchungen des Sauerstoffaustausches ist die Sauerstoffelektrode (Clark-Elektrode). Man versteht darunter im engeren Sinne die eigentliche Elektrode, d.h. den Meßfühler. Im üblichen Sprachgebrauch dagegen bezeichnet man als „Sauerstoffelektrode" das ganze Meßsystem aus Sonde, Verstärker, Anzeigegerät, Glasgefäß usw. (Abb. 72).

Wichtigster Bestandteil der gesamten Apparatur ist die *Elektrode*, bestehend aus einer Platinkathode und einer Silber/Silberchlorid-Anode. Beide sind mit einer dünnen sauerstoffdurchlässigen Teflonmembran von der zu untersuchenden Lösung abgetrennt. Wenn an dieses System eine geeignete Spannung angelegt wird (ca. 0,7−0,8 V), so wird an der Platinkathode Sauerstoff reduziert. Dabei entsteht ein Strom, welcher der vorhandenen Sauerstoffkonzentration proportional ist. Dieser Strom wird verstärkt, auf einem Meßinstrument angezeigt und auf einem Schreiber registriert.

Da bei der Kathodenreaktion eine geringe, unbedeutende Menge Sauerstoff verbraucht wird, muß die Lösung ständig gerührt werden, um überall in der Reaktionsküvette eine gleichmäßige Sauerstoffkonzentration zu erreichen. Die Temperaturempfindlichkeit der Sauerstoffelektrode ist so groß, daß bereits eine Temperaturschwankung von 1° C eine Stromschwankung von einigen Prozent hervorruft. Für einwandfreie Messungen muß daher die Reaktionslösung mit einem Wasserbad gut temperiert werden.

Die Beschreibung des Versuchsaufbaus (Abb. 72) und die Anleitung zur Vorbereitung der Elektrode beziehen sich auf die Sauerstoffelektrode der Fa. Rank, treffen aber im Prinzip auch auf andere Fabrikate zu.

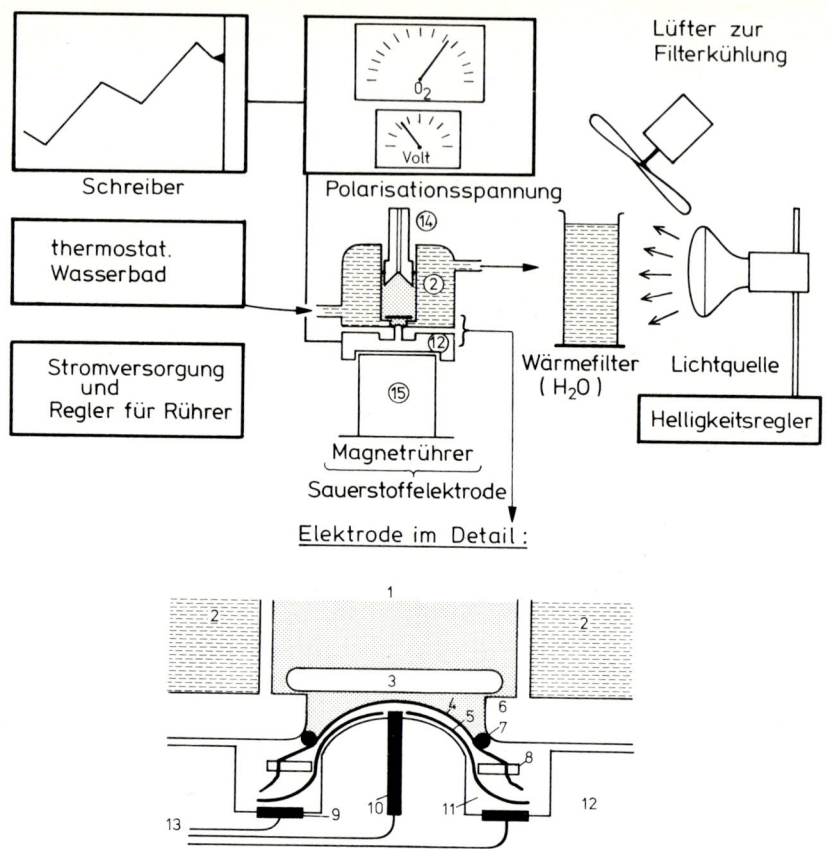

Abb. 72. Versuchsaufbau für Untersuchungen mit der Sauerstoffelektrode (Clark-Elektrode). Die Funktion der einzelnen Komponenten ist im Text erläutert.
1: Reaktionskammer; 2: Wassermantel; 3: Magnetrührstab; 4: Teflonmembran; 5: Linsenpapier; 6: Wand des Glasgefäßes; 7: Dichtungsring; 8: Membranspannring; 9: Platinkathode; 10: Silberanode; 11: Elektrolytvorrat; 12: Elektrodenhalterung; 13: Elektrodenanschluß; 14: Plexiglasstöpsel; 15: Magnetrührer.

Versuchsaufbau. Die Elektrode wird (wie unten beschrieben) präpariert und mit dem Reaktionsgefäß (2) und dem Magnetrührer (15) verbunden. Der Elektrodenanschluß wird mit der Stromversorgungseinheit verbunden, diese wird an einen Schreiber angeschlossen. Für gute und empfindliche Messungen ist es notwendig, zwischen Schreiber und Stromversorgungseinheit die Gegenspannung einzuschalten (Anhang 4). Als Lichtquelle dient ein Diaprojektor, eine Mikroskopleuchte oder Attralux-Scheinwerfer. Es ist jeweils auf gute Wärmeabschirmung zu achten. Für die Lichtsättigung sollte eine Lichtintensität von 30000 Lux erreicht werden. Die Temperierung des Reaktionsgefäßes erfolgt über ein thermostatisch geregeltes Wasserbad. Notfalls kann auch mit einer Aquarienpumpe Wasser aus einem 10 l-Eimer zur Temperierung durch den Mantel (2) des Reaktionsgefäßes gepumpt werden.

Vorbereitung der Elektrode. (Zahlenangaben bezeichnen die entsprechenden Teile in Abb. 72).

Nach dem Entfernen des Reaktionsgefäßes (2) und Säubern der Elektrode mit dest. Wasser wird das Vorratsgefäß (11) mit halbgesättigter Kaliumchloridlösung als Elektrolyt gefüllt. In ein etwa 1,5 × 1,5 cm großes Linsenpapier (beim Optiker erhältlich, z.B. Kodak lens cleaning paper) wird in der Mitte ein ca. 1 mm großes Loch geschnitten. Dieses Papier (5) wird so über die Platinkathode gelegt, daß diese genau unter dem Loch liegt. In die Spannringe (8) wird ein Stück Teflonmembran faltenfrei eingelegt und über der mit Elektrolytlösung befeuchteten Elektrode mit dem Gummiring (7) befestigt. Keinesfalls dürfen sich Luftblasen unter der Teflonmembran befinden. Jetzt wird das Reaktionsgefäß (2) wieder aufgesetzt, befestigt und mit Wasser gefüllt. Die Elektrode wird mit ihrer Stromversorgung verbunden und muß sich zunächst 30−60 Minuten stabilisieren. Sie ist einsatzfähig, wenn der anfänglich registrierte starke Abfall des Meßwertes auf dem Schreiber verschwunden ist. Ein einfacher Test auf Funktionsfähigkeit wird durchgeführt, indem man den Magnetrührer (15) abschaltet. Der angezeigte Wert des O_2-Gehalts soll innerhalb einiger Sekunden stark absinken und nach dem Einschalten des Rührers die alte Höhe schnell wieder erreichen.

Eichung und Auswertung sind ausführlich im Anhang 6 beschrieben. Vereinfachte Methode:

Die Reaktionskammer wird mit luftgesättigtem Wasser gefüllt und das entstehende Spannungssignal auf 75 % Vollausschlag am Anzeigegerät und am Schreiber eingestellt. Aus einem möglichst linearen Teilstück der auf einem Schreiber registrierten Kurve wird die Steigung ermittelt, indem der Anstiegswinkel mit einem Winkelmesser abgelesen wird (s. Abb. 90). Die Umrechnung des Anstiegwinkels in dessen Tangens (Taschenrechner oder Rechenschieber) ergibt ein relatives Maß für die jeweilige Reaktionsgeschwindigkeit. Wenn alle Versuche unter den gleichen Bedingungen durchgeführt werden, d.h. bei gleicher Temperatur, gleichem Reaktionsvolumen und bei gleichem Chlorophyllgehalt der Reaktionslösung, können die Steigungen der gemessenen Kurve (Tangens) direkt miteinander verglichen werden.

Anwendungsmöglichkeiten der Sauerstoffelektrode
Untersuchungen von Hill-Reaktionen an isolierten Chloroplasten (Vers. 29).

Messung der photosyntetischen Sauerstoffentwicklung und der Atmung von Grünalgen (Vers. 23).

Bestimmung der Atmung von Hefezellen, Mikroorganismen oder isolierten Mitochondrien.

Photosynthetische Sauerstoffentwicklung und Atmung von Blattstücken können erfaßt werden, wenn ein angefeuchtetes dünnes Blattstückchen (z. B. *Elodea*) vorsichtig an die Oberfläche der Elektrode angedrückt wird. Hierbei sind nur qualitative Messungen möglich.

Mit batteriebetriebenen O_2-Meßgeräten kann der Sauerstoffgehalt von Flüssen, Seen, Abwässern usw. bestimmt werden.

Mit einer entsprechenden Reaktionskammer ist der Sauerstoffverbrauch von kleinen Fischen meßbar.

● **Versuch 23: Abhängigkeit der Photosynthese von äußeren Faktoren (Messungen an Grünalgen)**

Grundlagen. Die Abhängigkeit der Photosyntheserate von äußeren Faktoren kann durch Messung der Sauerstoffentwicklung untersucht werden. Bevorzugtes pflanzliches Untersuchungsmaterial hierzu sind Kulturen von Grünalgen, an denen sich die äußeren Faktoren, wie z. B. Lichtintensität, Temperatur, CO_2-Angebot, pH-Wert der Nährlösung, leicht verändern lassen. Die Bedeutung der Faktoren und die bei den Messungen erhaltenen Abhängigkeitskurven sind in Kapitel 5 beschrieben.

Untersuchungsmaterial. Kulturen von Grünalgen, wie z. B. *Scenedesmus*- oder *Chlorella*-Arten. Wenn keine Reinkulturen zur Verfügung stehen, können leicht die in jedem Aquarium vorhandenen Grünalgen auf einer anorganischen Nährlösung kultiviert werden (Anhang 8).

Geräte. Versuchsaufbau nach Abbildung 72 (Sauerstoffelektrode). 0,5 ml-Spritzen und Kanülen, Pipetten, Bechergläser, Helligkeitsregler, temperierbares Wasserbad, Luxmeter oder Belichtungsmesser.

Reagenzien. Natriumbikarbonatlösungen ($NaHCO_3$), je 10 ml 10 %, 1 %, 0,1 %, 0,01 und 0,001 %; Puffer: für jeden gewünschten pH-Wert werden je Messung ca. 2,5 ml Puffer benötigt (Zubereitung: Anhang 7); Dichlorphenyl-dimethylharnstoff (DCMU)-Lösung 10^{-3} molar (117 mg DCMU in 50 ml Methanol lösen, 1 : 10 verdünnen); Lösung von käuflichen Herbiziden.

Durchführung. Jeweils 4 ml einer grünen, nicht zu dünnen Algensuspension werden mit 2 ml Wasser (als Kontrolle) oder mit 2 ml Puffer (bei Untersuchung der pH-Abhängigkeit) oder mit 2 ml Natriumbikarbonatlösung (Untersuchung der CO_2-Abhängigkeit) in die Reaktionskammer der Sauerstoffelektrode gefüllt. Wenn die Algensuspension zu dünn ist (sehr hellgrün), werden die Algen durch Zentrifugation konzentriert, um eine gut meßbare Sauerstoffentwicklung zu erhalten.

Nach einer Dunkeladaption von ca. 2 Minuten wird belichtet und die Sauerstoffentwicklung registriert. Nach Verdunklung kann die Atmungsrate erfaßt werden.

Zur Berechnung der reellen Photosyntheserate (Kap. 5) muß die Atmungsrate von der apparenten Photosyntheserate abgezogen werden. Hierzu dürfen nicht die aus den gemessenen Kurven abgelesenen Steigungswinkel subtrahiert werden, sondern die Tangenswerte der betreffenden Steigungswinkel. Näheres siehe Anhang 6. Alle Untersuchungen werden bei einem Bikarbonatgehalt von 0,1 % durchgeführt, um optimale Photosynthesebedingungen zu ermöglichen. Die Temperatur der Reaktionslösung soll bei ca. 25°C liegen.

Lichtabhängigkeit der Photosynthese: Durch Variieren der Lichtintensität (Helligkeitsregler, Schiebewiderstand oder Vergrößerung des Abstandes der Lampe) wird die Photosyntheserate bei verschiedenen Lichtintensitäten gemessen. Die Lichtintensität wird mit einem Lux-Meter oder einem Belichtungsmesser festgestellt. Empfehlenswert sind Messungen bei 500, 1000, 3000, 5000, 10000, 20000 und 30000 Lux. Für jede Lichtintensität wird eine neue Algensuspension benutzt. Die Darstellung der gemessenen Photosyntheseraten in Abhängigkeit der Lichtintensität ergibt eine Lichtsättigungskurve (Abb. 17a). Bei sorgfältigem Arbeiten kann der Lichtkompensationspunkt bestimmt werden.

Temperaturabhängigkeit: Durch Bestimmung der Photosyntheserate bei 10, 20, 30 und 40°C kann die Temperaturabhängigkeit der Photosynthese untersucht werden (Abb. 20). Vor jeder Messung muß die Elektrode neu geeicht werden. Hierzu muß Wasser benutzt werden, das bei der jeweiligen Temperatur luftgesättigt wurde (Anhang 6). Die Algensuspension soll sich ca. 5 min an die jeweilige Temperatur adaptieren, bevor die Messung begonnen wird. Mit diesem Versuch kann gleichzeitig die Temperaturabhängigkeit der Zellatmung bestimmt werden. Q_{10}-Werte können durch das Verhältnis der Photosyntheseraten bei zwei um 10°C verschiedenen Temperaturen ermittelt werden (Gl. 6).

CO_2-Abhängigkeit: Je 4 ml Algensuspension werden mit 2 ml Natriumbikarbonat-Lösung versetzt und in die Reaktionskammer gefüllt. Durch Messung der Photosyntheserate bei verschiedenen Bikarbonatkonzentrationen wird die Abhängigkeit der Photosynthese von der Bikarbonatkonzentration ermittelt (Abb. 19). Messungen werden durchgeführt bei einem Bikarbonatgehalt der Suspension von 3 %, 1 %, 0,1 %, 0,01 % und 0,001 % und ohne Zusatz von Bikarbonat.

Hinweis: Die Algensuspension im Kulturgefäß, die mit Luft gesättigt wird, ist nicht optimal mit CO_2 versorgt. Es empfiehlt sich daher für die beschriebenen Photosynthesemessungen die Bikarbonat-Konzentration in der Reaktionskammer der Sauerstoffelektrode zu erhöhen. Man arbeitet in der Regel bei 0,1 % $NaHCO_3$-Konzentration.

pH-Abhängigkeit: Je 4 ml Algensuspension werden mit 2 ml Puffer von unterschiedlichem pH-Wert versetzt. Die Darstellung der gemessenen Photosyntheserate in Abhängigkeit des pH-Wertes ergibt eine typische Optimumkurve (Abb. 21) mit einem relativ breiten Maximum zwischen etwa 5,5−7,5 pH. Messungen werden durchgeführt bei pH 2, 3, 4 ... 9. Geeignete Pufferlösungen sind im Anhang beschrieben.

Einwirkung von Herbiziden: Die Photosyntheserate einer Algensuspension wird für ca. 2 Minuten registriert. Jetzt wird mit einer Spitze durch den Entlüftungskanal eine kleine Menge (0,05−0,1 ml) eines Wirkstoffes eingespritzt und die Veränderung der Photosyntheserate beobachtet. Geeignete Photosyntheseherbizide sind im Versuch 39 beschrieben. Mit ihnen läßt sich die photosynthetische Sauerstoffentwicklung blockieren, nicht aber die Zellatmung. Mit Kaliumcyanid (Vorsicht, sehr giftig!) wird in geringen Konzentrationen nur die Photosynthese, bei höheren Konzentrationen aber auch zusätzlich die Atmung blockiert. Eine saubere Unterscheidung der beiden Effekte ist nicht immer möglich. Eine Photosynthesehemmung erfolgt bereits bei einer Endkonzentration von 10^{-4} molar KCN in der Reaktionskammer. Gibt man zu 6 ml der Algensuspension 0,05 ml 10^{-2} molare KCN-Lösung (Herstellung Vers. 35), so erhält man eine Endkonzentration von $8 \cdot 10^{-5}$ molar.

Zusatzversuch.

Einwirkung von Schadstoffen. Grünalgen eignen sich hervorragend für die Untersuchung von Schadstoffen auf die Photosynthese, da man sehr schnell eine Beeinflussung der O_2-Entwicklung erkennen kann. Möglich ist die Untersuchung der Einwirkung von Schwermetallionen, wie z. B. Quecksilber oder Cadmium, auf die Photosynthese oder von Sulfat, Nitrat oder Phosphat.

● **Versuch 24: Isolierung photochemisch aktiver Chloroplasten aus Blättern**

Grundlagen. Zur Untersuchung photochemischer Reaktionen, z. B. Elektronentransport, sind isolierte Chloroplasten bestens geeignet, da bei diesem Untersuchungsmaterial keine Überlagerung der untersuchten Reaktionen durch andere physiologische Zellvorgänge erfolgt, z. B. durch Atmung. Ein weiterer Vorteil ist die freie Zugänglichkeit der Thylakoide für zugesetzte Substanzen (z. B. Elektronenakzeptoren, Hemmstoffe usw.), deren Eindringen sonst durch Zellwände oder Stoffe des Cytoplasmas behindert wird.

Funktionsfähige Chloroplasten können nicht aus jedem Blattmaterial isoliert werden. Geeignete Pflanzen sind *Spinat (Spinacia), Radieschen (Raphanus), Erbse (Pisum), Salat (Lactuca)* und *Rübe (Beta)*. Zu empfehlen sind frische *Spinatblätter*, die im Handel meist verfügbar sind oder *Radieschenkeimlinge*, die sich leicht kultivieren lassen.

Die eigentliche Isolierung erfolgt nach Aufbrechen der Zellwände und Filtration der erhaltenen Suspension durch mehrere Zentrifugationsschritte (differentielle Zentrifugation, siehe Literatur). Für viele funktionelle Untersuchungen ist jedoch die hier beschriebene, vereinfachte Isolationstechnik ausreichend.

Untersuchungsmaterial. Junge, frische *Spinatblätter (Spinacia oleracea)*, kein tiefgefrorenes Material!) oder Kotyledonen von *Radieschen (Raphanus sativus)*. *Radieschen* werden auf Erde unter Dauerlicht angezogen. Die aktivsten Chloroplasten werden von 3–6 Tage alten Keimlingen erhalten.

Benötigte Menge: Je nach beabsichtigten Versuchen ca. 15–30 g Blattfrischgewicht.

Geräte. Quarzsand, Mörser und Pistill oder Haushaltsmixgerät, Verbandmull oder dichtes Kunststoffgewebe (ähnlich Nyltest) ca. 20 × 40 cm, Zentrifuge (Handzentrifuge oder einfache elektrische Zentrifuge), Becherglas, Glasstab, Trichter, Eis, Kühlschrank.

Reagenzien und Chemikalien. 50 ml Isolierungs- und 50 ml Suspensionsmedium I (Herstellung Anhang 7).

Durchführung. Alle Geräte, Lösungen und das Pflanzenmaterial werden in einem Kühlschrank auf 2° C vorgekühlt. Um eine hohe Aktivität der Chloroplasten zu erhalten, soll die Zeit zwischen dem Zerkleinern des Blattmaterials und der Überführung des Sediments in das Suspensionsmedium so kurz wie möglich gehalten werden. Anzustreben sind 4–8 Minuten.

Aufschluß des Materials. Das Pflanzenmaterial wird etwa mit der gleichen bis doppelten Menge Isolationsmedium im Mörser übergossen und zusammen mit ca. 5 g Quarzsand schnell verrieben. Falls ein Mixgerät zur Verfügung steht, erfolgt die Zerkleinerung ohne Zusatz von Quarzsand (Dauer ca. 30 sec). Auf beiden Wegen kommt es weniger darauf an, das Material vollständig aufzuschlagen als vielmehr möglichst *schnell* eine genügende Menge Rohsuspension zu erhalten.

Das Homogenat wird durch 8 Lagen Mull oder besser durch ein engmaschiges Nylontuch (geeignet sind Reste von Nyltesthemden) gepresst und mit einem Trichter direkt in die Zentrifugengefäße eingebracht.

Zentrifugation. Die Zentrifugationsdauer ist abhängig von der vorhandenen Zentrifuge (Umdrehung, Radius). Angestrebt werden soll eine Zentrifugation von 5–10 Minuten bei 1500 bis 1000 × g.

Formel zur Berechnung der erreichten Zentrifugalkraft Z (Vielfaches von g):

$$Z = 1,12 \cdot r \cdot (U/min)^2 \cdot 10^{-5} \tag{Gl. 21}$$

r = Rotorradius (in cm); U/min = Umdrehungen/Minute, kann ggf. mit Stroboskop bestimmt werden; g = Erdbeschleunigung, Gravitationskonstante. Die Chloroplasten setzen sich am unteren Ende des Zentrifugenröhrchens als fester dunkelgrüner Belag ab. Der Überstand kann jetzt vollständig abgegossen werden. Das Sediment wird nach Entfernen des Überstandes mit ca. 10 ml Suspensionsmedium aufgenommen. Hierbei werden die Chloroplasten osmotisch aufgebrochen. Wichtig für die späteren Versuche ist eine möglichst homogene Suspension, was am besten durch ständiges Rühren mit einem kleinen Magnetrührer erreicht werden kann. Die erhaltene Chloroplastensuspension wird weiterhin kalt aufbewahrt (Eisbad).

Hinweis. 1. Da isolierte Chloroplasten relativ schnell ihre Aktivität verlieren, sollten die mit ihnen beabsichtigten Versuche innerhalb von 1–3 Stunden abgeschlossen sein. 2. Reinheit der Chloroplastensuspension und der Zustand der Chloroplasten kann lichtmikroskopisch überprüft werden (Vers. 1).

Versuch 25: Isolierung von Chloroplasten zur Untersuchung des lichtinduzierten pH-Gradienten

Grundlagen. Zur Untersuchung des lichtabhängigen pH-Gradienten benötigt man eine Chloroplastensuspenison, in der geringste Änderungen des pH-Wertes noch meßbar sind, da die bei Belichtung von isolierten Chloroplasten auftretenden Veränderungen des pH-Wertes (Aufbau des Protonengradienten) meist gering sind. Sie können daher nur dann erfaßt werden, wenn die Pufferkapazität der Chloroplastensuspension nicht zu hoch ist. Durch mehrmaliges Waschen (Sedimentieren und Wiederaufnehmen in sehr verdünntem Puffer) werden die Chloroplasten in ein Medium mit nur geringer Pufferkapazität überführt.

Untersuchungsmaterial, Reagenzien, Geräte wie bei Versuch 24, zusätzlich 50 ml Suspensionsmedium II und III (Herstellung Anhang 7).

Durchführung. Die Isolation von Chloroplasten wird wie in Versuch 24 durchgeführt. Nach der ersten Sedimentation werden die noch ganzen Chloroplasten nicht im Suspensionsmedium I, sondern sofort im Suspensionsmedium II aufgenommen und erneut sedimentiert. Dieser Schritt wird nochmals wiederholt. Erst dann werden die Chloroplasten im Suspensionsmedium III aufgenommen und damit osmotisch aufgebrochen.
Die Chlorophyllbestimmung erfolgt nach Versuch 26.

Versuch 26: Bestimmung des Chlorophyllgehalts einer Chloroplastensuspension

Grundlagen. Für quantitative Messungen der photochemischen Aktivität isolierter Chloroplasten (Sauerstoffentwicklung, Hill-Reaktion) ist es notwendig, die im jeweiligen Versuch eingesetzte Chlorophyllmenge zu kennen. Die gemessene Photosynthesegeschwindigkeit wird üblicherweise angegeben als μMol Sauerstoff/mg Chlorophyll und Stunde.

Da die Isolierung von Chloroplasten aus Blättern nie quantitativ gelingt, muß die Chlorophyllkonzentration der erhaltenen Chloroplastensuspension bestimmt werden. Hierzu werden die Pigmente mit Aceton extrahiert und der Gesamtchlorophyllgehalt (Chlorophyll a + b) durch eine photometrische Messung ermittelt.

Untersuchungsmaterial. Chloroplastensuspension (isoliert nach Vers. 24).

Geräte. Bechergläser, Trichter, Blauband-Filterpapier, Pipette, Spektralphotometer.

Reagenzien und Chemikalien. 80 % Aceton.

Durchführung. 0,2 ml Chloroplastensuspension (nach Vers. 24) werden in einem Reagenzglas mit 19,8 ml 80 % Aceton versetzt, geschüttelt und durch einen dichten Papierfilter (Blauband) in eine Photometerküvette filtriert. Als Vergleichslösung im Photometer dient 80 % Aceton. Aus der Extinktion (E) bei 652 nm wird die Chlorophyllkonzentration berechnet nach folgender Gleichung:

$$E_{652} \times 2{,}9 = \text{mg Chlorophyll/ml Chloroplastensuspension} \qquad \text{(Gl. 22)}$$

Die Chlorophyll-Lösung muß klar sein, da eine Trübung eine zu hohe Extinktion bei 652 nm vortäuscht. Liegt nach Filtration noch eine Trübung der Lösung vor, muß erneut filtriert werden oder die Trübung wird durch eine Zusatzmessung erfaßt. Da das Ausmaß der Trübung bei 652 nm und 750 nm fast identisch ist, bei 750 nm das Chlorophyll jedoch keine nennenswerte Absorption mehr zeigt (Abb. 64), kann der Extinktionswert bei 750 nm als Nullpunkt angesehen werden. Die Berechnung erfolgt dann nach der Formel:

$$(E_{652} - E_{750}) \times 2{,}9 = \text{mg Chlorophyll/ml Chloroplastensuspension} \qquad \text{(Gl. 23)}$$

Günstig für die vorgesehenen Messungen ist ein Chlorophyllgehalt von 0,2–0,8 mg/ml Chloroplastensuspension.

● **Versuch 27: Visuelle Beobachtung der Hill-Reaktion an isolierten Chloroplasten bei Zugabe eines Elektronenakzeptors (Hill-Reagenz)**

Grundlagen. Isolierte, aufgebrochene Chloroplasten verlieren den größten Teil des nur locker gebundenen Ferredoxins sowie des zelleigenen Elektronenakzeptors NADP bei der Isolation. Daher sind sie nicht mehr zur Sauerstoffentwicklung und zum Elektronentransport fähig. Die photosynthetische Sauerstoffentwicklung kann jedoch wiederhergestellt werden, wenn den Chloroplasten künstliche Elektronenakzeptoren (A) zugesetzt werden:

$$A + H_2O \xrightarrow[\text{Licht}]{\text{Chloroplasten}} AH_2 + 1/2\, O_2 \qquad\qquad \text{(Gl. 24)}$$

Ein solcher Elektronenakzeptor ist das Hill-Reagenz Dichlorphenolindophenol (DCPIP). Es ändert bei der Reduktion seine Farbe von blau nach farblos.

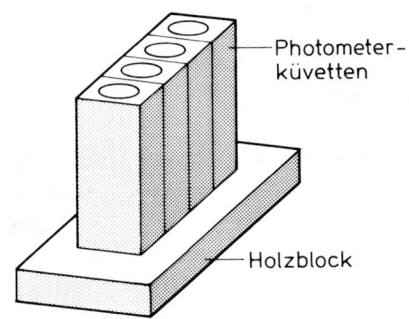

Abb. 73. Halterung für vier Photometerküvetten zum Einsetzen in einem Diaprojektor. Die Halterung wird aus einem Holzblock geschnitten oder aus kleinen Leisten zusammengesetzt.

Untersuchungsmaterial. Isolierte Chloroplasten (Vers. 24).

Geräte. 4 Photometerküvetten (Glas oder Kunststoff) oder 4 kleine Reagenzgläser, Küvettenhalterung nach Abbildung 73, Diaprojektor, Pipetten.

Reagenzien und Chemikalien. Dichlorphenolindophenol-Lösung (DCPIP), 10^{-3} molar (65,2 mg DCPIP auf 200 ml Wasser); Dichlorphenyldimethylharnstoff (DCMU) 10^{-3} molar (117 mg DCMU in 50 ml Methanol lösen = 10^{-2} molar, dann 1:10 verdünnen); als Puffer das Suspensionsmedium I (Anhang 7); Eiswürfel.

130

Durchführung. Die Hill-Reaktion wird in 4 Photometerküvetten oder Reagenzgläsern beobachtet. Sie befinden sich gleichzeitig im Strahlengang eines Diaprojektors. Erkennbar wird die Reaktion durch Entfärbung des blauen, in seiner oxidierten Form vorliegenden Farbstoffs Dichlorphenolindophenol (DCPIP) zum farblosen, reduzierten DCPIP · H_2 (Abb. 74).

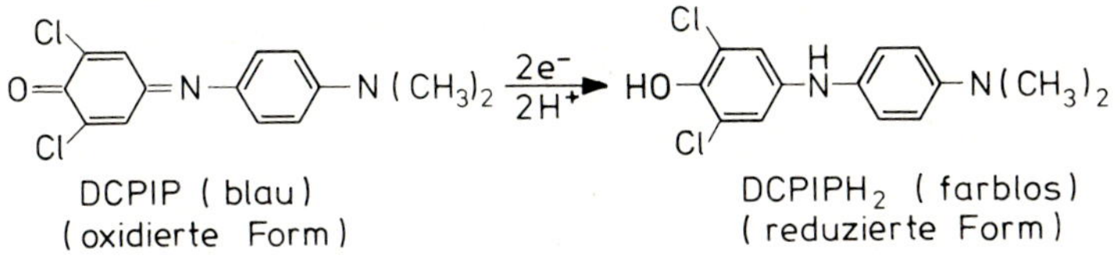

DCPIP (blau)
(oxidierte Form)

$DCPIPH_2$ (farblos)
(reduzierte Form)

Abb. 74. Strukturformel des oxidierten und reduzierten Farbstoffs Dichlorphenolindophenol (DCPIP).

In die Küvetten werden die folgenden Lösungen pipettiert (in ml):

Küvette	Puffer	DCPIP-Lösung	Chloro-plasten	DCMU-Lösung	Färbung vor Be-lichtung	nach Be-lichtung
1	2,8	0,2	–	–	blau	blau
2	2,8	–	0,1	–	grün	grün
3	2,8	0,2	0,1	–	blaugrün	grün
4	2,8	0,2	0,1	0,1	blaugrün	blaugrün

Die benötigte Chloroplastenmenge sollte so bemessen sein, daß der Chlorophyllgehalt je Küvette zwischen 5–50 µg Chlorophyll liegt. Die optimale Konzentration wird in einem Vorversuch so ermittelt, daß die beobachtete Reduktion des Farbstoffs nach ca. 20–40 sec abgeschlossen ist.

Zur Versuchsdurchführung werden die 4 Küvetten bei stark gedämpfter Zimmerbeleuchtung vorbereitet und in den Strahlengang des Projektors gestellt. Für die Beobachter ist der Hinweis wichtig, in welcher Reihenfolge die Küvetten projiziert werden (spiegelbildliche Darstellung auf der Leinwand). Die Hill-Reaktion setzt mit dem Einschalten des Projektors ein. *Küvette 1* dient zur Demonstration der blauen Farbe des oxidierten DCPIP, *Küvette 2* zeigt die grüne Eigenfarbe der Chloroplasten. In der *Küvette 3*, die außer den Chloroplasten ein Hill-Reagenz enthält, läuft eine Hill-Reaktion ab, kenntlich an der Entfärbung des Farbstoffs DCPIP. Die *Küvette 4* enthält zusätzlich den Photosynthesehemmstoff DCMU. Daher findet hier keine Hill-Reaktion und somit keine Farbveränderung statt.

Zusatzversuche.

a) Anstelle von DCMU können andere käufliche Herbizide auf Photosynthesehemmung getestet werden (Kap. 9 und Vers. 39)

b) Die Beobachtung einer Hill-Reaktion (Küvette 3) mit oder ohne Zusatz eines Entkopplers (0,1 ml einer $5 \cdot 10^{-2}$ molaren Ammoniumchloridlösung, 134 mg NH_4Cl in 50 ml Wasser) zeigt, daß in Anwesenheit von Entkopplern eine 2–3 mal schnellere Entfärbung des Hill-Reagenz erfolgt.

c) Die Entfärbung des Farbstoffs DCPIP auf rein chemischem Wege kann demonstriert werden, wenn der Küvette 1 ein Tropfen Ascorbinsäure-Lösung (z. B. 1 %) zugesetzt wird.

Versuch 28: Quantitative Bestimmung der Sauerstoffentwicklung an isolierten Chloroplasten durch photometrische Messung der Hill-Reaktion

Grundlagen. Die bei der Hill-Reaktion umgesetzte Farbstoffmenge an Dichlorphenolindophenol wird photometrisch ermittelt und aus ihr nach Gleichung 24/S. 130 die entwickelte Sauerstoffmenge berechnet.

Untersuchungsmaterial. Isolierte Chloroplasten nach Versuch 24.

Geräte. Spektralphotometer oder Filterphotometer (mit Interferenzfilter für 600 oder 590 nm), Küvetten (Schichtdicke 1 cm), Pipetten, Eis, Lichtquelle (z. B. Diaprojektor oder Mikroskopierleuchte), Wärmefilter (z. B. 5 cm dicke Wasserschicht), Stoppuhr.

Reagenzien und Chemikalien. Dichlorphenolindophenol-Lösung (DCPIP), 10^{-3} molar (65,2 mg auf 200 ml Wasser); Dichlorphenyldimethylharnstoff (DCMU), 10^{-3} molar (117 mg in 50 ml Methanol lösen $= 10^{-2}$ molar, dann 1:10 verdünnen); als Puffer das Suspensionsmedium I (Anhang 7).

Durchführung. In eine Photometerküvette werden 2,9 ml Suspensionsmedium I und 0,1 ml der vorgenannten Dichlorphenolindophenol-Lösung pipettiert. Die Extinktion der blauen Farbstofflösung in der Küvette (E_1) wird im Photometer bei 600 nm bestimmt. Die Vergleichsküvette enthält nur Puffer. Bei der Farbstofflösung sollte eine Extinktion zwischen 0,5 und 0,6 Extinktionseinheiten gemessen werden. Diese Extinktion entspricht der eingesetzten Menge des blauen Hill-Reagenz. Jetzt werden je nach Konzentration und Aktivität der Chloroplastensuspension 0,05 ml – 0,1 ml der Chloroplastensuspension in die Küvette pipettiert und diese mit einem Stopfen verschlossen. Die Extinktion des Küvetteninhalts wird noch ohne Belichtung erneut bestimmt (E_2). Die jetzt aufgetretene Erhöhung der Extinktion beruht auf der Lichtabsorption der zugegebenen Chlorophylle.

Jetzt wird die Küvette dem Photometer entnommen und schnell in den Lichtkegel des Diaprojektors gestellt. Nach einer Belichtungszeit von 30 sec

(Stoppuhr) wird die Küvette sofort ins Photometer zurückgestellt und erneut die Extinktion bestimmt (E_3). Diese Extinktion (E_3) ist niedriger als E_2 und zeigt die teilweise Reduktion des eingesetzten Hill-Reagenz (DCPIP) an.

Weitere Belichtungen (30 sec) und Bestimmungen der Extinktion werden solange weitergeführt, bis das vorhandene Hill-Reagenz vollständig reduziert ist, erkennbar daran, daß die Farbe des Küvetteninhalts grün und nicht mehr blaugrün wie unmittelbar vor der ersten Belichtung ist.

Aus der Differenz der gemessenen Extinktionswerte ($E_2 - E_3$ und $E_3 - E_4$) wird ein Durchschnittswert ΔE ermittelt, welcher der in 30 sec umgesetzten Farbstoffmenge entspricht.

Auswertung.

1. *Möglichkeit.* Die umgesetzte Farbstoffmenge wird über das Lambert-Beer'sche Gesetz (Anhang 3.3) aus dem ermittelten Durchschnittswert ΔE der gemessenen Extinktionsabnahme berechnet. Grundlage hierzu bildet der molare Extinktionskoeffizient (ε), der für 600 nm, eine Schichtdicke von 1 cm und pH-Werte zwischen 7 und 8 gilt:

$$\varepsilon_{600} = 20\,000 \qquad \text{(Gl. 25)}$$

Hieraus kann man die vereinfachte Berechnungsformel ableiten, die für die hier gewählten Bedingungen gültig ist (0,1 ml DCPIP 10^{-3} molar in 3 ml Volumen, gemessen bei 600 nm, Belichtungsdauer 30 sec):

$$\Delta E \times 9 = \mu\text{Mol }O_2/\text{Stunde} \qquad \text{(Gl. 26)}$$

Pro Mol Dichlorphenolindophenol, das in der Hill-Reaktion reduziert wird, entsteht in der Photolyse des Wassers $^1/_2$ Mol O_2. Dadurch kann aus der reduzierten Farbstoffmenge direkt die entwickelte Menge Sauerstoff berechnet werden.

Üblicherweise wird das Versuchsergebnis angegeben als μMol O_2/1 mg Chlorophyll und Stunde. Für den Bezug des Ergebnisses auf 1 mg Chlorophyll muß die im Versuch eingesetzte Chlorophyllmenge bekannt sein. Sie ergibt sich aus der Chlorophyllbestimmung der Chloroplastensuspension und aus der Chloroplastenmenge in der Küvette.

Beispiel. Für ein Belichtungsintervall wurde $\Delta E = 0,1$ ermittelt. Chlorophyllgehalt der Küvette: 0,01 mg Chlorophyll.

$$\frac{0,1 \times 9}{0,01} = 90 \,\mu\text{Mol }O_2/1 \text{ mg Chlorophyll und Stunde}$$

Durch den Bezug auf Stunde und 1 mg Chlorophyll werden die unter den verschiedensten Bedingungen ermittelten Versuchsergebnisse miteinander vergleichbar.

2. Möglichkeit der Berechnung. Aus dem Vergleich des ermittelten ΔE-Werts mit der Extinktion E_1 der eingesetzten DCPIP-Menge wird die umgesetzte Farbstoffmenge ermittelt. Die Berechnungen erfolgen mit folgender Formel:

$$\frac{\Delta E}{E_1} \times 6 = \mu Mol\ O_2/h$$

Beispiel. Für ein Belichtungsintervall wurde $\Delta E = 0,1$ und $E_1 = 0,66$ ermittelt. Chlorophyllgehalt der Küvette: 0,01 mg Chlorophyll.

$$\frac{0,1}{0,66 \times 0,01} \times 6 = 90\ \mu Mol\ O_2/1\ mg\ Chlorophyll\ und\ Stunde$$

Zusatzversuche.

a) Durch Veränderung der Lichtintensität kann eine Lichtsättigungskurve der Dichlorphenolindophenol-Reduktion aufgenommen werden.

b) Die Zugabe von 0,1 ml einer $5 \cdot 10^{-2}$ molaren Ammoniumchloridlösung (134 mg NH_4Cl in 50 ml Wasser) stimuliert die Rate der Hill-Reaktion um das $2-3$fache (Entkopplung).

c) Durch Zugabe kleiner Mengen konzentrierter Herbizidlösungen kann die Wirkung von Photosyntheseherbiziden getestet werden. Die Endkonzentration des Herbizids in der Küvette sollte für eine 50 % Hemmung der Hill-Reaktion bei ca. 10^{-6} bis 10^{-7} Mol/l liegen.

d) Das Volumen des photosynthetisch entwickelten Sauerstoffs kann leicht aus der berechneten molaren Sauerstoffmenge (berechnet in $\mu Mol\ O_2$) erhalten werden:

$$1\ \mu Mol\ O_2 = 22,4\ \mu l\ O_2$$

Versuch 29: Messung der Hill-Reaktion isolierter Chloroplasten mit der Sauerstoffelektrode

Grundlagen. Bei der Hill-Reaktion mit isolierten Chloroplasten wird unter Sauerstoffentwicklung ein künstlicher Elektronenakzeptor reduziert. Diese Sauerstoffentwicklung kann mit einer polarographischen Sauerstoffelektrode (Vers. 22) direkt gemessen werden. Während bei der photometrischen Messung der Hill-Reaktion (Vers. 28) der Verlauf der Reaktion jeweils nur zu bestimmten Zeitpunkten (z. B. in 30 sec-Abstand) erfaßt wird, kann bei Verwendung der Sauerstoffelektrode der Reaktionsverlauf kontinuierlich registriert werden. Dies ist von Vorteil, wenn in einem Experiment der Einfluß von Zusätzen, wie z. B. Hemmstoffen oder Entkopplern, für die Reaktionsgeschwindigkeit der Photosynthese beobachtet werden soll.

Die Auswahl der verschiedenen Hill-Reagenzien kann nach Tabelle 16 vorgenommen werden:

Tabelle 16. Zusammenstellung von verschiedenen Hill-Reagenzien und von geeigneten Untersuchungsmethoden. DCPIP = Dichlorphenolindophenol; BQ = p-Benzochinon; Fecy = Ferricyanid; MV = Methylviologen.
+ = gut geeignet; (+) = möglich; − = nicht möglich oder ungeeignet.

Hill-Reagenz	geeignet für spektralphotometrische Messung (Vers. 28)	Messung bei Wellenlänge (nm)	geeignet f. Messung mit der Sauerstoffelektrode	Messung als O_2-Entwicklung	Messung als O_2-Verbrauch	geeignet für visuelle Beobachtung (Vers. 27)
DCPIP	+	600	(+)	(+)	−	+
BQ	−	−	+	+	−	−
Fecy	(+)	420	+	+	−	−
MV	−	−	+	−	+	−

Für Untersuchungen mit der Sauerstoffelektrode sind Benzochinon und Ferricyanid die am besten geeigneten Hill-Reagenzien. Mit Methylviologen als Hill-Reagenz können ebenfalls ausgezeichnete Messungen durchgeführt werden. Allerdings wird hier keine Sauerstoffentwicklung, sondern ein Sauerstoffverbrauch gemessen. Der Mechanismus dieser Reaktion ist in Abbildung 23 erläutert.

Untersuchungsmaterial. Isolierte Chloroplasten nach Versuch 24.

Geräte. Sauerstoffelektrode mit Versuchsaufbau nach Abbildung 72; Magnetrührer; Diaprojektor, Mikroskopierleuchte oder Attralux-Lampe; Wasserküvette als Wärmefilter; Schreiber, Gegenspannungseinrichtung; thermostatisiertes Wasserbad; Pipetten, 0,5 ml-Spritzen und Kanülen.

Reagenzien und Chemikalien.
Puffer. Suspensionsmedium I, Anhang 7.
Hill-Reagenzien.
Dichlorphenolindophenol-Lösung (5×10^{-3} molar): 163 mg Dichlorphenolindophenol in 100 ml Wasser.
p-Benzochinon-Lösung (5×10^{-2} molar): 540 mg p-Benzochinon in 100 ml Wasser.
Kaliumferricyanid-Lösung (5×10^{-2} molar): 164 mg Kaliumhexacyanferrat (III) in 10 ml Wasser lösen.
Methylviologen-Lösung (10^{-2} molar): 257 mg Methylviologen in 100 ml Wasser.

Herbizide.
Dichlorphenyldimethylharnstoff-Lösung (10^{-3} molar): 23,3 mg Dichlorphenyldimethylharnstoff (DCMU) in 100 ml Methanol.
Wässrige Lösungen von käuflichen Herbiziden $10^{-3} - 10^{-5}$ molar.

Ferner.
Ammoniumchlorid-Lösung (5×10^{-2} molar): 267 mg NH_4Cl in 100 ml Wasser.
Natriumazid-Lösung (5×10^{-3} molar): 32,5 mg NaN_3 in 100 ml Wasser.

Durchführung. Vorbereitung des Versuchsaufbaus und Eichung siehe Versuch 22 und Anhang 6. Die Messungen erfolgen bei 15° C in je 5 ml Suspensionsmedium I, dem 0,1 ml des jeweiligen Hill-Reagenz zugegeben werden. Wird Methylviologen als Hill-Reagenz eingesetzt, muß zusätzlich 0,1 ml Natriumazid-Lösung zugegeben werden, um störende Enzyme (Katalase, spaltet entstehendes H_2O_2) auszuschalten. Unmittelbar vor Beginn der Messung werden ca. 0,1 ml Chloroplastensuspension zugegeben. Die genaue Menge richtet sich nach Konzentration und Aktivität der isolierten Chloroplasten. Als Richtwert dient eine Chlorophyllkonzentration von 50–100 µg Chlorophyll je 5 ml Reaktionslösung. Nach dem luftfreien (!) Verschließen des Reaktionsraums wird dieser verdunkelt (schwarzes Tuch) und der Magnetrührer eingeschaltet. Die anfängliche Drift am Anzeigegerät ist meist nach 30–60 sek. verschwunden. Jetzt wird belichtet und die Veränderung des Sauerstoffgehalts auf einem Schreiber registriert.

Nachdem die Reaktion ca. 1 – 2 Minuten beobachtet wurde, kann mit einer Spritze (0,5 ml Volumen, z.B. eine Insulinspritze) eine kleine Menge einer gelösten Substanz (z.B. ein Hemmstoff) zu der laufenden Reaktion zugespritzt werden. Das zugegebene Volumen sollte hierbei 0,05 – 0,1 ml nicht überschreiten. Nachdem die veränderte Reaktionsrate wieder für 1 – 2 Minuten registriert wurde, wird abgedunkelt und als Kontrolle die Dunkelrate registriert.

Auswertung. Versuch 23 und Anhang 6.

Zusatzversuche.

a) Untersuchung von Hemmstoffen. Hill-Reaktionen lassen sich durch DCMU und die meisten käuflichen Herbizide blockieren. Für verschiedene Herbizide oder andere Zusätze kann die Wirksamkeit als sog. I_{50}-Konzentration (Konzentration für 50 % Hemmung, Kap. 9) bestimmt werden. Man setzt hierzu unterschiedliche Konzentrationen eines Herbizids ein und bestimmt durch Vergleich der Kontrollrate der Sauerstoffentwicklung mit der verminderten Rate das Ausmaß der Hemmung (Versuchsablauf wie z.B. in Abb. 75 dar-

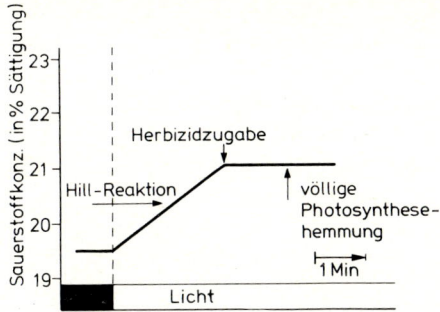

Abb. 75. Typischer Reaktionsverlauf bei der Messung der Hill-Reaktion isolierter Chloroplasten mit einer Sauerstoffelektrode. Im Licht ist ein Ansteigen der Sauerstoffkonzentration feststellbar. Nach Zugabe eines Pigmentsystem II-Hemmstoffs bleibt die Sauerstoffkonzentration konstant. *Hinweis:* Es wird die Veränderung der O_2-Konzentration registriert. Aus der Veränderung der O_2-Konzentration je Zeiteinheit (aus der Steigung der Kurve bzw. aus dessen Tangens) kann die Sauerstoffentwicklungsrate und damit die Photosynthesegeschwindigkeit ermittelt werden (Anhang 6).

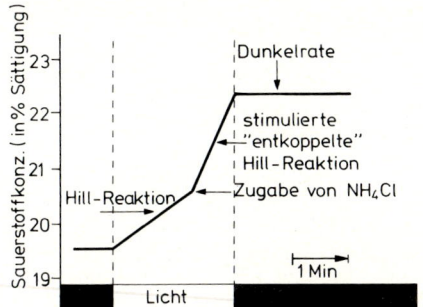

Abb. 76. Typischer Reaktionsverlauf zur Demonstration der Wirkung eines Entkopplers auf die Sauerstoffentwicklung isolierter Chloroplasten. Die anfängliche Rate der Hill-Reaktion (Steigung der registrierten Kurve) wird nach Zugabe eines Entkopplers erheblich verstärkt.

gestellt). Die einzelnen Ergebnisse werden graphisch dargestellt (% Hemmung gegen eingesetzte Konzentration auftragen) und aus ihnen die I_{50}-Konzentration ermittelt.

b) Untersuchung von Entkopplern. Versuchsablauf, wie z. B. in Abbildung 76 dargestellt. Es werden 0,1 ml der vorgenannten Ammoniumchlorid-Lösung in den Reaktionsraum eingespritzt. Die Entkopplung wird durch eine 2–3fach höhere Reaktionsgeschwindigkeit nachgewiesen.

c) Veränderung äußerer Faktoren wie Lichtintensität, Temperatur des Wasserbads und des pH-Wertes der Pufferlösung gestatten die Messung von Lichtsättigungskurven und Optimumkurven (Kap. 5).

d) Getrennte Messung der Aktivität des Pigmentsystem I. Der Versuchsansatz erfolgt mit 5 ml Suspensionsmedium I, wie zuvor unter Durchführung beschrieben. Als Hill-Reagenz dient 0,1 ml der Methylviologen-Lösung in Gegenwart von 0,1 ml Natriumazid-Lösung. Als künstlichen Elektronendonator gibt man zusätzlich 0,1 ml Ascorbinsäure-Lösung (0,44 g in 10 ml Wasser) sowie 0,2 ml Dichlorphenolindophenol-Lösung zu. Diese Reaktion läuft in Gegenwart von 0,1 ml des Pigmentsystem II-Hemmstoffs Dichlorphenyldimethylharnstoff (DCMU) und ist auch noch mit dunkelrotem Licht (Wellenlänge > 680 nm) möglich. Um dies zu testen, kann ein Diaprojektor mit einem geeigneten Glasfilter (z.B. R 695, Fa. Schott, Mainz) als Lichtquelle eingesetzt werden.

● **Versuch 30: Indirekte Messung der Photophosphorylierung durch Änderung des pH-Wertes einer Chloroplastensuspension**

Grundlagen. Beim photosynthetischen Elektronentransport werden an der Innenseite der Thylakoide Protonen freigesetzt und in den Innenraum zwischen zwei Thylakoidhälften abgegeben. Gleichzeitig erfolgt an der Außenseite der Thylakoidmembran eine Aufnahme von Protonen aus dem Stroma bzw. aus dem umgebenden Medium. Zur Verdeutlichung dieser Vorgänge siehe Kapitel 6.3 und Abbildung 25.

Die Bedeutung des *pH-Gradienten* liegt darin, daß der Konzentrationsunterschied an Protonen eine Form von gespeicherter Energie darstellt, die beim Austritt der Protonen aus dem Thylakoidinnern zur Synthese von ATP (aus ADP und P_i) ausgenutzt werden kann.

An isolierten aufgebrochenen Chloroplasten kann mit einer pH-Elektrode bei Belichtung eine Alkalisierung des Suspensionsmediums festgestellt werden. Bei anschließender Verdunkelung stellt sich nach einigen Sekunden der alte pH-Wert wieder ein.

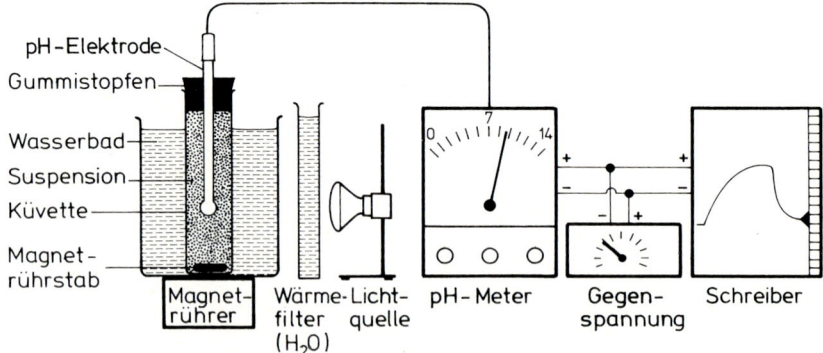

Abb. 77. Versuchsaufbau zur Messung kleiner pH-Veränderungen, die bei Belichtung einer Chloroplastensuspension auftreten (Bildung eines pH-Gradienten). Zur Messung der CO_2-Fixierung über die Änderung des pH-Wertes der Lösung (Ver.20) wird der gleiche Versuchsaufbau benutzt.

Untersuchungsmaterial. Isolierte Chloroplasten (Vers. 25).

Geräte. pH-Meter, möglichst mit spreizbarem Meßbereich, Schreiber und Gegenspannung (Anhang 4), Lichtquelle, Küvette, Wasserbad, Magnetrührer, Versuchsaufbau erfolgt nach Abbildung 77.

Reagenzien und Chemikalien. 100 ml Suspensionsmedium III (Zubereitung Anhang 7), 25 ml Ammoniumchlorid-Lösung (NH_4Cl) 10^{-1} molar (auf 25 ml Wasser 134 mg NH_4Cl einwiegen); 0,1 n Salzsäure (HCl, z.B. Titrisol, Fa. Merck), 1:100 verdünnen; 25 ml Dichlorphenyldimethylharnstoff-Lösung (DCMU), $5 \cdot 10^{-3}$ molar (117 mg DCMU in 100 ml Methanol lösen).

Durchführung. Die Messung erfolgt in 5 – 10 ml des Suspensionsmediums III (Anhang 7). Die benötigte Chloroplastenmenge ist abhängig von der Aktivität und der Konzentration der Chloroplastensuspension. Sie kann durch einen Vorversuch ermittelt werden und dürfte zwischen 0,1 und 1 ml Chloroplasten-suspension (100 μg Chlorophyll) liegen. Während der Messung muß die Suspension mit einem Magnetrührer ständig in Bewegung gehalten werden! Als Lichtquelle dient ein Diaprojektor oder ein Scheinwerfer, als Wärmefilter ein Glasfilter (Typ KG, Fa. Schott und Gen., Mainz) oder eine Küvette mit Wasser (besser mit einer verdünnten $CuSO_4$-Lösung). Die erhaltenen pH-Veränderungen betragen meist weniger als 0,1 pH-Einheiten. Für die Messungen muß daher ein empfindliches pH-Meter benutzt werden, oder es muß für eine genügende Spreizung des Signals auf dem Schreiber gesorgt sein (z.B. $\Delta 0,1$ pH-Einheiten für vollen Schreiberausschlag, Anhang 4).

Nach dem Einschalten des Lichtes wird solange registriert, bis sich der pH-Wert auf einen neuen, konstanten Wert eingestellt hat. Dies ist meist nach 20 – 40 sec der Fall. Danach wird abgedunkelt und die Abnahme des pH-Wertes, die dem Zusammenbruch des Gradienten entspricht, beobachtet, bis sich der pH-Wert wieder auf seinen Ausgangspunkt eingestellt hat. Die Registrierung des Auf- und Abbaus des pH-Gradienten kann mehrfach als Licht-Dunkel-Zyklus wiederholt werden (Abb. 78).

Herbizide und Entkoppler. Nach vorheriger Registrierung eines Licht-Dunkel-Zyklus wird im Dunkeln eine kleine Menge (ca. 0,05 – 0,1 ml) eines Herbizids (z.B. DCMU $5 \cdot 10^{-5}$ molar Endkonzentration, Erläuterung im Glossar) oder eines Entkopplers (z.B. NH_4Cl 10^{-3} molar Endkonzentration) der Chloroplastensuspension zugegeben. Diese Lösungen müssen vorher neutralisiert werden, damit nicht durch ihre Zugabe schon eine Verschiebung des pH-Wertes erfolgt. Kleinere Abweichungen werden mit der Gegenspannung ausgeglichen. Nach einer Einwirkungszeit von 1 – 2 Minuten wird in einem erneuten Licht-Dunkel-Zyklus die Beeinflussung des pH-Gradienten durch

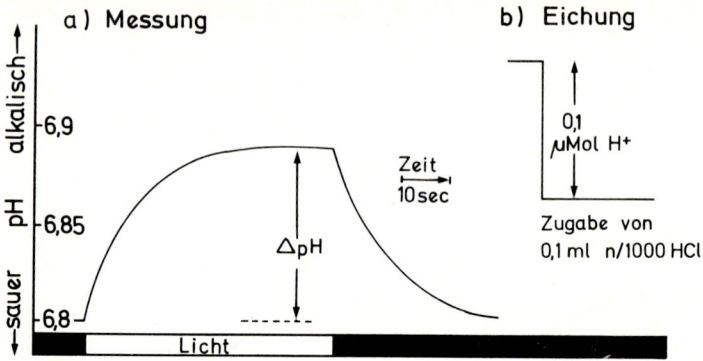

Abb. 78. a) Lichtinduzierter Protonengradient bei isolierten Chloroplasten. Bei Belichtung erfolgt eine Protonenaufnahme in die Thylakoide, meßbar als Alkalisierung der Reaktionslösung. Im Dunkeln läuft der umgekehrte Vorgang ab. Δ pH: Höhe des pH-Gradienten, nach Eichung und Umrechnung ausdrückbar in μMolH$^+$/mg Chl.
b) Eichung durch Zugabe einer kleinen Menge verdünnter HCl. Der nach der Zugabe erhaltene pH-Sprung entspricht der zugegebenen Menge an Protonen.

den zugesetzten Wirkstoff untersucht. Ein *Herbizid* verhindert den Aufbau des pH-Gradienten und damit die Änderung des pH-Wertes durch Hemmung des Elektronentransports. Ein *Entkoppler* hingegen baut den pH-Gradienten direkt ab und stimuliert den Elektronentransport. Eine eindeutige Unterscheidung zwischen hemmender und entkoppelnder Wirkung einer Substanz ist durch den Vergleich der Beeinflussung des Elektronentransports und des pH-Gradienten möglich (Tab. 17).

Tabelle 17. Vergleich der unterschiedlichen Wirkung von Entkopplern und Hemmstoffen auf die Bildung des pH-Gradienten, den Elektronentransport und die Photophosphorylierung.

Auswirkung auf:	Entkoppler	Hemmstoffe des Elektronentransports (Herbizid)
pH-Gradient	direkte Hemmung	indirekte Hemmung
Elektronentransport	Stimulierung	direkte Hemmung
ATP-Synthese	indirekte Hemmung	indirekte Hemmung

Eichung und Auswertung. Da die Chloroplastensuspension noch eine geringe, nicht erfaßbare Pufferwirkung hat, kann aus der Veränderung des pH-Wertes nicht direkt die Menge der transportierten Protonen berechnet werden. Eine Eichung erfolgt daher am Ende der Messung durch Zugabe einer bekannten Menge von H$^+$-Ionen (Abb. 78b). Dies geschieht durch Zugabe von 0,05 bis 0,2 ml einer n/$_{1000}$ Salzsäure. 1 ml n/$_{1000}$ Salzsäure entspricht:

$$\frac{1 \cdot 1\ ml}{1000 \cdot 1000\ ml}\ \text{Mol H}^+ = 10^{-6}\ \text{Mol H}^+ = 1\ \mu\text{Mol H}^+$$

Der Vergleich des Schreiberausschlags, der durch die Säurezugabe bewirkt wurde, mit der gemessenen Höhe des ph-Gradienten (Δph) liefert als Ergebnis die Menge der in den Thylakoid hineingepumpten Protonen. Wenn der Chlorophyllgehalt der Chloroplastensuspension bekannt ist (Bestimmung Versuch 26), so kann der gemessene pH-Gradient auf Chlorophyll bezogen und ausgedrückt werden als

$$\mu\text{Mol H}^+/\text{mg Chlorophyll}.$$

Beispiel. Gemessen wurde eine Höhe des pH-Gradienten von 60 Skalenteilen. Durch Zugabe von 0,1 ml $n/_{1000}$ HCl zur Eichung wurde ein pH-Sprung von 30 Skalenteilen erzeugt.

0,1 ml $n/_{1000}$ HCl = 30 Skalenteile. Dies entspricht 0,1 μMol H$^+$.
Die gemessenen 60 Skalenteile des pH-Gradienten entsprechen 0,2 μMol H$^+$.

Versuch 31: ATP-Nachweis durch Umwandlung von chemischer Energie in Licht (Biolumineszenz)

Grundlagen. Unter Biolumineszenz versteht man die biologische Erzeugung von Licht auf chemischem Wege. Das Auftreten der Biolumineszenz ist im Pflanzen- und Tierreich weit verbreitet. Die Gemeinsamkeit der jeweils unterschiedlichen komplexen Reaktionsvorgänge ist die Erzeugung von Licht in einer enzymatischen, energieabhängigen Reaktion. Die chemische Energie hierfür wird durch Spaltung von ATP gewonnen. Die Reaktion wird durch das Enzym *Luciferase* katalysiert. Als Substrat dient *Luciferin*. In vereinfachter Darstellung laufen folgende Reaktionen ab:

$$\text{ATP} + \text{Luciferin}_{red} \xrightarrow{\text{Luciferase}} \text{AMP-Luciferin}_{red} + \text{Pyrophosphat} \qquad \text{(Gl. 27)}$$

$$\text{AMP-Luciferin}_{red} + O_2 \longrightarrow \text{Luciferin}_{ox} + \text{AMP} + \text{Licht} \qquad \text{(Gl. 28)}$$

(AMP = Adenosinmonophosphat)

Unter günstigen Reaktionsbedingungen sind Luciferin, Luciferase und Sauerstoff im Überschuß vorhanden. Die Menge des entstehenden Lichts ist dann nur abhängig von der vorhandenen ATP-Menge. Dieser Test gestattet, geringe Mengen an ATP nachzuweisen (Nachweisgrenze: weniger als 1 pico-Mol = 10^{-12} Mol).

Geräte. Reagenzgläser, evtl. Zentrifuge.

Reagenzien und Chemikalien. 1 Ampulle Luciferin/Luciferase aus Leuchtkäfern (*Photinus pyralis*) (z. B. Nr. 28075 der Firma Serva), einige Kristalle ATP, 1 molare Natriumhydrogenarsenat-Lösung (6,24 g $Na_2H\,AsO_4$ auf 20 ml, giftig); 1 molare Magnesiumsulfat-Lösung (4,93 g $MgSO_4$ auf 20 ml); 20 ml Tris-Puffer 0,5 molar pH 7,4 (Herstellung Anhang 7). Gebrauchsfertige Packungen mit vorbereiteten Lösungen zur Demonstration der Biolumineszenz sind z. B. bei der Fa. Sigma, München erhältlich (Biolumineszenz Demonstration, Kit FF3).

Durchführung (nach URBACH, RUPP, STURM, 1976). Die Durchführung des Versuchs beruht auf folgendem Prinzip: Ein Luciferin/Luciferase-Präparat wird in der benötigten Reaktionsmischung aus stabilisierenden Salzen und aus Puffer suspendiert. Nach Zugabe einer ATP-Lösung zu dieser Reaktionsmischung kann die entsprechende blaugrüne Biolumineszenz mit bloßem Auge wahrgenommen werden, wenn eine hohe ATP- und Enzymkonzentration vorliegt.

Die Luciferin/Luciferase-Ampulle wird mit 5 ml H_2O versetzt, gut geschüttelt und 30 min im Kühlschrank stehengelassen. Danach sedimentiert man durch hochtourige Zentrifugation die unlöslichen Partikel und verwendet den Überstand für die Bestimmungen. Wenn keine Zentrifuge vorhanden ist, kann notfalls auch der leicht trübe Rohextrakt verwendet werden.

Es empfiehlt sich, den Überstand in ca. 1,5 ml Portionen auf kleine Reagenzgläser (2 – 3 ml Volumen) zu verteilen. Der Überstand kann, in diesen Reagenzgläsern tiefgefroren, mehrere Monate aufbewahrt werden. Für eine Bestimmung werden in einem 5 ml Reagenzglas vorbereitet:

0,25 ml Arsenat (1 molar; giftig!)
1 ml H_2O
1 ml Tris-Puffer (0,5 molar, eingestellt auf pH 7,4)
0,5 ml $MgSO_4$ (1 molar)

Unmittelbar vor der Bestimmung werden ca. 1,5 ml der aufgetauten Luciferin/Luciferase-Suspension zugegeben. Die nun folgende Zugabe von ATP und die Beobachtung der entstehenden Lichtemission soll in absoluter Dunkelheit erfolgen. Es ist zweckmäßig, die Augen eine kurze Zeit vor Versuchsbeginn an die Dunkelheit zu adaptieren. Mit einem kleinen Spatel werden einige Kristalle ATP in das Reagenzglas eingebracht. Dabei entsteht eine *grünliche Lumineszenz*, die u. U. mehrere Minuten anhalten kann.

Zusatzversuch. Steht ein empfindlicher Detektor (z. B. ein Photovervielfacher, Photomultiplier) zur Verfügung, so kann der Versuch quantitativ gestaltet werden. Dies ist auch möglich mit Photometern, bei denen sich ein empfindlicher Photomultiplier nahe an der Küvettenhalterung befindet, wie z.B. beim Vielzweck-Photometer Spektro-Plus (Fa. MSE). Eine einfache und eindrucksvolle Art, Licht auf rein chemischem Wege zu erzeugen (Luminol-Methode) ist von P. S. BAILEY beschrieben worden.

● Versuch 32: Chlorophyllnachweis durch Fluoreszenz

Grundlagen. Die Chlorophylle a und b zeigen bei Bestrahlung eine typische Rotfluoreszenz. Grundlagen zum Verständnis des Phänomens der Chloro-phyll-Fluoreszenz sind in Kapitel 8 ausführlich erläutert. Über die Fluores-zenz sind auch geringe Mengen an Chlorophyll, die mit dem Auge nicht mehr erkannt werden können, noch nachzuweisen. Die Chlorophyllfluoreszenz kann in Chlorophyllösungen oder auf Chromatogrammem mit ultraviolettem Licht nachgewiesen werden.

Untersuchungsmaterial. Frisch getrennte Papier- oder Dünnschichtchroma-togramme, Lösungen der Chlorophylle, Pigmentrohextrakte (Vers. 4, 6, 7).

Geräte. UV-Lampe oder Versuchsaufbau nach Abbildung 79.

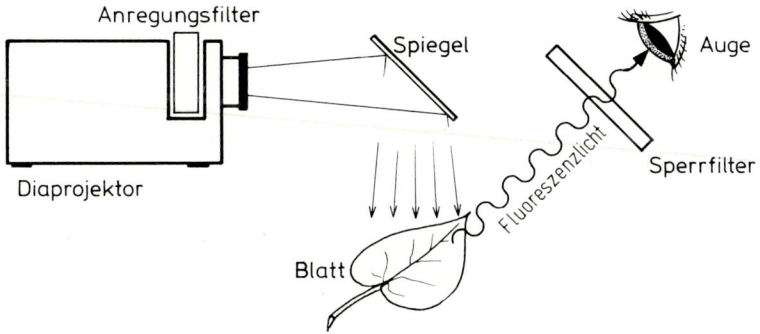

Abb. 79. Versuchsaufbau zur Beobachtung der Chlorophyllfluoreszenz an Blättern. Das entstehende Fluoreszenzlicht wird durch ein Sperrfilter (Typ RG 665, Fa. Schott) mit dem Auge beobachtet. Der Abstand zwischen Spiegel und Objektiv des Projektors soll gering sein, um eine möglichst hohe Lichtintensität auf kleiner Fläche zu erreichen.

Durchführung. Frische noch „feuchte" Chromatogramme werden unter eine UV-Lampe gelegt und die entstehende Rotfluoreszenz beobachtet. Günstig ist hierbei eine Anregung mit einer Wellenlänge von 366 nm. Die Beobachtung kann mit bloßem Auge erfolgen. Auf den Chromatogrammen sind sichtbar: Chlorophyll a (dunkelrote Fluoreszenz), Chlorophyll b (hellrote Fluoreszenz), ferner evtl. vorhandene Vorstufen der Chlorophylle, wie Protochlorophyll oder

Protochlorophyllid (z. B. in Blattextrakten von etiolierten Pflanzen), sowie die magnesiumfreien Chlorophyllabbauprodukte, die Phäophytine a und b. Die Fluoreszenz wird erheblich schwächer, wenn das Laufmittel auf der Chromatographieplatte verdampft ist. Die Fluoreszenz kann daher besser an Pigmentlösungen beobachtet werden, die relativ verdünnt sein sollen. Ein konzentrierter Pigmentextrakt, der tiefgrün bis schwarz aussieht, zeigt fast keine Fluoreszenz, da entstehendes Fluoreszenzlicht durch die hohe Pigmentkonzentration (starke Rückabsorption) abgeschwächt wird.

An Stelle einer UV-Lampe kann als anregende Lichtquelle auch ein Diaprojektor mit entsprechenden Blaufiltern benutzt werden (Abb. 80). Dabei ist sogar eine intensivere Anregung möglich. Die Rotfluoreszenz muß daher hier über ein Sperrfilter (Vers. 33) beobachtet werden, um das Anregungslicht auszuschalten.

Mit dieser Methode läßt sich auch überprüfen, ob die nach dünnschichtchromatischer Trennung und durch Eluieren aus dem Chromatogramm gewonnenen Carotinoidlösungen chlorophyllfrei sind. Bei Abwesenheit von Chlorophyllen zeigen alle Carotinoide eine typische Grünfluoreszenz, die allerdings in der Intensität weitaus schwächer ist als die Rotfluoreszenz der Chlorophylle.

● **Versuch 33: Beobachtung der Chlorophyllfluoreszenz an Blättern, Keimlingen und Früchten**

Grundlagen. Wenn Chlorophyll mit Licht geeigneter Wellenlängen bestrahlt wird, tritt eine gut erkennbare Rotfluoreszenz auf. Das Fluoreszenzlicht ist ein längerwelliges Rot mit einem Emissionsmaximum bei 685 nm (Abb. 64). Dieses ist sowohl an isoliertem Chlorophyll (Vers. 7) und auch an intaktem Pflanzenmaterial mit dem Auge wahrnehmbar. Auch in Pflanzenteilen, die weißlich oder nur sehr schwach grünlich aussehen, kann die Anwesenheit von Chlorophyll über die Fluoreszenz erkannt werden.

Prinzip des Versuchs: Der schematische Aufbau eines Fluorimeters ist im theoretischen Teil (Abb. 37) besprochen. Für die Beobachtung der Fluoreszenz von ganzen Pflanzen eignet sich der in Abbildung 79 dargestellte Versuchsaufbau. Der Wirkungsgrad der Apparatur ist wesentlich davon abhängig, daß kein reflektiertes Anregungslicht durch den Sperrfilter in das Auge des Beobachters gelangen kann. Man erreicht dies, indem zur Anregung solches Blaulicht benutzt wird, das kein rotes Licht enthält. Der Sperrfilter muß für dieses blaue Anregungslicht völlig undurchlässig sein. Als *Anregungsfilter* sind geeignet: eine gesättigte $CuSO_4$-Lösung oder ein BG 18-Filter. Die Kombination aus beiden ist nur durchlässig für Wellenlängen unterhalb von 650 nm. Das Anregungslicht enthält also kein langwelliges Rotlicht. Als *Sperrfilter* eignet sich ein RG 665-Filter am besten, das nur für Wellenlängen über 650 nm durchlässig ist (Abb. 80). Es ist darauf zu achten, daß sich die Transmissionsspektren der Anregungs- und Sperrfilter nicht überlappen.

Vor- und Nachteile einiger Möglichkeiten zur Fluoreszenzbeobachtung sind in Tabelle 18 zusammengestellt. Die Auswahl kann nach den vorhandenen Geräten und den beabsichtigten Versuchen erfolgen.

Untersuchungsmaterial. Grüne Blätter, Blütenblätter, Keimlinge, z. B. von *Gerste (Hordeum vulgare), Radieschen (Raphanus sativus)*, Früchte, z. B. gelbgrüne *Zitronen (Citrus limonum), Äpfel (Malus silvestris), Paprika (Capsicum annuum), panaschierte Blätter* (weiße und grüne Blatteile, z. B. *Pelargonium zonale)*, Blattextrakte (Vers. 4), isolierte Chlorophylle (Vers. 7).

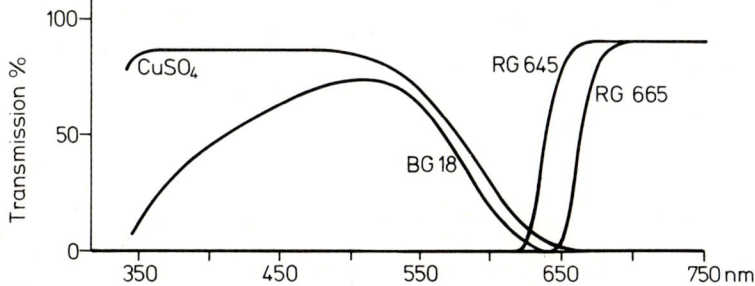

Abb. 80. Transmissionsspektren verschiedener Filter zur Untersuchung der Chlorophyllfluoreszenz. *Anregungsfilter:* gesättigte Kupfersulfatlösung; BG 18 – Glasfilter. *Sperrfilter:* RG 645 und RG 665; Glasfilter der Fa. Schott.

Geräte. Diaprojektor, Küvette (z. B. 6 × 6 × 1 cm), Spiegel (z. B. 10 × 10 cm), Stativ, Sperrfilter: z. B. RG 665, 2–3 mm dick, 5 × 5 cm; evtl. als Anregungsfilter: z. B. BG 18, 3–4 mm, 5 × 5 cm.

Reagenzien und Chemikalien. Gesättigte Kupfersulfatlösung ($CuSO_4$).

Durchführung

Versuchsaufbau. Zur Erzeugung von Blaulicht wird in den Strahlengang eines Diaprojektors eine Küvette mit gesättigter $CuSO_4$-Lösung gestellt. Ein zusätzlicher BG 18-Glasfilter kann die Qualität des Blaulichts weiter verbessern.

Der blaue Lichtstrahl des Diaprojektors wird auf einen Taschenspiegel gerichtet, den man verstellbar an einem Stativ befestigt. Der Spiegel wird so montiert, daß er das anregende Blaulicht senkrecht auf das zu untersuchende

145

Tabelle 18: Übersicht über verschiedene Lichtquellen und Filter zur Beobachtung der Chlorophyllfluoreszenz. Die hier als Beispiel genannten Anregungs- und Sperrfilter werden von der Firma Schott, Mainz, hergestellt.

Lichtquelle	Anregungsfilter	Sperrfilter	Bemerkung
Diaprojektor	gesättigte $CuSO_4$-Lösung 1–3 cm Schichtdicke, evtl. zusätzlich BG 18-Glasfilter, 3–5 mm dick	Glasfilter RG 665, 2–3 mm dick	*Vorteil:* Ausleuchtung großer Flächen, Beobachtung durch mehrere Personen ist möglich. Fluoreszenz von Chlorophyll (Lösung, Blatt) und Fluoreszenzinduktion ist gut zu beobachten.
HeNe-Laser	Filter entfällt, da Licht bereits monochromatisch, Wellenlänge = 632,8 nm	Glasfilter RG 665, 2–3 mm dick	*Vorteil:* ausgezeichneter Wirkungsgrad, da hohe Lichtintensität, beste Absorption von Streulicht im Sperrfilter. *Nachteil:* nur kleine Flächen ausgeleuchtet.
UV-Lampe Wellenlänge 355 nm	Filter entfällt	Filter kann meist entfallen, evtl. einfache Rotfilter oder RG-Filter	*Vorteil:* einfachstes System *Nachteil:* geringe Energie der Lampe, Fluoreszenzintensität bei Blättern gering, allerdings ausreichend für dünne Chlorophyll-Lösungen.

Objekt reflektiert. Als Unterlage empfiehlt sich z. B. ein dunkler Karton, da manche Kunststofftische oder Papiere eine Eigenfluoreszenz zeigen. Beobachtet wird die entstehende Chlorophyllfluoreszenz durch einen Sperrfilter (RG 665 – Glasfilter), der das intensive, reflektierte Blaulicht völlig absorbiert.

Um die Güte der Fluoreszenzapparatur zu prüfen, blickt man durch den Sperrfilter direkt in das Objektiv des Diaprojektors. Es sollte der Glühfaden der Projektionslampe höchstens schwach zu erkennen sein.

Fluoreszenzbeobachtungen. Die Anwesenheit von Chlorophyll wird durch die bei Belichtung entstehende Rotfluoreszenz nachgewiesen. Diese ist bei allen *grünen Pflanzenteilen* festzustellen. Die Auswahl des Untersuchungsmaterials ist daher unproblematisch.

Bei Keimpflanzen der zweikeimblättrigen Pflanzen (Dikotyledonen), wie z. B. *Radieschenkeimlinge,* scheinen die weißlichen Blattstiele und das Hypokotyl häufig chlorophyllfrei zu sein. Dies trifft jedoch nicht zu, wie an der Chlorophyllfluoreszenz zu erkennen ist. Der Übergang vom Hypokotyl zur chlorophyllfreien Wurzel ist in der Fluoreszenz als scharfe Trennzone zu erkennen.

Bei panaschierten Blättern ist der Übergang von weißen über hellgrüne zu den stark pigmentierten Blatteilen an der Fluoreszenz gut sichtbar. In den rein weißen Blattzonen ist Chlorophyll nur in den Chloroplasten der Schließzellen enthalten.

Etiolierte Keimlinge zeigen eine schwache Rotfluoreszenz. Diese beruht auf der Anwesenheit der Chlorophyllvorstufen Protochlorophyll und Protochlorophyllid (Abb. 6) und auf neu gebildetem Chlorophyll, welches durch das Anregungslicht aus den Chlorophyllvorstufen entsteht.

Bei vielen chromoplastenhaltigen *Blütenblättern und Früchten* wird die grüne Farbe des evtl. noch vorhandenen Chlorophylls von Carotinoiden bzw. Sekundärcarotinoiden überdeckt. Auch in den meisten weißgefärbten oder anthocyanhaltigen Blütenblättern ist zumindest im Jugendstadium noch Chlorophyll enthalten. Dies kann über die Rotfluoreszenz des Chlorophylls nachgewiesen werden. Verdünnte hellgrüne Blattpigmentextrakte oder die Lösungen der isolierten Chlorophylle zeigen eine schöne Rotfluoreszenz.

Versuch 34: Abhängigkeit der Chlorophyllfluoreszenz von der Temperatur

Grundlagen. Die Abhängigkeit der Photosynthese von äußeren Faktoren ist in Kapitel 5 beschrieben. Sowohl bei Kälteeinwirkung wie bei starkem Erhitzen von Blattmaterial tritt eine starke Verminderung der Photosyntheserate auf, die sich in einer erhöhten Fluoreszenz des Chlorophylls äußert.

Untersuchungsmaterial. Dünne, hellgrüne Blätter mit großer Blattfläche (10–20 cm²), z.B. *Bohne (Phaseolus vulgaris), Spinat (Spinacia oleracea)*, Blätter von Topfpflanzen oder Schattenblätter von Laubbäumen.

Geräte. Versuchsaufbau nach Versuch 33, Abbildung 79, Lötkolben, Eiswürfel aus Tiefkühlfach.

Durchführung. a) *Wirkung tiefer Temperatur:* Die Chlorophyllfluoreszenz eines Blattes wird wie in Versuch 33 beobachtet. Ein kleiner Eiswürfel wird nun unter das Blatt gelegt, wobei auf guten Kontakt von Blatt und Eiswürfel zu achten ist. Je nach Beschaffenheit ist nach ca. 20–60 sec an der abgekühlten Stelle des Blattes eine starke Fluoreszenzsteigerung zu erkennen. Dabei bilden sich die Konturen des Eiswürfels deutlich ab. Nach Entfernen des Eiswürfels verschwindet die Zone der intensiven Fluoreszenz nach etwa 2–5 min. b) *Wirkung hoher Temperatur:* Die Fluoreszenz eines Blattes wird beobachtet, während das Blatt z.B. mit einem Lötkolben langsam erwärmt wird. Bei Temperaturen bis ca. 40°C steigt die Photosyntheserate durch erhöhten Umsatz im Calvin-Zyklus. Dies führt zu einem Absinken der Chlorophyllfluoreszenz, die allerdings nicht immer gut zu erkennen ist. Weitere Temperatursteigerung schädigt den Photosyntheseapparat und die beteiligten Enzyme irreversibel. Dieser Vorgang zeigt sich als eine ringförmige Zone intensiverer Rotfluoreszenz um die erwärmte Stelle. Temperaturen, die größer als ca. 50°C sind, führen zu einer Zerstörung der Chlorophylle. Daher fehlt im Zentrum von hocherhitzten Blattstellen die Fluoreszenz.

● **Versuch 35: Steigerung der Chlorophyllfluoreszenz durch Hemmung der Photosynthese mit Herbiziden**

Grundlagen. Die meisten Photosynthese-Herbizide sind Hemmstoffe des Pigmentsystems II und blockieren den photosynthetischen Elektronentransport (Kap. 9). Die verminderte photochemische Nutzung der absorbierten Lichtenergie führt zu einer Steigerung der Chlorophyllfluoreszenz. Fluoreszenzsteigerung durch chemische Stoffe ist daher ein Hilfsmittel, um vermutete Herbizidwirkungen zu prüfen. Günstig für den Versuch sind Blätter, deren Oberflächen nicht durch starke Wachs- und Kutikularschichten oder starke Behaarung geschützt sind.

Untersuchungsmaterial. Dünne, hellgrüne Blätter, z.B. *Bohne (Phaseolus vulgaris)*, Blätter von Topfpflanzen, Schattenblätter.

Geräte. Versuchsaufbau nach Versuch 33, Abbildung 79, Pasteurpipetten.

Reagenzien und Chemikalien. Wäßrige Lösungen von Gartenherbiziden (Tab. 19), Dichlorphenyldimethylharnstoff-Lösung 10^{-3} molar (117 mg DCMU in 50 ml Methanol, dann 1:10 verdünnen), Kaliumcyanidlösung 10^{-2} molar (1,63 g KCN in 25 ml Wasser lösen, dann 1:100 verdünnen).

Durchführung. Die Chlorophyllfluoreszenz eines Blattes wird wie in Versuch 33 beobachtet. Mit einer Pasteurpipette wird ein Tropfen einer Herbizidlösung aufgebracht und mit der Pipette etwas verstrichen. Je nach Konzentration, Wirksamkeit und Blattbeschaffenheit ist nach ca. 10−40 sec bereits eine Fluoreszenzsteigerung zu erkennen.

Zusatzversuche. a) Wie schnell ein Herbizid voll wirksam wird, hängt von der Konzentration der aufgebrachten Lösung ab. Dies kann gezeigt werden, wenn auf ein Blatt gleichzeitig unterschiedliche Konzentrationen desselben

Herbizids aufgetragen werden. Es empfiehlt sich eine Abstufung der Konzentration in Zehnerpotenzen (z.B. 10^{-2}, 10^{-3}, 10^{-4}, 10^{-5} und 10^{-6} molar).

Die Veränderung der Chlorophyllfluoreszenz wird im 5 min-Abstand über einen längeren Zeitraum (z.B. 1 h) beobachtet.

b) Die unterschiedliche Enpfindlichkeit verschiedener Pflanzen für ein bestimmtes Herbizid (Selektivität des Herbizids) wird getestet, indem die Herbizid-Lösung auf Blätter unterschiedlicher Pflanzenarten (z.B. Laubblatt, xeromorphes Blatt, *Gummibaum – Ficus elastica*) aufgebracht und im Minutenabstand die Beeinflussung der Fluoreszenzintensität beobachtet wird.

c) Die Wirksamkeit verschiedener Herbizide kann verglichen werden, wenn Lösungen gleicher Konzentration auf dem gleichen Blatt aufgetropft werden.

Versuch 36: Löschung der Chlorophyllfluoreszenz durch Chinone

Grundlagen. Als Elektronenakzeptoren und Donatoren spielen Chinone in der photosynthetischen Elektronentransportkette eine wichtige Rolle. So wird die Intensität der Chlorophyllfluoreszenz in Chloroplasten im wesentlichen durch die Substanz Q, ein Chinon, gesteuert. Q kann im *oxidierten* Zustand Elektronen vom Pigmentsystem II aufnehmen, hierbei ist die Fluoreszenzintensität gering. Man bezeichnet die Substanz Q daher auch als Löscher (Quencher)* der Chlorophyll-Fluoreszenz. Ist die Substanz Q bereits *reduziert*, so ist eine Elektronenaufnahme nicht möglich. Es kommt zu einer starken Fluoreszenz. Ein reduziertes Chinon kann die Chlorophyllfluoreszenz nicht löschen.

Die Löschung der Fluoreszenz des Chlorophylls durch Chinon kann an reinem Chlorophyll in Lösung und an lebenden Blättern beobachtet werden.

Untersuchungsmaterial. Hellgrüne, dünne Blätter, z.B. *Bohne (Phaseolus vulgaris)*, Laubblätter, Topfpflanzen; Pigmentextrakte oder isoliertes Chlorophyll in Lösung.

Geräte. Versuchsaufbau nach Versuch 33, Abbildung 79 oder UV-Lampe.

Reagenzien und Chemikalien. Gesättigte Lösungen von p-Benzochinon und p-Hydrochinon in Aceton.

Durchführung. a) In drei Reagenzgläser bringt man je 5 ml eines stark verdünnten Pigmentextraktes in Aceton oder eine Chlorophyll-Lösung. Die

---

* (to quench = löschen)

Farbe der Lösung sollte ein leichtes Hellgrün sein, da bei zu hoher Pigmentkonzentration die Fluoreszenzlöschung weniger gut sichtbar ist. Während der Betrachtung der Rotfluoreszenz wird mit einer Pipette eine konzentrierte Benzochinonlösung (0,5 ml) in das zweite Reagenzglas zugegeben. Der Vergleich der Fluoreszenz mit jener im roten Reagenzglas zeigt eine deutliche Fluoreszenzverminderung. Die Konzentration für eine 50 % Löschung der Fluoreszenz liegt für p-Benzochinon bei ca. 10^{-2} molar. Die hier eingesetzte gesättigte Lösung hat eine höhere Konzentration. Wird in das dritte Reagenzglas die gleiche Menge p-Hydrochinon zugegeben, so ist keine Fluoreszenzlöschung zu beobachten. b) Auf ein Blatt wird eine konzentrierte Benzochinonlösung aufgetropft. Dabei wird nach wenigen Sekunden (abhängig von der Blattbeschaffenheit) jegliche Chlorophyllfluoreszenz gelöscht. Mit einer Hydrochinonlösung ist dieser Effekt nicht zu beobachten.

Versuch 37: Nachweis der Fluoreszenzinduktion an ganzen Blättern

Grundlagen. Die Fluoreszenzinduktion ist ein wichtiger Hinweis auf einen funktionsfähigen und intakten Photosyntheseapparat, da nach plötzlicher Belichtung von dunkeladaptiertem Pflanzenmaterial die beiden photosynthetischen Pigmentsysteme sich erst aufeinander einspielen müssen, was sich als Schwankungen der Chlorophyllfluoreszenz äußert (Kap. 8). Die hierbei auftretende Fluoreszenzinduktionskurve (Abb. 35) zeigt nach einem schnellen Anstieg auf ein Fluoreszenzmaximum einen langsamen Abfall auf ein mittleres Fluoreszenzniveau, das bei Blättern nach ca. 1—3 min erreicht ist.

Bei der Belichtung eines Blattes lassen sich visuell zwei Phasen der Fluoreszenzinduktion unterscheiden (Abb. 81):

Phase I: hohe Fluoreszenz   : niedrige Photosyntheseleistung
Phase II: niedrige Fluoreszenz : hohe   Photosyntheseleistung

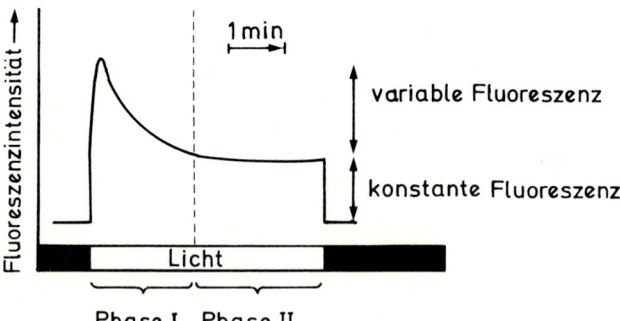

Abb. 81. Fluoreszenzinduktionskurve eines intakten Blattes. Phase I: Hohe Fluoreszenz, kurz nach Einschalten der Beleuchtung. Phase II: Niedrige Fluoreszenz, erreicht nach 1 – 2 Minuten Belichtung.

150

Kennzeichen für einen intakten, arbeitenden Photosyntheseapparat ist die Abnahme der Fluoreszenz beim Übergang von Phase I zu Phase II. Ein mit Herbiziden gehemmtes Blatt zeigt diesen Abfall nicht, sondern verbleibt in der Phase hoher Fluoreszenz.

Untersuchungsmaterial. Beliebige Laubblätter; Zitronen *(Citrus limonum)*, Orangen *(Citrus aurantium)*. Äpfel *(Malus silvestris)* mit teilweise noch grüner Schale; Weintrauben (*Vitis vinifera*), Tannennadeln (*Abies alba*), etiolierte Keimlinge.

Geräte. Versuchsaufbau nach Versuch 33, Abbildung 79, schwarzer Kartonstreifen.

Durchführung. Ein ca. 5 min dunkeladaptiertes Blatt wird zur Hälfte mit schwarzem Karton gut abgedeckt und belichtet (Abb. 82). Die Rotfluoreszenz ist sofort erkennbar. Nach einiger Zeit (3 min) befindet sich das Blatt in der Phase II der Fluoreszenz. Nun wird die Abdeckung schnell entfernt. Die jetzt frisch belichtete Blatthälfte zeigt eine wesentlich größere Fluoreszenzintensität (Phase I der Fluoreszenz) und ist von der bereits länger be-

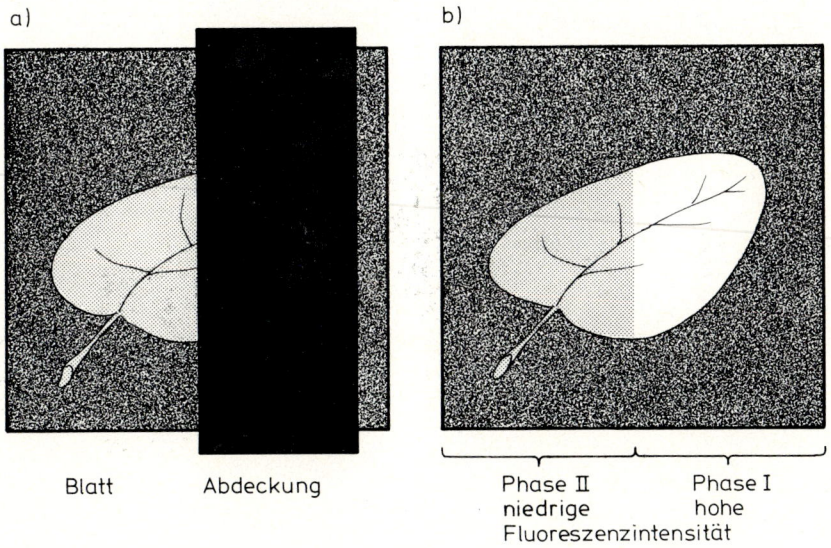

a)

b)

Blatt Abdeckung

Phase II   Phase I
niedrige   hohe
Fluoreszenzintensität

Abb.82. Beobachtung der Fluoreszenzinduktion (Kautsky-Effekt) an intakten Blättern.
a) Belichtung der linken Blatthälfte. Die rechte Hälfte wird durch eine lichtundurchlässige Abdeckung im Dunkeln gehalten.
b) Nach Entfernen der Abdeckung tritt auf der rechten Blatthälfte vorübergehend eine intensivere Rot-Fluoreszenz auf (Phase I der Fluoreszenz). Nach 1 – 2 Minuten ist die Fluoreszenzintensität auf beiden Blatthälften gleich. Das gesamte Blatt befindet sich dann in der Phase II der Fluoreszenz (Abb. 81).

lichteten Blatthälfte deutlich abgegrenzt. Dieser anfangs klar erkennbare Intensitätsunterschied in der Fluoreszenz verschwindet nach 1–2 min. Dann befindet sich das gesamte Blatt in der Phase niedriger Fluoreszenz und hoher Photosyntheseleistung.

Ein wichtiges Kennzeichen der Fluoreszenzinduktion ist ihre Wiederholbarkeit. Wird das Blatt erneut für einige Minuten teilweise abgedunkelt, so ist nach Entfernen der Abdeckung der Fluoreszenzabfall erneut sichtbar, verläuft jetzt jedoch meist etwas schneller.

Hinweis. Im Gegensatz zur Demonstration der Chlorophyllfluoreszenz, die schon bei geringerer Lichtintensität sichtbar wird, ist für die Beobachtung der Fluoreszenzinduktion an intakten Blättern eine sehr hohe Intensität des Anregungslichtes erforderlich.

Zusatzversuche

a) Ein Blatt, an dem zuvor die Fluoreszenzinduktion beobachtet wurde, wird für ca. 15 min in eine gesättigte, wäßrige DCMU- oder Herbizidlösung eingelegt und anschließend mit Filterpapier abgetrocknet. Die Fluoreszenzinduktion ist nicht mehr zu beobachten, da die Photosynthese durch das Herbizid blockiert wurde.

b) An etiolierten Keimlingen (Blätter 7 Tage alter Gerstenkeimlinge oder 14 Tage alter Bohnenpflanzen) ist bis zu einer Ergrünungsdauer von 2–3 Stunden keine Fluoreszenzinduktion nachweisbar, da diese Keimlinge zwar Chlorophyll, aber noch keinen arbeitenden Photosyntheseapparat besitzen. Erst bei längerer Belichtungsdauer (meist 3–4 Stunden) ist eine Fluoreszenzinduktion nachzuweisen, die bei längerer Belichtung immer deutlicher wird.

c) Eine Fluoreszenzinduktion kann einen intakten Photosyntheseapparat auch an pflanzlichem Material nachweisen, das sich für die üblichen Untersuchungen der photosynthetischen Aktivität (O_2-Entwicklung, Hill-Reaktion) schlecht eignet, z. B. Früchte, Apfelschalen, Tannennadeln, Weintrauben u. a.

d) Wesentlich informationsreicher als eine visuelle Beobachtung der Fluoreszenzinduktion ist eine Registrierung der Induktionskurve (Abb. 35 und 81) mit einem Schreiber. Dies ist ohne teure Apparaturen mit einem einfachen Detektor möglich. Hierzu eignet sich eine Silicium-Photodiode, die für wenige DM im Fachhandel oder in Bastlergeschäften erhältlich ist (z. B. die Si-PIN-Fotodioden BPX 60 oder BP 104, Fa. Siemens). Die Diode wird mit einem Bruchstück eines RG 665-Filters vor Anregungslicht geschützt und direkt mit einem empfindlichen Schreiber verbunden. In dieser Anordnung arbeitet die Diode als Spannungsquelle (Photoelement) und wandelt das Fluoreszenzlicht in eine Spannung von 2–20 mV um (abhängig vom Versuchsaufbau und vom Typ der Diode). Wenn nötig, kann das Spannungssignal mit einem mV-Verstärker angehoben und dann registriert werden. Als anregende Lichtquelle ist für diese quantitativen Messungen ein HeNe-Laser zu empfehlen.

Versuch 38: Hemmung der Blattpigmentsynthese durch Herbizide

Grundlagen. Neben der Gruppe der Photosynthese-Herbizide, die vorzugsweise Hemmstoffe des Elektronentransports in Pigmentsystem II sind, gibt es eine weitere Gruppe von Herbiziden, deren Wirkungsweise hauptsächlich auf der Hemmung der Bildung der photosynthetischen Pigmente beruht. Bei entsprechender Konzentration entstehen weiße Keimlinge (Albino-Pflanzen), die höchstens durch Anthocyane leicht rötlich gefärbt sind. Die chemische Struktur solcher Herbizide ist sehr verschieden (Kap. 9). Für Praktikumszwecke eignen sich Amitrol (Abb. 85) und das Pyridazinonderivat Zoreal (Fa. Sandoz; Abb. 83).

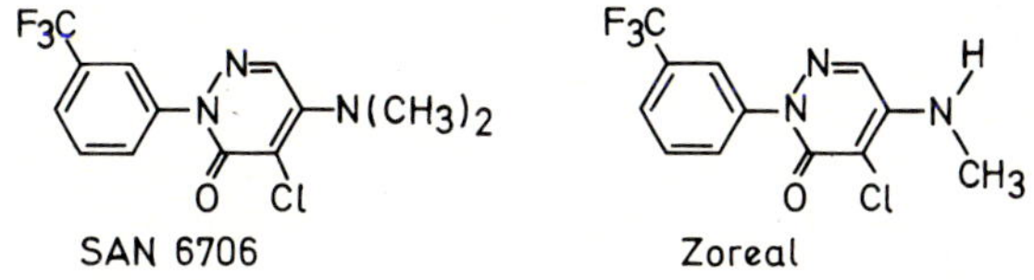

Abb. 83. Struktur der Herbizide SAN 6706 und Zoreal.

Untersuchungsmaterial. *Radieschen (Raphanus sativus)* und *Gerste (Hordeum vulgare)*.

Geräte. Pflanzenanzuchtschalen mit Glasabdeckung.

Reagenzien und Chemikalien. Methanol, Wasser, Amitrol (= Aminotriazol, z. B. Nr. 13395, Fa. Serva, Heidelberg) und Zoreal (Fa. Sandoz, Basel), Filterpapier oder Sand, 10^{-3} molare Stammlösung von Zoreal (hierzu werden 315 mg Zoreal in 5 ml Methanol vorgelöst und dann mit Wasser auf 1000 ml aufgefüllt).

Durchführung.

Anzucht. In drei Pflanzenanzuchtschalen werden 3–4 Lagen saugfähiges Filterpapier (oder mehrere Lagen Verbandmull) auf ein Plastiknetz gegeben. Die Schale 1 wird mit Leitungswasser beschickt, in die beiden nächsten gibt man eine 1 µ molare bzw. eine 10 µ molare Lösung von Zoreal. Für die 10 µ molare Herbizidlösung nimmt man 1 ml Stammlösung und füllt mit Wasser auf 100 ml auf. Bei Verdünnung von 10 ml dieser Lösung mit 90 ml Wasser erhält man die 1 µ molare Zoreal-Lösung.

Die *Radieschensamen* und die *Gerstenkörner* werden in Wasser bzw. 1 oder 10 µ molarer Herbizidlösung einige Stunden vorgequollen und dann in den betreffenden Anzuchtschalen gleichmäßig verteilt. Da Herbizide toxische

Substanzen sind, sollte man einen direkten Kontakt der Herbizidlösungen mit der Haut vermeiden. Der Einsatz von Hilfsmitteln, wie Spatel oder Plastikhandschuhen, wird empfohlen. Die Schalen werden weitgehend bedeckt (Glasscheibe) bei Zimmertemperatur 3 Tage im Dunkeln gehalten. Danach stellt man sie ans Licht (Tageslicht oder kontinuierliche Beleuchtung mit einer Lampe). Es ist darauf zu achten, daß die Keimlinge nicht austrocknen. Gegebenenfalls wird nochmals Wasser oder Herbizidlösung zugegeben. Nach 8 Tagen werden die Pflanzen vergleichend untersucht.

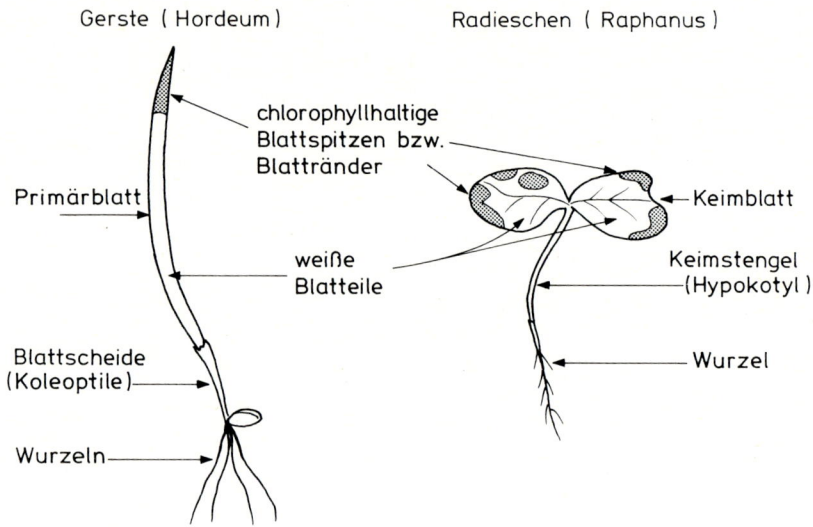

Abb. 84. Bildung von weißen chlorophyll- und carotinoidfreien Pflanzen unter der Einwirkung des Herbizids SAN 6706. Bei mittlerer Herbizidkonzentration (1 mikromolar) sind die Keimblätter am Blattrand *(Radieschen)* und das Primärblatt *(Gerste)* an der Blattspitze noch grün gefärbt.

Ergebnis. Die Blätter der mit 10 µ molarer Herbizidlösung behandelten Pflanzen sind weiß (Abb. 84). Die Chlorophyll- und Carotinoidsynthese ist vollkommen blockiert (künstliche Chlorose!), jedoch können die Blattspitzen (*Gerste*) bzw. die Blattränder der Keimblätter (*Radieschen*) noch geringe Chlorophyll- und Carotinoidgehalte aufweisen (Abb. 38 und 84). Dies ist bei geringerer Herbizidkonzentration (1 µ molar) deutlich zu erkennen.

Im Vergleich zu den grünen Kontrollpflanzen ist bei den mit SAN 6706 oder Zoreal behandelten Pflanzen das Blattflächenwachstum gefördert, was mit dem Auge gut erkennbar ist. Die weißen *Radieschenkeimlinge* enthalten im Hypokotyl und entlang der Blattspurstränge Anthocyane, die bei den grünen Kontrollpflanzen wegen Überdeckung durch Chlorophyll weniger gut zu sehen sind.

154

Zusatzversuche. Die gleiche Anzucht kann auch unter Einsatz des Herbizids Amitrol durchgeführt werden. Empfohlene Konzentration 10^{-3} und 10^{-4} molar. Eine 10^{-3} molare Amitrollösung erhält man durch Lösen von 84,1 mg dieser Substanz in einem Liter Wasser. Verdünnen dieser Lösung (1 Teil + 9 Teile Wasser) ergibt eine 10^{-4} molare Konzentration.

Hier entstehen nicht vollkommen weiße Pflanzen, da unter Einwirkung von Amitrol u. a. auch „falsche" Chlorophylle entstehen, die nicht mit Phytol, sondern mit anderen, ungesättigten Prenolen verestert sind.

Versuch 39: Untersuchungen zur Wirkungsweise von Photosynthese-Herbiziden

Grundlagen. Von den in der Praxis eingesetzten Herbiziden sind etwa 60 % Hemmstoffe der Photosynthese. Eine andere wichtige Wirkungsweise von Herbiziden, die Hemmung der Pigmentsynthese, ist in Versuch 38 beschrieben.

Bei den Photosyntheseherbiziden wirkt die Mehrzahl der Substanzen als *Hemmstoffe des Pigmentsystems II.* Diese Substanzen, zu denen auch der bekannte Hemmstoff Dichlorphenyldimethylharnstoff (DCMU) gehört, blockieren den photosynthetischen Elektronentransport zwischen der Substanz Q und dem Plastochinon. Beispiele für Herbizide, die Hemmstoffe des Pigmentsystems II enthalten, sind z.B. die im Handel erhältlichen Präparate Ustinex, Gesamoos oder Vorox (Tab. 19, Abb. 85).

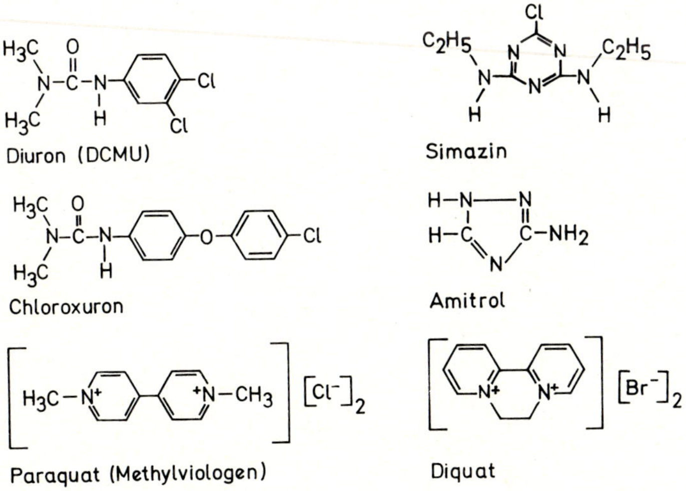

Abb. 85. Struktur der in Tabelle 19 genannten Herbizide.

Die Vertreter einer anderen Gruppe von Photosynthese-Hemmstoffen wirken als gute Elektronenakzeptoren des Pigmentsystems I und verhindern so die Bildung von Reduktionsäquivalenten (NADP · H_2). Hierzu gehören die Viologene oder Dipyridile. Ein Beispiel für ein viologenhaltiges Herbizid ist das Präparat Duanti (Tab. 19, Abb. 85).

Einige käufliche Präparate enthalten zwei oder mehrere verschiedene Wirkstoffe. So ist z.B. bei den Präparaten Ustinex und Vorox der eine Wirkstoff ein Photosynthese-Hemmstoff (Diuron bzw. Simazin), der andere (Amitrol) verhindert die Pigmentsynthese.

Chemikalien. Käufliche Herbizide, ausreichend ist die jeweils kleinste erhältliche Menge, z.B. 10 g; Reinsubstanzen der meisten Herbizide sind z.B. bei der Fa. Serva, Heidelberg, erhältlich.

Durchführung. Die Wirkung von Photosynthese-Herbiziden kann untersucht werden durch Messung der
- Hill-Reaktion mit isolierten Chloroplasten (Vers. 28 und 29, mit Einschränkungen auch Vers. 27)
- Sauerstoffentwicklung von Grünalgen (Vers. 23)
- CO_2-Fixierung bei der *Wasserpest (Elodea)* (Vers. 20)
- Chlorophyllfluoreszenz an Blättern (Vers. 35).

Von den Herbiziden wird eine 1%ige Stammlösung hergestellt (Lösungsmittel: Wasser oder Methanol). Diese Stammlösung wird mit Wasser auf die benötigte Konzentration verdünnt. Die I_{50}-Konzentrationen (siehe Erläuterung Kap. 9) für die Hemmung der Hill-Reaktion sind für die einzelnen Herbizide in Tabelle 19 enthalten.

Die Wirkung des Herbizids Duanti wird durch Untersuchung des Sauerstoffverbrauchs isolierter Chloroplasten in Gegenwart und Abwesenheit des Herbizids nachgewiesen. In Anwesenheit des Herbizids zeigt sich ein starker, lichtabhängiger Sauerstoffverbrauch (Reaktionsmechanismus Abb. 23).

Bei der Arbeit mit Herbiziden ist zu beachten, daß die meisten Herbizide giftig sind. Harnstoffherbizide sind relativ ungefährlich, während die Viologene eine hohe Giftigkeit besitzen. Herbizidlösungen sollten daher nicht mit dem Munde pipettiert werden. Zu empfehlen ist die Verwendung von Spritzen oder der Einsatz von Pipetten mit einem Gummiball (Peleusball).

Tabelle 19: Übersicht über Zusammensetzung und Wirkungsweise verschiedener käuflicher Herbizide. Die Formeln der hier aufgeführten Herbizide sind in Abbildung 85 dargestellt.

Präparat (Hersteller) und Zusammensetzung	Wirkungsweise	Konzentration für 50 % Hemmung der Hill-Reaktion I_{50}-Konzentration
Ustinex PA (Fa. Bayer)		$5 \cdot 10^{-8}$ g/ml
56 % 3,4-Dichlorphenyl-dimethylharnstoff (DCMU = Diuron)	Pigmentsystem II-Hemmstoff	
30 % 3-Aminotriazol (Amitrol)	hemmt Pigmentbildung	
Gesamoos (Fa. Ciba-Geigy)		$2 \cdot 10^{-7}$ g/ml
50 % Chlorphenoxyphenyl-dimethylharnstoff (Chloroxuron)	Pigmentsystem II-Hemmstoff	
Vorox (Fa. Spiess-Urania, Ciba Geigy)		$2,5 \cdot 10^{-6}$ g/ml
44 % 2-Chlorid-4,6-diäthyl-aminotriazin (Simazin)	Pigmentsystem II-Hemmstoff	
9,5 % 3-Aminotriazol (Amitrol)	hemmt Pigmentbildung	
Duanti (Fa. Celamerk)		(als Elektronenakzeptor ca. $5 \cdot 10^{-4}$ g/ml End-konzentration einsetzen)
2,5 % Dimethyl-dipyridylium-di(methylsulfat) (Methylviologen, Paraquat)	Elektronenakzeptor des Pigmentsystems I	
2,5 % Äthylendipyridylium-dibromid (Diquat)	Elektronenakzeptor des Pigmentsystems I	

III. Anhang

1. Beschichtung von Glasplatten für die Dünnschichtchromatographie

Die dünnschichtchromatographische Auftrennung vieler Pigmente und Lipide gelingt auf *Kieselgelschichten*. Diese sind in ausgezeichneter Qualität als fertig beschichtete Platten (Format z.B. 20 × 20 cm) erhältlich (z.B. Fa. Merck, Serva u.a.). Für die Trennung der Prenylchinone und die Trennung der Phospho- und Glykolipide ist die Benutzung dieser Platten empfehlenswert. Allerdings können Dünnschichtplatten auch selbst beschichtet werden, wenn ein Streichgerät zur Verfügung steht. Hierzu wird von Lehrmittelfirmen eine komplette Ausstattung zur Dünnschichtchromatographie angeboten (z.B. Fa. Phywe).

Die beste Trennung der Blattpigmente erhält man jedoch auf Dünnschichtplatten, die mit einer Mischung aus *Kieselgur, Kieselgel, Calciumkarbonat* und *Calciumhydroxyd* beschichtet sind. Diese müssen jeweils frisch hergestellt werden und sind daher nicht im Handel. Hierzu werden die Schichtmittel (Vers. 7) in einer Reibschale durch Zugabe von Wasser (bzw. 1 % Ascorbinsäurelösung) fein zerrieben und gleichmäßig suspendiert. Die Suspension darf nicht zu dünn sein. Nach dem Einfüllen in das Streichgerät wird dieses mit gleichmäßiger Geschwindigkeit über die auf der Schablone liegenden Glasplatten gezogen. Die Platten läßt man zunächst an der Luft trocknen (10 – 20 min) und bringt sie dann in den Trockenschrank bei 50° C. Nach 1 – 2 Stunden werden die Platten herausgenommen und sind nach Abkühlung auf Zimmertemperatur gebrauchsfertig. Im Trockenschrank bei 50° aufbewahrt, können die Platten auch am nächsten Tag noch benutzt werden.

Werden *Glasplatten mit reinem Kieselgel* (z.B. Merck Nr. 7736 ohne oder Nr. 7731 mit Gipszusatz) beschichtet, wird ähnlich verfahren. Man nimmt in diesem Fall zur Suspension Wasser und trocknet bei 100° C. Die fertigen Kieselgelplatten können außerhalb des Trockenschrankes über einen längeren Zeitraum aufbewahrt werden. Vor Gebrauch werden sie im Trockenschrank kurz (20 – 30 min) bei 100° C aktiviert. Die Dicke der Kieselgelschicht sollte bei 0,25 mm liegen. Falls kein Beschichtungsgerät zur Verfügung steht, können Glasplatten auf folgende einfache Weise beschichtet werden. Man bringt ausreichend Kieselgelsuspension auf die Gasplatte und verteilt diese mit einem Spatel möglichst gleichmäßig. Nun nimmt man einen Glasstab (z.B. 22 cm lang, Durchmesser ca. 5 mm), an dessen beiden Enden auf einer Breite von je 1,5 cm 5 Lagen Tesafilm aufgewickelt wurden. Die aufgebrachte Tesafilmschicht hat eine Dicke von etwa 0,25 mm. Dies kann leicht mit einer Schublehre überprüft werden. Mit dem so vorbereiteten Glasstab rollt man nun über die grob vorbeschichtete Glasplatte und erhält eine gleichmäßige Beschichtung. Glasplatten werden üblicherweise im Format 20 × 20 cm oder 20 × 10 cm angeboten und benutzt. Man kann sich auch Platten z. B. beim Glaser zuschneiden lassen. Es sollte auf gleiche Glasdicke (z. B. 4 mm) geachtet werden. Auch andere Formate, insbesondere schmälere, können verwendet werden.

2. Praktische Hinweise für die Dünnschichtchromatographie

a) Vor dem Füllen der Trennkammer mit dem Laufmittelgemisch muß die Trennkammer gesäubert und *absolut* trocken sein. Bereits ein einziger Wassertropfen kann manche Trennungen empfindlich stören.

b) Laufmittel möglichst schnell ansetzen und Trennkammer sofort verschließen. Ein Filterpapier, das auf einer Wand der Trennkammer anliegt und in das Laufmittel taucht, soll durch ständiges Verdunsten des Laufmittels für eine gleichmäßige Verteilung der Lösungsmitteldämpfe in der Kammer sorgen ("Kammersättigung").

c) Das aufzutragende Pigment- oder Lipidgemisch muß in einem wasserfreien Lösungsmittel gelöst sein.

d) Bei punkt- oder bandenförmiger Auftragung sollte der Durchmesser von Punkt oder Bande einen Durchmesser von höchstens 7 mm haben. Die Schicht der Platte darf beim Auftragen nicht beschädigt werden, da sonst keine gleichmäßige Trennung erfolgt.

e) Die aufgetragene Bande darf nicht in das Laufmittel eintauchen, daher immer ca. 1,5 cm vom Plattenrand entfernt auftragen.

f) Wenn mehrere Dünnschichtchromatographie-Platten benutzt werden, diese immer gleichzeitig in die Kammer einsetzen bzw. aus ihr entnehmen. Anderenfalls wird die Kammersättigung zerstört und u. U. getrennte Banden wieder miteinander verschmolzen. Daher darf auch bei laufender Trennung der Deckel der Trennkammer nicht geöffnet werden.

g) Pigmenttrennungen sind teilweise lichtempfindlich. Daher Trennkammern in einen Schrank stellen oder mit schwarzem Tuch bedecken.

h) Zur quantitativen Bestimmung der Pigmente oder Chinone werden deren Banden auf der frisch aus der Trennkammer entnommenen Platte markiert und sofort von der noch "feuchten" Platte abgekratzt und eluiert.

i) Die Laufmittelgemische sind so zusammengestellt, daß bei Zimmertemperatur eine gute Trennung erreicht wird. An sehr heißen Sommertagen oder bei extremen Luftdrücken (Hoch/Tief) kann es vorkommen, daß die Pigmente oder Lipide nicht richtig auftrennen. Der Versuch muß dann bei niedrigeren Temperaturen durchgeführt werden.

3. Photometrie

3.1 Bau und Funktion eines Photometers

Ein Photometer besteht aus folgenden wesentlichen Komponenten (Abb. 86):

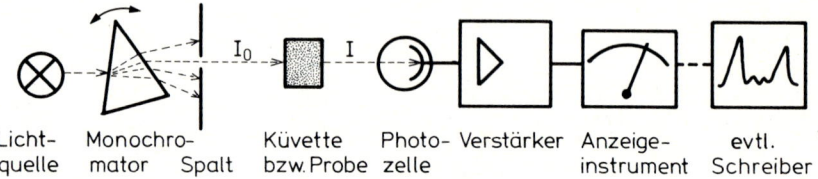

| Licht-
quelle | Monochro-
mator Spalt | Küvette
bzw. Probe | Photo-
zelle | Verstärker | Anzeige-
instrument | evtl.
Schreiber |

Abb. 86. Schematischer Aufbau eines Photometers. Zur Herstellung von einfarbigem Licht kann ein Prisma, ein Gitter oder im einfachsten Fall ein Interferenzfilter benutzt werden (Monochromator). I_0 ist das eingestrahlte und I das von der Probe in der Küvette durchgelassene Licht.

Eine *Lichtquelle* emittiert weißes Licht, das von einem Gitter- oder Prisma-*Monochromator* in die einzelnen Spektralfarben aufgespalten wird. Durch einen *Spalt* wird aus dem gesamten Spektrum nur ein relativ schmales Band von einfarbigem, monochromatischem Licht (I_0) ausgeblendet und auf die *Probe* gerichtet (Meßstrahl). Das nicht von der Probe absorbierte Licht (I) wird von einer *Photozelle* in elektrischen Strom umgewandelt, der verstärkt und angezeigt wird. Da der *Monochromator* verschiebbar ist, kann jede gewünschte Wellenlänge ausgewählt werden.

Die Qualität eines Photometers hängt im wesentlichen von der Auftrennung der Wellenlängen (Bandbreite) durch den Monochromator ab. Die Bandbreite sollte möglichst klein sein, damit auch schmale, nebeneinanderliegende Absorptionsbanden der Pigmente aufgelöst werden. Für biochemische Untersuchungen sind im allgemeinen Bandbreiten von unter 10 nm erforderlich, besser sind Werte unter 5 nm. Bei den käuflichen Photometern kann im wesentlichen zwischen Filter- und Spektralphotometern unterschieden werden. Filterphotometer haben keinen Monochromator. Das für die Messung benötigte farbige Licht muß durch Einsatz von Interferenzfiltern erzeugt werden. Mit Filterphotometern sind nur Messungen bei jenen Wellenlängen möglich, für die passende Filter vorhanden sind. Die Aufnahme von Absorptionsspektren ist nicht möglich.

Spektralphotometer erlauben durch fortlaufende Veränderung der eingestellten Wellenlänge die Aufnahme von Absorptionsspektren. Bei *Einstrahlphotometern* erfolgt die Wellenlängeneinstellung manuell und in kleinen Intervallen (in der Praxis z. B. 2 oder 5 nm). Aus den so erhaltenen Punktmessungen kann dann eine Absorptionskurve zusammengesetzt werden. Mit *Zweistrahlgeräten* (Kosten ab ca. 10 000,– DM) können vollautomatisch Spektren auf einem Schreiber registriert werden.

Für Messungen der Absorptionsspektren der photosynthetischen Pigmente und für quantitative Bestimmungen (Farbreaktionen) sind Spektralphotometer mit einem Wellenlängenbereich zwischen 400 und 700 nm ausreichend. Für viele enzymatische Bestimmungen, z. B. die Reduktion von NAD (NADP) zu NAD · H_2 (NADP · H_2), werden Wellenlängen unter 400 nm, etwa zwischen 340 bis 360 nm, benötigt.

Zur Messung der Reduktion von Chinonen sowie zur Bestimmung von Proteinen und Nukleinsäuren ist jedoch der kurzwellige UV-Bereich bis etwa 230 nm erforderlich.

3.2 Aufnahme eines Absorptionsspektrums mit einem Einstrahlphotometer

1. Vorbereitende Maßnahmen: Warmlaufen des Gerätes, Vorbereitung der Vergleichsküvette (Füllen mit dem jeweiligen Lösungsmittel)
2. Nullpunkteinstellung: In die Küvettenhalterung wird ein schwarzer Block oder ein völlig lichtundurchlässiges Objekt eingesetzt und der elektrische Nullpunkt des Gerätes eingestellt. Dieser entspricht 0 % Transmission oder ∞ Extinktion.
3. Nach dem Entfernen des schwarzen Blocks wird die Vergleichsküvette eingesetzt und das Gerät auf 100 % Transmission bzw. 0 Extinktion eingestellt. Jetzt ist das Photometer für die eingestellte Wellenlänge geeicht.
4. Einsetzen der Probe und Ablesen des Extinktionswertes, Eintragen des Meßwertes in ein Diagramm.
5. Veränderung der Wellenlänge.
6. Zur Erneuerung der Eichung bei der neuen Wellenlänge wird Schritt 3 wiederholt. Dann sinngemäß weiter bei 4, 5, 6 usw.

Fehlermöglichkeiten:

a) Die Probe ist nicht klar, sondern trüb. Es ergibt sich eine zu hohe Extinktion. Abhilfe: filtrieren oder zentrifugieren.

b) Falls die Extinktion der Probe sehr hoch ist (größer als 1.5), ergeben sich Fehler, da die Meßgenauigkeit des Gerätes stark abnimmt. Auch liegen bei vielen einfachen Photometern die Skalenteile der Extinktion in diesem Bereich sehr nahe beieinander, so daß der genaue Meßwert schlecht ablesbar ist. Abhilfe: Probe verdünnen.

3.3 Auswertung photometrischer Messungen

Bei einer photometrischen Messung wird die Schwächung eines monochromatischen Lichtstrahls (I_0) durch die zu messende Probe bestimmt. Das Ergebnis der Messung wird als *Transmission* T (Durchlässigkeit) ausgedrückt

(Gl. 29), d.h. als Verhältnis des durchgelassenen zum eingestrahlten Licht. Bei vollständiger Lichtdurchlässigkeit einer Probe erhält man 100 % Transmission, bei Undurchlässigkeit 0 %. Die Angabe von Ergebnissen als % Transmission ist vor allem im technischen Bereich von Bedeutung, z.B. bei der Angabe der Durchlässigkeit von Filtern.

Für photometrische Messungen in der Biologie und Chemie wird eine andere Einheit benutzt, die *Extinktion* (auch Absorption oder optische Dichte). Im Gegensatz zur Transmission ist diese Einheit der Konzentration der lichtabsorbierenden Substanz in der Küvette direkt proportional. Die Extinktion (E) ist der Logarithmus des Verhältnisses von einfallendem (I_0) zu durchgelassenem Licht (I) (Gl. 30).

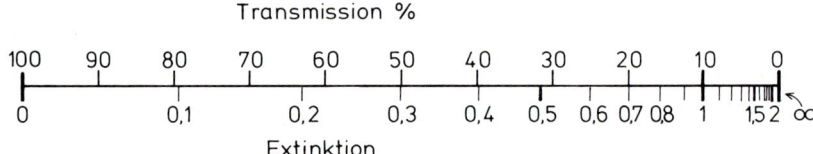

$$T\% = \frac{I}{I_0} \times 100 \quad (Gl.\ 29)$$

$$E = \log \frac{I_0}{I} \quad (Gl.\ 30)$$

Die Verknüpfung von Extinktion und Transmission zeigt folgende Skala, die auch an den meisten Photometern vorhanden ist. Die Transmissionsskala reicht von 100−0 %, die Extinktionsskala von 0 bis ∞.

Transmission %

| 100 | 90 | 80 | 70 | 60 | 50 | 40 | 30 | 20 | 10 | 0 |

| 0 | | 0,1 | | 0,2 | 0,3 | 0,4 | 0,5 | 0,6 0,7 0,8 | 1 | 1,5 2 ∞ |

Extinktion

Umrechnungen von Transmission (T) in Extinktion (E) erfolgen mit den Gleichungen:

$$T = 10^{(2-E)} \text{ bzw. } E = 2 - \log T \qquad (Gl.\ 31)$$

$$
\begin{aligned}
100\%\,T &= 0\,E \\
10\%\,T &= 1\,E \\
1\%\,T &= 2\,E \\
0,1\%\,T &= 3\,E \\
\text{usw.} \\
0\%\,T &= \infty\,E
\end{aligned}
$$

Der Zusammenhang zwischen der Konzentration der Probe und der Extinktion wird durch das *Lambert-Beer'sche Gesetz* beschrieben:

$$E = c \cdot d \cdot \varepsilon \qquad (Gl.\ 32)$$

162

E = Extinktion (dimensionslos); c = Konzentration der Probe (in Mol/l); d = Schichtdicke der Küvette (in cm, meist = 1 cm); ε = molarer Extinktionskoeffizient, er ist wellenlängen- und stoffabhängig und gibt die Extinktion einer 1 molaren Lösung eines Stoffes bei einer Schichtdicke von 1 cm an.

Zur photometrischen Bestimmung der Konzentration einer unbekannten Probe bieten sich zwei Möglichkeiten:

1) Berechnung nach dem Lambert-Beer'schen Gesetz

Nach Auflösung der Gleichung nach c ergibt sich

$$c = \frac{E}{d \cdot \varepsilon} \qquad \text{(GL. 33)}$$

E wird gemessen, d ist die Schichtdicke der Küvette. ε wird entweder einer Tabelle der Literatur (z.B. Biochemisches Taschenbuch, Springer Verlag) entnommen oder vorher mit einem Eichstandard bestimmt.

Beispiel. Gesucht wird die Konzentration c einer Dichlorphenolindophenol (DCPIP)-Lösung, die bei einer Wellenlänge von 600 nm eine Extinktion von E = 0.4 zeigt. Der molare Extinktionskoeffizient ε bei 600 nm ist für DCPIP: $\varepsilon_{600\text{ nm}} = 20\,000$.

$$c = \frac{0.4}{1\text{ cm} \cdot 20\,000\,\text{l} \cdot \text{Mol}^{-1} \cdot \text{cm}^{-1}} = 2 \cdot 10^{-5}\,\text{Mol/l}$$

Die Küvette enthält somit eine $2 \cdot 10^{-5}$ molare DCPIP-Lösung.

2) Bestimmung über eine Eichkurve

Wenn der Extinktionskoeffizient ε nicht bekannt ist, kann durch Messung der Extinktion einer Reihe verschieden konzentrierter, sorgfältig eingestellter Lösungen eine *Eichkurve* aufgestellt werden. Daraus wird dann die gesuchte Konzentration ermittelt.

Beispiel. Aufgabenstellung wie oben. Es werden von Dichlorphenolindophenol Lösungen unterschiedlicher Konzentrationen hergestellt (0,5; 1; 1,5; 2; 2,5; $3 \cdot 10^{-5}$ molar) und deren Extinktion bei 600 nm bestimmt.

In einem Diagramm (Abb. 87) werden die Konzentrationen der hergestellten Lösungen und deren Extinktionen gegeneinander aufgetragen. Aus der so erhaltenen Eichkurve kann mit der gemessenen Extinktion einer unbekannten Lösung (E = 0,4) deren Konzentration (= $2 \cdot 10^{-5}$ molar) ermittelt werden.

Bei der quantitativen Bestimmung von Farbstoffen auf photometrischem Wege ist man weniger an der molaren Konzentration, sondern mehr an einer direkten Angabe in Gewichtseinheiten (z.B. g/Liter) interessiert. In der Praxis wird daher für viele Substanzen die Extinktion einer 1 % Lösung bei einer Schichtdicke von 1 cm angegeben. Dieser Wert wird als *spezifischer Extinktionskoeffizient* $E_{1\text{ cm}}^{1\%}$ angegeben.

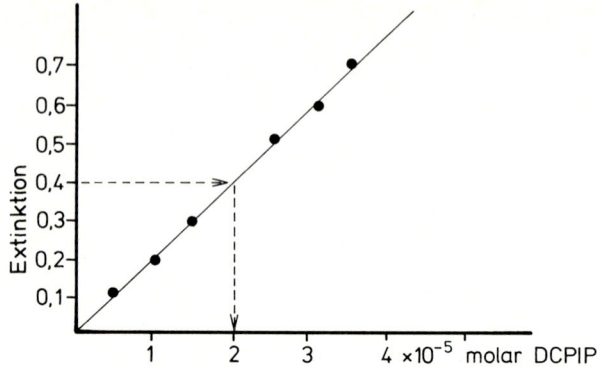

Abb. 87. Eichkurve zur Bestimmung der Konzentration einer Dichlorphenolindophenollösung (DCPIP).

Beispiel: Bei vielen in der Natur vorhandenen farblosen Substanzen erfolgt die quantitative Bestimmung indirekt über die photometrische Messung des bei einer chemischen Reaktion gebildeten Farbstoffkomplexes. So wird bei der Bestimmung des Vitamins E ein roter Farbstoff gebildet (Vers. 11), dessen Extinktion bei der Wellenlänge 520 nm gemessen wird. Der $E_{1\,cm}^{1\%}$-Wert beträgt 407. Wird bei einer Vitamin E-Bestimmung eine Extinktion E = 0,203 gemessen, so kann man hieraus die Menge in g/100 ml berechnen:

Extinktion 407   = 1 g/100 ml
Extinktion 0,203 = x

$$x = \frac{0,203 \cdot 1}{407} = 5 \cdot 10^{-4} \text{ g/100 ml} = 500 \text{ µg/100 ml}$$

Diese Menge kann dann auf das Volumen der vorhandenen Vitamin E-Lösung umgerechnet werden. Liegen beispielsweise 10 ml Vitamin E-Lösung vor, so enthalten diese 10 ml 50 µg Vitamin E.

4. Bau und Anwendung der Gegenspannungseinrichtung

Bei vielen biochemischen Experimenten kommt es vor, daß sich der untersuchte Parameter nur geringfügig ändert. Dies ist der Fall z.B. bei Messung des Protonengradienten (Vers. 25), der CO_2-Fixierung (Vers. 20) oder bei Messungen der Sauerstoffkonzentration (Vers. 22 und 29). Ziel dieser Experimente ist es jedoch, eben diese geringen Veränderungen präzise zu messen bzw. möglichst formatfüllend auf einem Schreiber zu registrieren. Um geringe Änderungen einer Meßgröße auf einem Zeigerinstrument oder auf einem

Schreiber noch sichtbar zu machen (zu „spreizen"), wird eine Gegenspannung angelegt, wodurch es möglich wird, einen empfindlicheren Meßbereich zu wählen. Die Funktion ist in den folgenden Beispielen erläutert:

Beispiel. In einem Experiment sollen Veränderungen des pH-Wertes auf einem Schreiber registriert werden. Dabei werden ein Ansteigen und Abfalen des pH-Wertes zwischen ca. 7,1 pH und 7,5 pH festgestellt und auf dem Schreiber als Spannung von 71 bis 75 mV registriert. Die Darstellung in Abb. 88a zeigt, daß die geringfügige Veränderung des Kurvenverlaufs zwar

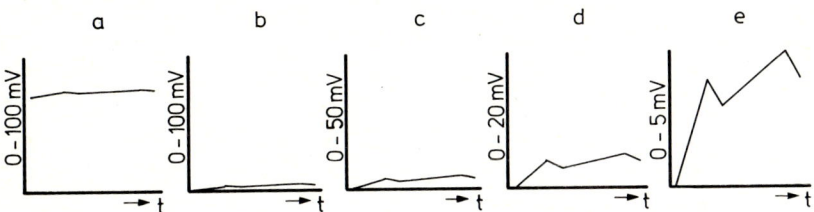

Abb. 88. Beispiel für die schrittweise verbesserte Auflösung („Spreizung") eines gemessenen Signals nach dem Anlegen der Gegenspannung. Einzelheiten im Text.

gerade erkennbar, aber für eine Auswertung ungeeignet ist. Die Wahl eines empfindlicheren Meßbereichs am Schreiber ist zunächst nicht möglich, da bei einem Übergang vom 100 mV- zum 50 mV Bereich die Schreibfeder am Vollausschlag liegen würde.

Jetzt wird an die Verbindungsleitung zwischen pH-Meter und Schreiber, die z. Zt. eine Spannung von durchschnittlich ca. 73 mV. führt, eine Gegenspannung mit umgekehrter Polarität angelegt (Abb. 89a). Die Höhe dieser

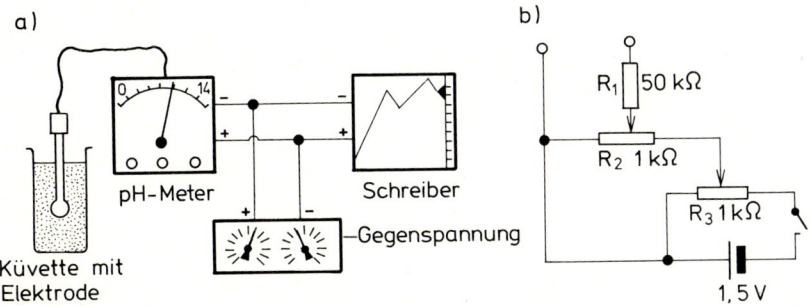

Abb. 89. a) Versuchsaufbau zur Messung kleiner pH-Veränderungen unter Verwendung der Gegenspannungseinrichtung.
b) Schaltbild einer einfachen Gegenspannungseinrichtung. R_1: Festwiderstand, R_2 und R_3: verstellbare Widerstände (Potentiometer). Als Spannungsquelle dient eine Taschenlampenbatterie (Monozelle). R_1 kann auch entfallen.

Spannung soll 70 mV betragen. Jetzt liegt am Schreiber die Differenz dieser Spannungen an: 73 mV−70 mV = 3 mV. Dieses auf dem Schreiber registrierte Signal (Abb. 88 b) ist nun nach unten verschoben, aber in seiner Form unverändert.

Wenn jetzt am Schreiber empfindlichere Meßbereiche gewählt werden, ist eine erhebliche *Spreizung* des gemessenen Signals möglich (Abb. 88 c bis e). So kann in einem Meßbereich von 5 mV das Signal über den größten Teil der Registrierbreite gespreizt werden. Die Skala des Schreibers entspricht somit bei 0 Skalenteilen einem pH-Wert von 7 und bei 100 Skalenteilen pH 7,5. Durch Anwendung der Gegenspannung wurde also die Empfindlichkeit der Meßeinrichtung erheblich gesteigert.

Der Aufbau einer *Gegenspannungseinrichtung* ist aus Abbildung 89 b ersichtlich. Die beiden Potentiometer R_2 und R_3 dienen zur feinen und groben Einstellung der gewünschten Spannung. R_1 verhindert einen Kurzschluß des zu registrierenden Signals bei geringen Werten der eingestellten Spannung. Als Stromquelle dient eine Taschenlampenbatterie. Die Gesamtkosten für die Einrichtung liegen somit unter 10 DM.

5. Beleuchtungseinrichtungen und Messung der Lichtintensität

1. Pflanzenanzucht

Die Anzucht von Gersten- und Radieschenkeimlingen erfolgt im Dauerlicht. Als Lichtquellen sind Leuchtstoffröhren geeignet, da sie weniger Wärmestrahlung erzeugen als normale Glühbirnen. Die Lichtintensität sollte mehr als 3000 Lux betragen.

2. Lichtquellen für photochemische Messungen

Bei photochemischen Messungen soll meist eine kleine Fläche sehr hell ausgeleuchtet werden. Hierbei muß jedoch für eine gute Absorption des Wärmeanteils gesorgt werden.

a) Glühbirnen (Wolframfadenlampen)

Geeignet sind Pressglasstrahler, etwa vom Typ Concentra Spot oder Attralux mit einer elektrischen Leistung von 100−150 W. Erreichbare Lichtintensitäten s. u. Die Beseitigung der Wärmestrahlung kann durch einen Wärmefilter erfolgen (Typ KG 3 oder 2, Fa. Schott; Preis ca. 200,− DM). Dieser Filter muß durch einen Lüfter ständig gekühlt werden. Billiger ist es, eine Küvette mit einer 5−10 cm dicken Wasserschicht (z. B. Chromatographiekammer oder ein kleines Aquarium) zwischen Glühbirne und Objekt zu stellen. Dem Wasser kann zur besseren Absorption der Wärmestrahlung etwas $CuSO_4$ zugesetzt werden.

b) Diaprojektor

Als sehr geeignet haben sich Diaprojektoren erwiesen, da sie gut fokussiertes, intensives Licht erzeugen, das meist nur einen geringen Wärmeanteil besitzt. Durch Einfügen von Wärmeabsorptions- oder Farbglasfiltern kann jede gewünschte Lichtqualität leicht hergestellt werden. Für Dauerbetrieb sind Projektoren, die weitgehend aus Kunststoffteilen aufgebaut sind, ungeeignet. Ferner sind Halogenleuchten empfehlenswert. Erreichbare Lichtintensitäten sind in Tabelle 21 angegeben.

c) Mikroskopierleuchten

Die Eigenschaften der Lampen entsprechen weitgehend denen von Glühbirnen. Auch hier ist auf gute Wärmeabsorption zu achten. Nachteile: Ausleuchtung nur sehr kleiner Flächen möglich, z. B. von Photometer-Küvetten.

Die Regulierung der Beleuchtungsstärke kann durch Entfernen der Lichtquelle vom Objekt erfolgen. Als grobe Regel gilt ein Absinken der Lichtintensität um den Faktor 4 bei Verdopplung des Abstandes zwischen Lichtquelle und Objekt (Relativ große Fehler können bei stark fokussierten Lichtquellen entstehen). Als elegantere Methode empfiehlt sich die Verwendung eines elektronischen Helligkeitsreglers („Dimmer"), der für ca. 10,– bis 40,– DM im Elektrofachhandel erhältlich ist.

3. Messung und Angabe der Lichtenintensitäten

So vielfältig die Definition für die Einheiten optischer Strahlung ist, so uneinheitlich sind die in der Literatur enthaltenen Intensitätseinheiten. Zur Vereinfachung sollen hier nur die wichtigsten Strahlungseinheiten herausgegriffen und die Verknüpfung untereinander besprochen werden.

Zwei Arten von Strahlungseinheiten sind unterscheidbar: physiologische und physikalisch-energetische Intensitätsangaben. Als wichtigste physiologische Einheit ist das *Lux* zu nennen. Diese Einheit der Beleuchtungsstärke entspricht dem subjektiven Helligkeitsempfinden des menschlichen Auges (hohe Empfindlichkeit für grün, geringe für blau und rot).

Tabelle 20: Durchschnittliche Beleuchtungsstärken natürlicher Lichtquellen (nach SCHMIDT/FENSTEL, Optoelektronik, Vogel Verlag).

Natürliche Lichtquelle	durchschnittliche Beleuchtungsstärke in Lux
Volles Sonnenlicht	10^5 Lux
bedeckter Himmel	10^4 Lux
stark bedeckter Himmel	10^3 Lux
Dämmerung	$10-1$ Lux
Vollmond	$0,1$ Lux
Sternenlicht	10^{-3} Lux

Beispiele für Beleuchtungsstärken (in Lux), die bei natürlichen Licht-quellen auftreten, können der Tabelle 20 entnommen werden. Die Beleuch-tungsstärken experimentell wichtiger Lichtquellen sind in Tabelle 21 ent-halten. Die Einheit Lux kann im allgemeinen nicht in andere energetische Einheiten umgerechnet werden. Als Anhaltspunkt für einen näherungsweise groben Vergleich von Lux mit erg/cm² · sec gilt (allerdings nur für Glüh-lampenlicht): 100 Lux ≈ 5 · 10^3 erg/cm² · sec. Lux-Messungen sind mit relativ einfachen und billigen Geräten durchführbar (z.B. Belichtungs-messer mit Lux-Eichung oder Geräte aus dem Physik-Angebot von Lehrmittel-firmen).

Als wichtigste physikalische Einheiten der Lichtenergie sind zu nennen: erg, Joule, Watt und cal. Die Lichtintensität bezeichnet die je Fläche und Zeiteinheit auftreffende Energie:

$$\frac{1}{erg/cm^2 \cdot sec} = \frac{10^{-7}}{Watt/cm^2} = \frac{10^{-7}}{Joule/cm^2 \cdot sec} = \frac{0,239 \cdot 10^{-7}}{cal/cm^2 \cdot sec}$$

Für genaue erg-Messungen werden teure Meßgeräte benötigt. Einfache, energetische Messungen sind möglich mit Thermosäulen, wie sie von Lehr-mittelfirmen angeboten werden. Eine grobe Orientierung über experimentell erreichbare Lichtintensitäten gibt die Tabelle 21.

Tabelle 21: Beleuchtungsstärken und Lichtintensitäten einer Glühlampe (Osram Con-centra Spot 150 W, 220 V) und eines Diaprojektors (Leitz Prado, 100 W Halogen-lampe, Objektiv: Hektor, 200 mm). Die Messung erfolgte durch ein KG 3 Wärmeab-sorptionsfilter.

Abstand von Objektiv zur Lichtquelle	Diaprojektor, Leitz Prado 100 W Lux	Concentra spot, 150 W Lux
10 cm	50 000	100 000
20 cm	42 000	80 000
50 cm	13 500	26 000
100 cm	4 000	6 000
200 cm	1 300	2 200

6. Sauerstoffelektrode (Eichung und Auswertung)

Die in Versuch 22 beschriebene vereinfachte Eichung und Auswertung kann für vergleichende Messungen angewandt werden, wenn die durchgeführ-ten Experimente alle unter gleichen Bedingungen (Temperatur, Reaktions-volumen, Chlorophyllgehalt) durchgeführt werden. Für eine exakte Berechnung der entwickelten Sauerstoffmenge (μMol O_2/mg Chlorophyll und Stunde) ist eine sorgfältige Eichung mit entsprechender Auswertung erforderlich.

Eichung. Grundlage der Eichung der Anzeigeempfindlichkeit bildet der bekannte Sauerstoffgehalt von destilliertem Wasser (Tab. 22).

Tabelle 22: Sauerstoffgehalt von luftgesättigtem destilliertem Wasser bei verschiedenen Temperaturen.

Temperatur	Sauerstoffgehalt in μl O_2/ml Wasser
0	10,63
10	7,98
15	7,182
20	6,51
25	5,985
30	5,481
35	5,145
40	4,851

Luftgesättigtes destilliertes Wasser wird hergestellt, indem man mit einer Aquarienpumpe ca. 30 min Luft durch ein Gefäß mit ca. 500 ml dest. Wasser bläst. Das Gefäß muß dabei auf der für die Messungen vorgesehenen Temperatur gehalten werden (Wasserbad). Der Sauerstoffgehalt dieses Wassers kann dann der Tabelle 22 entnommen werden.

Zur Durchführung der Eichung werden ca. 5 ml destilliertes luftgesättigtes Wasser in das Reaktionsgefäß gegeben. Nach 1 min Adaption stellt man mit der Justierung an der Stromversorgungseinheit der Elektrode den gewünschten Ausschlag ein. Es ist zweckmäßig, z.B. bei einer Temperatur von 15°C das Anzeigegerät oder den Schreiber auf 71,8 Skalenteile einzujustieren, da jetzt 1 Skalenteil 0,1 μl O_2 je ml Wasser entspricht. Für andere Temperaturen werden entsprechende Skalenteile eingestellt.

Auswertung. Mit der Sauerstoffelektrode kann die Sauerstoffkonzentration einer Lösung bestimmt werden. Zur Beurteilung der Photosyntheseleistung ist jedoch die Geschwindigkeit der Sauerstoffentwicklung (= O_2-Entwicklungsrate) von Interesse. Sie wird ermittelt, indem die zwischen zwei Zeitpunkten freigesetzte Sauerstoffmenge bestimmt wird. Hierzu wird in ein möglichst gerade verlaufendes Stück einer registrierten Kurve ein Steigungsdreieck eingezeichnet. Die Geschwindigkeit der Photosynthese (P) wird ermittelt, indem man den zeichnerisch ermittelten Sauerstoffgehalt (y) durch die dazu benötigte Zeit (x) dividiert (Abb. 90).

$$\frac{\mu l\,O_2}{Zeit\ (min)} = P \qquad\qquad (Gl.\ 34)$$

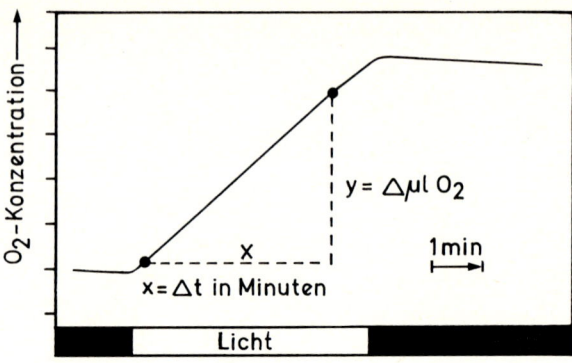

Abb. 90. Ermittlung der Sauerstoffentwicklungsrate aus einer registrierten Kurve.

Die Menge des entwickelten Sauerstoffs ergibt sich aus Strecke y unter Berücksichtigung der vorgenommenen Eichung. Die Zeit (Strecke x) ergibt sich aus der Vorschubgeschwindigkeit des Papiers am Schreiber.

Ein relatives Maß für die Reaktionsgeschwindigkeit bildet der Tangens (tan) der eingezeichneten Kurve. Die je Stunde in einer 5,2 ml Reaktionslösung ermittelte Sauerstoffmenge in µMol wird aus folgender Gleichung erhalten:

$$P \times 13,93 = \mu\text{Mol Sauerstoff/h und Reaktionslösung} \qquad \text{(Gl. 35)}$$

Das Ergebnis kann in der üblichen Schreibweise als $\mu M\ O_2/1$ mg Chlorophyll und Stunde angegeben werden, wenn durch die in der Küvette eingesetzte Chlorophyllmenge dividiert wird. Siehe hierzu Versuch 26.

Beispiel. Bei 10° C Wassertemperatur wurde als Eichung mit luftgesättigtem Wasser ein Ausschlag von 79,8 Skalenteilen am Schreiber eingestellt. Nach einem Experiment wurden für das Steigungsdreieck (Abb. 90) für die Strecke y = 20 Skalenteile und für die Strecke x ein Zeitbedarf von 4 Minuten ermittelt. In 4 Minuten wurden also 2 µl Sauerstoff je ml Lösung entwickelt (79,8 Skalenteile entsprechen 7,98 µl O_2/ml Lösung; 20 Skalenteile entsprechen 2 µl O_2/ml):

$$\frac{2\ \mu l\ O_2}{4\ \text{min}} = 0,5\ \mu l\ O_2/\text{min} = P \qquad \text{(Gl. 36)}$$

Dies entspricht der Veränderung der Sauerstoffmenge in 1 ml Lösung je Minute. Da mit 5,2 ml Lösung in der Reaktionskammer gearbeitet wurde, wurde je Stunde $0,5 \times 5,2 \times 60 = 156$ µl O_2 entwickelt. Nach Umrechnung von µl O_2 auf µMol O_2 (Molvolumen eines Gases = 22,4 l) ergibt sich:

$$\frac{0,5 \times 5,2 \times 60}{22,4} = 0,5 \times 13,93 = 6,96\ \mu\text{Mol } O_2/h \qquad \text{(Gl. 37)}$$

Wenn für die Messung in der Reaktionslösung insgesamt 0,1 mg Chlorophyll eingesetzt wurden (Bestimmung Vers. 26), so ergibt sich eine Sauerstoffentwicklungsrate von

$$\frac{6,96}{0,1} = 69,6 \text{ } \mu\text{Mol O}_2/\text{mg Chlorophyll und Stunde} \qquad \text{(Gl. 38)}$$

Mit Radieschenchloroplasten erhält man je nach Entwicklungszustand der Pflanze bei einer Hill-Reaktion Sauerstoffentwicklungsraten zwischen 30–200 μM O_2/mg Chlorophyll pro Stunde.

7. Herstellung von Pufferlösungen

Puffer sind Lösungen von Substanzen in Wasser, die einen bestimmten pH-Wert haben und diesen auch nach Zugabe einer kleinen Menge Säure oder Lauge beibehalten. Meist bestehen Puffer aus 2 Komponenten (z.B. 2 verschiedenen Salzen einer Säure), von denen die eine in Lösung in der Regel *saure* und die andere *basische* Eigenschaften (pH-Werte) aufweist. Zur Bereitung von Puffer eines bestimmten pH-Wertes stellt man sich zunächst Stammlösungen der einzelnen Salze her und mischt diese Lösungen in einem geeigneten Verhältnis. Mit einem pH-Meter wird der pH-Wert überprüft und durch weitere Zugabe der sauren oder alkalischen Lösung auf den gewünschten Endwert eingestellt.

Für die **Chloroplastenisolierung** werden die folgenden Pufferlösungen benötigt (Tab. 23).

Tabelle 23. Übersicht über verschiedene Puffermedien, die zur Isolierung von Chloroplasten und zur Messung von Hill-Reaktionen benötigt werden.

Isolationsmedium	Suspensionsmedium I
0,3 Molar Saccharose 10^{-1} Molar KH_2PO_4/K_2HPO_4, pH 7,4 35 Millimolar NaCl 5 Millimolar $MgCl_2$	10^{-3} Molar KH_2PO_4/K_2HOP_4, pH 7,4 35 Millimolar NaCl 5 Millimolar $MgCl_2$
Suspensionsmedium II	*Suspensionsmedium III*
0,3 Molar Saccharose 10^{-3} Molar KH_2PO_4/K_2HPO_4, pH 6,8 35 Millimolar NaCl 5 Millimolar $MgCl_2$	10^{-5} Molar KH_2PO_4, K_2HPO_4, pH 6,8 35 Millimolar NaCl 5 Millimolar $MgCl_2$

Isolationsmedium.

Hergestellt werden 400 ml einer 0,1 molaren K_2HPO_4-Lösung (basische Lösung, 9,13 g K_2HPO_4 auf 400 ml) und 200 ml einer 0,1 molaren KH_2PO_4-Lösung (saure Lösung, 2,7 g KH_2PO_4 auf 200 ml). Aus beiden Komponenten werden zunächst ca. 300 ml Pufferlösung (Mischverhältnis ca. $^1/_3$ saure und $^2/_3$ alkalische Lösung) in einem 500 ml Becherglas hergestellt. Jetzt werden 5,13 g Saccharose (Haushaltszucker) 1,02 g NaCl und 0,24 g $MgCl_2$ zugefügt. Mit den beiden Phosphat-Lösungen wird so auf 500 ml aufgefüllt, daß der pH-Wert 7,4 beträgt.

Suspensionsmedium I

Es enthält keine Saccharose und den Phosphatpuffer in geringerer Konzentration (10^{-3} molar) als das Isolationsmedium (10^{-1} molar).

Die benötigten 400 und 200 ml Phosphatlösungen werden durch Verdünnen (1 : 100) der für das Isolationsmedium hergestellten 0,1 molaren Stammlösungen erhalten. Auf 500 ml Puffer (pH 7,4) gibt man 1,02 g NaCl und 0,24 g $MgCl_2$ zu.

Suspensionsmedium II

Zubereitung wie Isolationsmedium. Die benötigten Pufferlösungen (Tab. 23) werden durch Verdünnen (1 : 100) der für das Isolationsmedium hergestellten 0,1 molaren Stammlösungen erhalten. Man bereitet zunächst 150 ml Pufferlösung, fügt 2,57 g Saccharose (Haushaltszucker), 0,5 g NaCl und 0,12 $MgCl_2$ zu und füllt mit Pufferlösung auf 250 ml auf. Der pH-Wert wird hierbei auf pH 6,8 eingestellt.

Suspensionsmedium III

Dieses Medium wird durch Verdünnen (1 : 100) des für das Suspensionsmedium I angefertigten Phosphatpuffers hergestellt. Auf 500 ml werden 1,02 g NaCl und 0,24 g $MgCl_2$ zugefügt. Danach kann der pH-Wert durch Zugabe einiger Tropfen KH_2PO_4-Lösung (10^{-3} molar) genau auf 6,8 pH gebracht werden.

Hinweis. Das Isolationsmedium und Suspensionsmedium können im Kühlschrank aufbewahrt werden. Falls sich nach einiger Zeit in einer Lösung Trübungen oder Flocken bilden, muß sie verworfen werden, da es sich hierbei meist um eine Verpilzung der zuckerhaltigen Pufferlösung handelt.

Für die Untersuchung der **pH-Abhängigkeit der Photosynthese** an Grünalgen werden folgende Puffer benötigt:

a) *Puffer für pH-Werte zwischen 2 und 8.* 10,5 g Zitronensäure in 500 ml Wasser lösen (ergibt 0,1 molare Lösung); 18,3 g Dinatriumphosphat

(Na_2PHO_4) in 500 ml Wasser lösen (ergibt 0,2 molare Lösung). Aus den beiden Komponenten werden je 10 ml Portionen mit dem gewünschten pH-Wert hergestellt. Die Einstellung erfolgt in einem 25 ml Becherglas und wird durch ein pH-Meter kontrolliert. Für saure pH-Werte werden viel Zitronensäure und wenig Phosphatlösung und für alkalische pH-Werte viel Phosphatlösung und wenig Zitronensäure-Lösung benötigt.

b) *Puffer für pH-Werte von 8–13.* 3,75 g Glycin und 2,92 g NaCl in 500 ml Wasser lösen. Der gewünschte pH-Wert wird jeweils durch Zugabe von 0,1 n NaOH eingestellt.

Tris-Puffer

Er wird benötigt für Versuch 31. Auf 100 ml werden 6,06 g Tris (hydroxymethyl)-aminomethan eingewogen. Der pH-Wert der Lösung ist alkalisch und wird durch tropfenweises Zusetzen von ca. 0,5 n Salzsäure auf einen Wert von 7,4 pH eingestellt.

8. Nährmedium für die Algenanzucht

Die Untersuchungen zur Abhängigkeit der Photosynthese von äußeren Faktoren (Vers. 23) werden am besten an Algensuspensionen durchgeführt (*Chlorella, Scenedesmus* etc.). Die Kultur von Grünalgen in anorganischem Nährmedium ist einfach. Zu empfehlen ist die in Tabelle 24 aufgeführte Zusammensetzung. Der pH-Wert der Lösung sollte zwischen 6 und 7 liegen.

Tabelle 24: Zusammensetzung des Nährmediums für die Anzucht von Grünalgen (nach KESSLER et al. 1963). Angaben in g pro 1 Liter Gesamt-Lösung.

KNO_3	0,81	g
NaCl	0,47	g
$NaH_2PO_4 \cdot 2H_2O$	0,47	g
$Na_2HPO_4 \cdot 12H_2O$	0,36	g
$MgSO_4 \cdot 7H_2O$	0,25	g
$CaCl_2 \cdot 6H_2O$	0,02	g
$FeSO_4 \cdot 7H_2O$	0,01	g
$MnCl_2 \cdot 4H_2O$	0,0005	g
H_3BO_3	0,0005	g
$ZnSO_4 \cdot 7H_2O$	0,0002	g
$(NH_4)_6Mo_7O_{24} \cdot 4H_2O$	0,00002	g
destilliertes Wasser	1000	ml

Die Kulturen werden in einer Glasflasche oder einem Erlenmeyerkolben mit Hilfe einer Aquarienpumpe mit normaler Luft versorgt und im Dauerlicht bei ca. 3000 Lux und Zimmertemperatur (ca. 25° C) angezogen. Die Suspension soll durch den Luftstrom oder einen Magnetrührer ständig in Bewegung gehalten werden, so daß sich keine Algen am Boden absetzen können.

Wenn keine reinen Algenkulturen zur Verfügung stehen, kann man gegebenenfalls die in jedem Aquarium vorhandenen Grünalgen zur Anlage einer Kultur benutzen. Meist kann man auch von einem Botanischen Institut eine Stammkultur erhalten.

Um die geringen Mengen der Spurenelemente besser abwiegen zu können, stellt man sich 100–1000fach höhere Konzentrationen her (Stammlösungen) und pipettiert davon die entsprechende ml-Menge in das Nährmedium.

9. Anzucht von Pflanzen

Zur Bereitung von Blattpigmentextrakten, für lichtmikroskopische Untersuchungen an CAM-Pflanzen oder für die Chloroplastenisolierung im Winter (wenn kein *Spinat* zur Verfügung steht) werden einige Pflanzen in Pflanzenanzuchtschalen oder soweit möglich in Blumentöpfen kultiviert. In Frage kommen z. B. die Anzucht von *Radieschen (Raphanus sativus), Gerste (Hordeum vulgare), Bohne (Phaseolus vulgaris), Mais (Zea mays)* etc.

a) Grüne Pflanzen. Die Samen werden ca. 10 h in Leitungswasser vorgequollen und dann in die Anzuchtschalen (feuchte Erde, Sand) gebracht, abgedeckt und im Dunkeln stehengelassen. Eine Anzucht auf Nährlösung (Tab. 25) ist in der Regel nicht erforderlich, da die Samen im Endosperm oder den Speicherkotyledonen genügend Nährstoffe enthalten. Nach 2–3 Tagen Dunkelanzucht stellt man die Pflanzen ins Licht (z. B. Tageslicht oder 2–3 Leuchtstoffröhren, ca. 3000 Lux). Für die Chloroplastenisolierung eignen sich z. B. die grünen Keimblätter von 6–8 Tage alten *Radieschen* (Ergrünungszeit 3–5 Tage).

b) Etiolierte Pflanzen. Die Keimung und Anzucht erfolgt wie zuvor unter a) beschrieben. Man hält die Keimlinge in vollständiger Dunkelheit. Die typischen Merkmale etiolierter Pflanzen erhält man bei Keimlingen der *Radieschen* nach 4–6 Tagen, der *Gerste* nach 5–8 Tagen und bei der *Bohne* nach 12–20 Tagen. Für die Herstellung von Pigmentextrakten etiolierter Blätter eignen sich besonders Gerstenkeimlinge, die relativ dicht angezogen werden können.

c) Hydrokultur. Die Anzucht der Pflanzen kann auch auf flüssigem Medium (Hydrokultur) erfolgen. Hierzu benutzt man in der Regel eine modifizierte Nährlösung nach VAN DER CRONE oder KNOP, der verschiedene Mikronährstoffe zugefügt werden. Für die Anzucht von Keimlingen verschiedener

Pflanzen erwies sich die in Tabelle 25 dargestellte Nährlösung als geeignet. Zur Herstellung der Fe-EDTA-Lösung werden 2,6 g EDTA (Äthylendiamintetraessigsäure, Titriplex) in 27 ml 1 n KOH (5,6 g in 100 ml) gelöst und mit destilliertem Wasser auf 250 ml aufgefüllt. Zu dieser Lösung gibt man 2,5 g Eisensulfat ($FeSO_4 \cdot 7H_2O$). Häufig zieht man Pflanzen auf Sand an, dem die angegebene Nährlösung zugefügt wird.

Um die geringen Mengen der Mikronährstoffe besser abwiegen zu können, stellt man sich 100–1000fach höhere Konzentrationen her (Stammlösungen) und pipettiert davon die entsprechende ml-Menge in das Nährmedium.

Tabelle 25: Zusammensetzung eines Nährmediums für die Anzucht von Pflanzen. Angaben in mg pro 1 Liter Gesamtlösung (nach VERBEEK und LICHTENTHALER, 1974)

Makronährstoffe	*mg/l*
NH_4NO_3	500
K_2SO_4	500
$MgSO_4 \cdot 7H_2O$	500
$CaSO_4 \cdot 2H_2O$	500
$Ca_3(PO_4)_2$	500
$FeSO_4 \cdot 7H_2O$ 0,5 % (als Fe-EDTA)	2,2 ml

Mikronährstoffe	*mg/l*
H_3BO_3	3,0
$MnSO_4$	2,5
Na_2MoO_4	1,0
$ZnSO_4$	2,5
NaCl	5,0
destilliertes Wasser	1000 ml

10. Geräteausstattung

Zur Durchführung der beschriebenen Versuche werden zusätzlich zu der üblicherweise vorhandenen Laborausstattung (Glasgeräte, Stative, Pipetten usw.) folgende Geräte benötigt. Die Nennung einzelner Firmen ist beispielhaft und beruht auf den Erfahrungen der Autoren.
1. *Spektralphotometer,* Einstrahlausführung, Wellenlängenbereich: mindestens von 390–700 nm (siehe hierzu Anhang 3.1). Geeignete Geräte sind z.B. S 105, Fa. Technowa, 4040 Neuss; MSE Spectro-plus, Fa. Colora; Shimadzu UV 100, Fa. Kontron; Spectronic, Fa. Bausch u. Lomb. Nicht empfehlenswert sind Geräte, die nur zu Demonstrationszwecken dienen oder die eine große spektrale Bandbreite haben (z.B. 20 nm).

2. *pH-Meter.* Empfehlenswert ist ein Gerät mit spreizbarem Meßbereich (z. B. 1 oder 4 pH Einheiten für vollen Ausschlag des Anzeige-Instruments) und mit Schreiberanschluß. Geräte dieser Art werden von vielen Firmen angeboten, z. B. von den Firmen Phywe, Kontron, Bachhofer, Metrohm, WTW usw.

3. *Sauerstoffelektrode* mit Reaktionsgefäß, Magnetrührer und Stromversorgung. Geeignete Geräte: Oxygen electrode, Fa. Rank, Bottisham, Cambridge, England bzw. Männel KG, Karlsruhe; Hansatech – Sauerstoffelektrode, Fa. Bachhofer; Sauerstoff-Meßgerät (ohne Reaktionsgefäß), Fa. Kontron.

4. *Schreiber.* Das Gerät sollte verschiedene Papiervorschubgeschwindigkeiten und verschiedene Meßbereiche besitzen. Der empfindlichste Meßbereich sollte bei mindestens 10 mV liegen. Geeignete Schreiber werden von verschiedenen Firmen angeboten.

5. *UV-Lampe.* Empfehlenswert ist eine Analysenlampe, die für zwei verschiedene Wellenlängen umschaltbar ist, z. B. für 366 und 254 nm. Hersteller z. B. Desaga, Hanau, Phywe, Camag u. a.

6. *Prisma* zur Zerlegung von weißem Licht in seine Spektralfarben. Für Demonstrationszwecke sind große Kunststoffprismen geeignet, wie sie z. B. für Mikrowellen-Versuche benutzt werden. Diese Prismen werden z. B. von Lehrmittelfirmen angeboten.

7. *Audus-Bürette* für die quantitative Blasenzählmethode. Das Gerät kann von einem Glasbläser angefertigt werden. Hergestellt wird es z. B. von der Fa. Laborgeräte Handelsgesellschaft LHG, Theo Männel KG, 7500 Karlsruhe.

8. *Zentrifuge* zur Chloroplastenisolierung. Geeignet sind einfache elektrische Zentrifugen, wie sie für Blut- oder Urinsedimentation in der Medizin benutzt werden, notfalls auch Handzentrifugen (Lehrmittelfirmen). Vertrieb elektrischer Zentrifugen: z. B. medizinische Fachgeschäfte oder Laborausstatter.

IV. Glossar

Äquifacial: Blätter mit symmetrischer Gewebeverteilung im Blattquerschnitt

Akzessorische Pigmente: Zusatzpigmente der Photosynthese wie Chlorophyll b oder Carotinoide

Autotroph: Aufbau organischer Substanz aus anorganischen Vorstufen unter Ausnutzung der Lichtenergie, nicht auf die Zufuhr organischer Substanzen angewiesen

Bifacial: Blätter mit unsymmetrischer Gewebeverteilung im Querschnitt

Carboxylierung: Einbau von CO_2 in ein Molekül

Carotine: Sauerstoff-freie Carotinoide, im Gegensatz zu Xanthophyllen sind sie reine Kohlenwasserstoffe

Cytoplasma: Grundmasse der Zelle, in welche die Zellorganellen (z. B. Chloroplasten, Mitochondrien) eingelagert sind

Decarboxylierung: Abspaltung von CO_2 aus einem Molekül

Dikotyledonen: Pflanzen, deren Keimlinge zwei Keimblätter besitzen

Diurnal: täglich, im Verlauf des Tages

Elektronenakzeptor: Substanz, die ein Elektron aufnimmt und dabei reduziert wird

Elektronendonor: Substanz, die Elektronen abgibt und dabei oxidiert wird

Eluieren: Herauslösen von Substanzen aus Substanzgemischen durch Lösungsmittel

Emission: Abgabe von Strahlung; auch von feinverteilten Stoffen oder Gasen

Endogen: Natürlich, zum Organismus gehörend, zelleigen

Enzyme: Einfache oder zusammengesetzte Proteine, die bestimmte biochemische Reaktionen im Zellstoffwechsel katalysieren (Biokatalysatoren)

Endkonzentration: Die Konzentration eines Wirkstoffes in der zu untersuchenden Reaktionslösung (z. B. Chloroplastensuspension, Nährsalzlösung). In der Praxis stellt man sich von dem Wirkstoff eine konzentrierte Stammlösung her (z. B. 10^{-3} molar) und pipettiert davon eine kleine Menge (z. B. 0,1 ml) zu einer vorbereiteten Reaktionslösung (z. B. 9,9 ml). Hierbei wird die Stammlösung 1 : 100 verdünnt. Die Endkonzentration des Wirkstoffs in der Reaktionslösung beträgt dann 10^{-5} molar.

Epiphase: Obere Schicht nach Entmischung von zwei nicht mischbaren Lösungsmitteln (z. B. Benzin auf Wasser)

Etioliert: Nicht ergrünt, im Dunkeln gewachsen, chlorophyllfrei

Exogen: Künstlich, nicht in der Zelle vorkommend, von außen stammend

Fluoreszenz: Vorgang, bei dem nach Einstrahlen von kurzwelligem Licht von einer Substanz längerwelliges Licht abgestrahlt wird

Glykolipide: Zucker-haltige Lipide, z. B. Monogalaktosyldiglyzerid oder Sulfolipid

Glykolyse: Biochemischer Abbau der Glucose bis zur Stufe der Brenztrauben- säure

Grana: Stapel von Thylakoiden

Heterotrophe Lebensweise: Auf Zufuhr organischer Substanzen zur Energie- gewinnung angewiesen

Hydrophil: Wasserlöslich, wasseranlagerungsfähig, löslich in polaren Lösungs- mitteln

Hydrophob: Wasserabstoßende Substanzen, z. b. Lipide

Hypophase: Untere Schicht nach Entmischung von zwei nicht mischbaren Lösungsmitteln (z. b. Wasser unter Benzin)

Inhibitor: Hemmstoff

Kotyledonen: Keimblätter

Leitenzym: Für ein bestimmtes Gewebe oder Organell typisches Enzym

Lipidantioxydans: Substanz, welche die Lipide vor Oxidation schützt wie z. b. Vitamin E. In der Regel reduzierte Verbindungen, die dann selbst oxidiert werden

Lipide: Fette oder fettähnliche Verbindungen, die nur in organischen Lösungs- mitteln löslich sind

Lipophil: In unpolaren organischen Lösungsmitteln löslich, lipidlöslich

Mesophyll: Das gesamte Blattgewebe (außer Leitbündel) zwischen oberer und unserer Epidermis, meist chlorophyllhaltig

Molar: eine 1 molare Lösung enthält 1 Mol eines Stoffes (Molekulargewicht in g) in 1 Liter Lösungsmittel (z. B. Wasser)

Monochromator: Einrichtung, die Mischlicht, z. B. weißes Licht, in spektral- reines Licht zerlegt

Monokotyledonen: Pflanzen, deren Keimlinge nur ein Keimblatt besitzen

Panaschierte Blätter: Ergrünte Blätter mit chlorophyllfreien oder chloro- phyllarmen Zonen

Pentosen: Zucker mit 5 Sauerstoff- bzw. 5 Kohlenstoffatomen

Phaeophytine: entstehen unter Einwirkung von Säuren aus Chlorophyllen durch Verlust des zentralen Magnesium-Atoms

Phospholipide: Phosphorsäure-haltige Lipide, z. B. Lecithin (= Glycerophos- phatidylcholin)

Phosphorylierung: Bildung von organischen Phosphorverbindungen durch Anlagerung von Phosphorsäure

Photon: Kleinste übertragbare Energiemenge der elektromagnetischen Strah- lung (Lichtquant). Sie ist abhängig von der Frequenz der Strahlung

Prenylchinone: Fettlösliche Benzo- oder Naphthochinone, deren Seitenkette aus Isopreneinheiten aufgebaut ist

Prenyllipide: Lipide, die ganz (Carotinoide) oder teilweise (Chlorophylle, Prenylchinone) aus Isopreneinheiten (C_5-Körper) aufgebaut sind

Prokaryonten: Primitive, in der Regel einzellige Mikroorganismen ohne Chloroplasten und Mitochondrien und ohne echten Zellkern

Quant: siehe Photon

Reaktionsrate: Schnelligkeit, mit der eine bestimmte Menge eines Produktes in der Zeiteinheit gebildet wird

Sekundärcarotinoide: Carotinoide besonderer Art, die nicht an Thylakoide gebunden sind und während der Chromoplastenentwicklung in Blüten blättern und Früchten gebildet werden. Meist verestert mit Fettsäuren

Singulettzustand: Angeregter Zustand eines Moleküls, der erreicht wird, wenn ein Elektron Energie aufnimmt, ohne daß sich der Elektronenspin umkehrt

Sukkulenten: Wasserspeichernde Pflanzen, z. B. Kakteen, Euphorbien und Crassulaceen

Stomata: Spaltöffnungen der Blätter

Thylakoid: Membransäckchen in Plastiden, an welche u. a. photosynthetisch wirksame Pigmente gebunden sind

Transpiration: Wasserdampfabgabe der Pflanzen an die Atmosphäre, erfolgt vorwiegend über die Spaltöffnungen

Xanthophylle: Gruppe der sauerstoffhaltigen Carotinoide

V. Literaturverzeichnis

Lehrbücher

CLAYTON, R. K.: Photobiologie, Band I: Physikalische Grundlagen (Taschentext 33) Verlag Chemie, Verlag Physik, Weinhein (1975)
CLAYTON, R. K.: Photobiologie, Band II: Die biologischen Funktionen des Lichts (Taschentext 34) Verlag Chemie, Verlag Physik, Weinheim (1977)
HEATH, O. V. S.: Physiologie der Photosynthese, G. Thieme Verlag, Stuttgart (1972)
HESS, D.: Pflanzenphysiologie, UTB Taschenbuch (1976)
HOPPE, W., LOHMANN, W., MARKL, H. u. ZIEGLER, H.: „Biophysik. Ein Lehrbuch". Springer Verlag (1977)
KINDL, H., WÖBER, G.: Biochemie der Pflanzen. Springer Verlag, Berlin (1975)
MOHR, H.: Lehrbuch der Pflanzenphysiologie, Springer Verlag, (1976)
RICHTER, G.: Stoffwechselphysiologie der Pflanzen, G. Thieme Verlag, Stuttgart (1976)
WIESSNER, W.: Bioenergetik bei Pflanzen, G. Fischer Verlag, Stuttgart (1975)
WILLIAMS, B. L. u. WILSON, K.: Praktische Biochemie. Grundlagen und Techniken, Thieme Verlag, Stuttgart (1978)

Neueste umfassende Darstellung der Photosynthese

Photosynthesis I: Photosynthetic Electron Transport and Photophosphorylation
    Herausgeber: Trebst, A. und Avron, M.
Photosynthesis II: Carbon metabolism
    Herausgeber: Gibbs, M. und Latzko, E. Erschienen in der neuen Serie: Encyclopedia of Plant Physiology, Springer Verlag, Berlin, Heidelberg, New York (1977/78)

Praktikumsbücher

BRAUNER/BUKATSCH: Das kleine pflanzenphysiologische Praktikum, G. Fischer Verlag (1973)
JACOBI, G.: Biochemische Cytologie der Pflanzenzelle, Thieme Verlag (1974)
SCHOPFER, P.: Experimente zur Pflanzenphysiologie. Springer Verlag, Heidelberg (1976)
URBACH, W., RUPP, W., STURM, H.: Experimente zur Stoffwechselphysiologie der Pflanze. Thieme Verlag, Stuttgart (1976)

Spezielle Literatur

ADAM, W.: Biologisches Licht. Chemie in unserer Zeit, 7. Jahrg. Nr. 6, 182−191 (1973)
BAILEY, P. S. et al.: Chemische Experimente. Chemie in unserer Zeit. 9. Jahrgang Nr. 6, 191−193 (1975)
BAUER, L.: Trennung der Carotinoide und Chlorophylle mit Hilfe der Papierchromatographie. Naturwissenschaften, 39, 88 (1952)
BÖGER, P.: Herbizide im modernen Pflanzenbau. Der Photosyntheseapparat als Angriffsort für neue Wirkstoffe. Naturwiss. Rundschau 9, 322−331 (1977)
COOMBS, J.: Interactions between Chloroplasts and Cytoplasm in C_4-plants, In: The intact chloroplast (Hrsg.: Barber, J.) Elsevier, 279−314 (1976)

DEBUCH, H.: Über die Fettsäuren aus Spinat Chloroplasten. Experientia *18*, 61 (1962)

DITTMER, J. C. u. LESTER, R. C.: A Simple Specific Spray for the Detection of Phospholipids on Thin-Layer-Chromatograms. J. Lipid Research *5*, 126–127 (1964)

FRANK, U. F. u.a.: Chlorophyllfluoreszenz als Indikator der photosynthetischen Primärprozesse der Photosynthese. Berichte der Bunsengesellschaft f. physikalische Chemie *73*, 871–879, (1969)

HAGER, A. u. MEYER-BERTENRATH, T.: Verteilungschromatographische Trennung von Chlorophyllen und Carotinoiden grüner Pflanzen an Dünnschichten. Planta *58*, 564–568 (1962)

HEITEFUSS, R.: Pflanzenschutz. Thieme Verlag, (1975)

KESSLER, E. u. CZYGAN, F. C.: *Chlorella zofingiensis Dönz:* Isolierung neuer Stämme und ihre physiologisch-biochemischen Eigenschaften. Ber. d. Deutschen Botan. Ges. *78*, 342–347 (1965)

KESSLER, E., LAUGNER, W., LUDWIG, J. und WIECHMANN, H.: Bildung von Sekundärcarotinoiden bei Stickstoffmangel und Hydrogenase-Aktivität als taxonomische Merkmale in der Gattung *Chlorella.* In: Studies on Microalgae and Photosynthetic Bacteria 7–20, Tokyo (1963)

LICHTENTHALER, H. K. u. PARK, R. B.: Chemical Composition of Chloroplast Lamellae from Spinach. Nature *198*, 1070–1072 (1963)

LICHTENTHALER, H. K.: Plastoglobuli und die Feinstruktur der Plastiden. Endeavor *17*, 144–149 (1968)

LICHTENTHALER, H. K.: Localization and Functional Concentrations of Lipoquinones in Chloroplasts. Progress in Photosynthesis Research, Band I, 304–314 (1969)

LICHTENTHALER, H. K.: Regulation of Prenylquinone Synthesis in Higher Plants, In: Lipid and Lipid Polymers in Higher Plants, (Herausg.: Tevini, M. und Lichtenthaler H. K.), Springer Verlag, Berlin, 231–258 (1977)

LICHTENTHALER, H. K. und KLEUDGEN, H. K.: „Effect of the Herbicide San 6706 on Biosynthesis of Photosynthetic Pigments and Prenylquinones in *Raphanus* and *Hordeum* Seedlings“, Z. f. Naturforschung *32 c*, 236–240 (1977)

PAPAGEORGIOU, G.: Chlorophyllfluorescence: An intrinsic probe of photosynthesis In: Bioenergetics of photosynthesis (Hrsg.: Govindjee) Academic Press, New York, 319–371 (1975)

RENGER, G.: Photosynthese. In: Biophysik (Hrsg. Hoppe, W. et al.), Springer Verlag, 415–441 (1977)

SCHLÖSSER, K.: Apparatur zur Messung der Sauerstoffabgabe bei der Photosynthese, Praxis der Naturwissenschaften *17*, 15–17 (1968)

SCHOPFER, P.: Erfolgreiche Photosynthese-Spezialisten: Die „C₄-Pflanze“. In: Biologie unserer Zeit *3*, 173–183, (1973)

SCHOPFER, P.: Zur Effektivität der Photosynthese bei C_3/C_4-Pflanzen. Biologie in unserer Zeit *3*, 191–192, (1973)

STREHLER, B. L.: Adenosin-5'-triphosphat und Creatinphosphat. In: Methoden der enzymatischen Analyse (Hrsg.: H. K. Bergmeyer), Verlag Chemie, Weinheim, 2036–2045, (1970)

TEVINI, M.: Veränderungen der Glyko- und Phospholipidgehalte während der Blattvergilbung. Planta *128*, 167–171 (1976)

TREBST, A.: Zum Mechanismus der Photosynthese. Biologie unserer Zeit, *3*, 101, (1973)

TREBST, A., HAUSKA, G.: Energiekonservierung in der photosynthetischen Membran der Chloroplasten. Die Naturwissenschaften *61*, 308–316 (1974)

TREBST, A.: Measurement of Hill-Reactions and Photoreductions. In: Methods in Enzymology (Hrsg.: San Pietro), Academic Press 146–165, (1975)

VERBEEK, L. u. LICHTENTHALER, H. K.: Einfluß von Stickstoffmangel auf die Lipochinon- und Isoprenoid-Synthese der Chloroplasten von *Hordeum vulgare* L., Z. Pflanzenphysiologie *70*, 245–258, (1973)

WEHRMEYER, W.: Entwicklung, Bau und Funktion der Grana in Chloroplasten. Biologie unserer Zeit *3*, 113, (1973)

WOLF, F. T., CONIGLIO, J. G. and DAVIS, J. T.: Fatty Acids of Spinach Chloroplasts. Plant Physiol. *37*, 83–85 (1962)

ZIEGLER, R. u. EGLE, K.: Zur quantitativen Analyse der Chloroplastenpigmente. I. Kritische Überprüfung der spektralphotometrischen Chlorophyllbestimmung. Beiträge zur Biologie der Pflanzen *41*, 11–63 (1965).

VI. Register